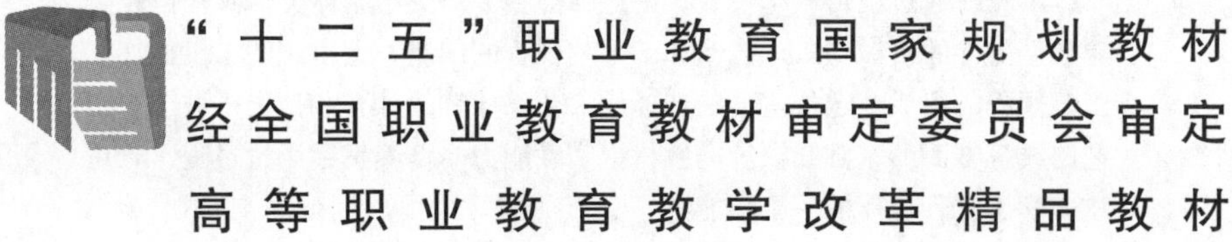

“十二五”职业教育国家规划教材
经全国职业教育教材审定委员会审定
高等职业教育教学改革精品教材

机械制造工艺

第2版

主　编　张江华　吴小邦
副主编　史琼艳　邹华杰
参　编　张宝金　孙艳芬　刘　伟　顾惠斌
主　审　许朝山

机械工业出版社

本教材通过项目教学模式，讲述轴类、套筒类、箱体类、圆柱齿轮类等典型零件的机械加工工艺及加工工艺规程的编制，着重阐述了机械加工工艺规程的组成、定位基准的选择、工艺尺寸链的计算和拟定机械加工工艺路线等方面的基础知识。本教材把实践能力的培养贯穿于全过程，着重培养学生实际工作的基本技能。

本教材的编写符合高等职业教育的发展方向和培养目标，具有重点突出和适应性强的特点。本书可作为高等职业院校机械类专业的教材，也可供机械工程技术人员参考。

本教材配有电子课件，凡使用本书作为教材的教师可登录机械工业出版社教育服务网（http：//www. cmpedu. com）下载，或发送电子邮件至cmpgaozhi@ sina. com 索取。咨询电话：010-88379375。

图书在版编目（CIP）数据

机械制造工艺/张江华，吴小邦主编．—2 版．—北京：机械工业出版社，2015. 6（2023. 1 重印）

“十二五”职业教育国家规划教材

ISBN 978 -7 -111 -54893 -5

Ⅰ. ①机…　Ⅱ. ①张…②吴…　Ⅲ. ①机械制造工艺 -高等职业教育 -教材　Ⅳ. ①TH16

中国版本图书馆 CIP 数据核字（2016）第 224280 号

机械工业出版社（北京市百万庄大街 22 号　邮政编码 100037）

策划编辑：边　萌　责任编辑：陈　宾　邹云鹏

封面设计：鞠　杨　责任校对：段凤敏

责任印制：常天培

北京机工印刷厂有限公司印刷

2023 年 1 月第 2 版 · 第 9 次印刷

184mm × 260mm · 13. 5 印张 · 326 千字

标准书号：ISBN 978 -7 -111 -54893 -5

定价：42. 00 元

电话服务　　网络服务

客服电话：010-88361066　机　工　官　网：www. cmpbook. com

010-88379833　机　工　官　博：weibo. com/cmp1952

010-68326294　金　　书　　网：www. golden-book. com

封底无防伪标均为盗版　机工教育服务网：www. cmpedu. com

第2版前言

根据教育部〔2011〕12号文件《关于推进高等职业教育改革创新引领职业教育科学发展的若干意见》的精神，为了推进“引企入校、校企合作共同开发专业课程和教学资源”，实施“双证融通，产学合作”的人才培养模式，突出高职教育特色，我们在总结多年来机械加工工艺教学的基础上，编写了本教材。

本教材根据技术领域和职业岗位（群）的任职要求，参照相关的国家职业资格标准，以项目教学为主线构建教学计划，突出实践能力的培养，把能力培养贯穿于教学的全过程，使学生掌握从事专业领域实际工作的基本能力和基本技能。对学有余力的学生，可通过拓展技能训练提高自身的专业能力。本教材在编写过程中聘请了企业中有丰富实践经验的工程技术人员参与或指导，使教材更好地体现了“校企合作，工学结合”的主旨原则。

近几年高等职业教育的生源发生了变化，原有教材的内容已不适应目前职业教育的需求。为了更充分调动学生的主观能动性，使教、学、做融为一体，我们在原教材的基础上进行了修订。新版教材增加了更多实例分析，提出了每个项目的教学目标与工作任务，在内容上做到知识结构合理、图文并茂，浅显易懂。

本教材由张江华与吴小邦任主编并统稿，由许朝山教授主审。项目1由张江华（常州机电职业技术学院）编写，项目2.1由史琼艳（常州机电职业技术学院）编写，项目2.2由邹华杰（常州机电职业技术学院）编写，项目3.1由吴小邦（常州机电职业技术学院）编写，项目3.2由孙艳芬（常州机电职业技术学院）编写，项目4.1由刘伟（中国南车戚机有限公司）编写，项目4.2由顾惠斌（常州机电职业技术学院）编写，项目5由张宝金（中车戚墅堰机车有限公司）编写。由于编者水平所限，谬误欠妥之处在所难免，恳请读者批评指正。

编　者

目　　录

项目 1　轴类零件的机械加工工艺

【教学目标】

终极目标：会编制轴类零件的机械加工工艺。

项目 1 目标：

1. 会分析轴类零件的工艺性能，并选定机械加工内容。
2. 会选用轴类零件的毛坯，并确定加工方案。
3. 会确定轴类零件的加工顺序。
4. 会确定轴类零件的切削用量。
5. 会编制轴类零件的机械加工工艺。

【工作任务】

1. 传动轴的机械加工工艺分析。
2. 编制传动轴的机械加工工艺。

传动轴零件图如图 1-1 所示。

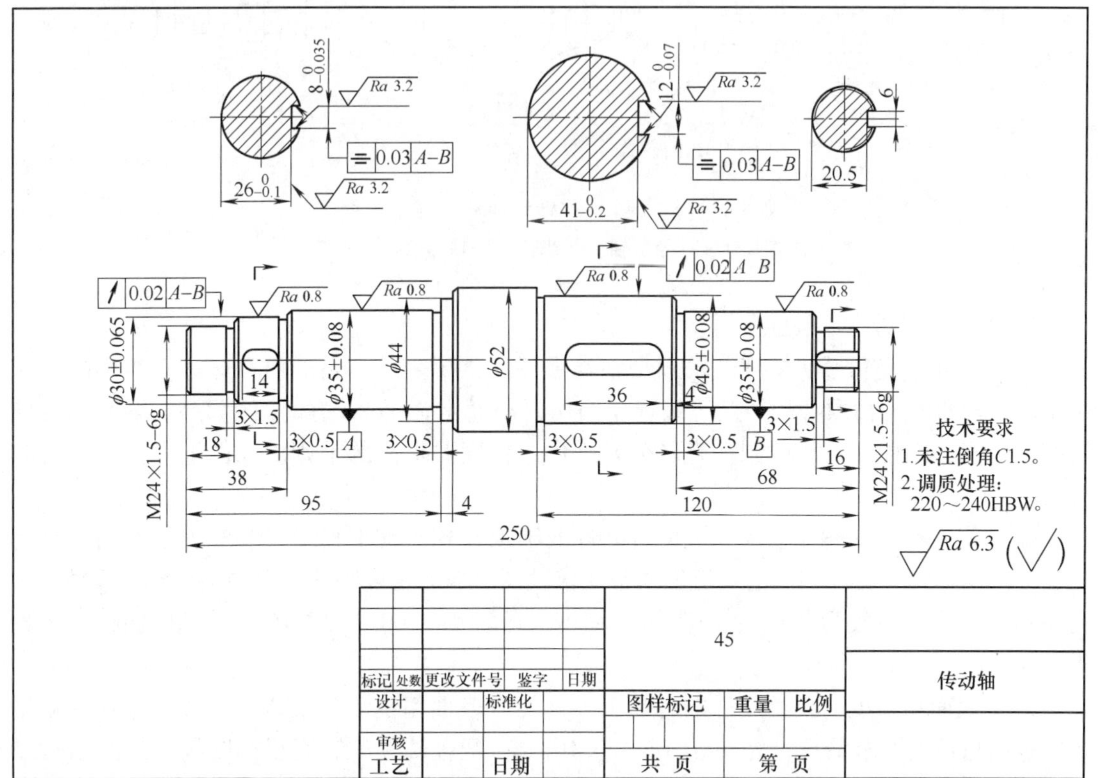

图 1-1　传动轴零件图

1.1 轴类零件机械加工工艺的相关知识

1.1.1 相关实践知识

（一）轴类零件概述

1. 轴类零件的功用与结构特点

轴类零件是机器中最常见的一类零件，它主要起支承传动件和传递转矩的作用。轴是旋转体零件，主要由内外圆柱面、内外圆锥面、螺纹、花键及横向孔等组成。轴类零件根据其结构的不同可分为细长轴、空心轴、半轴、阶梯轴、花键轴、十字轴、偏心轴、曲轴及凸轮轴等，如图 1-2 所示。

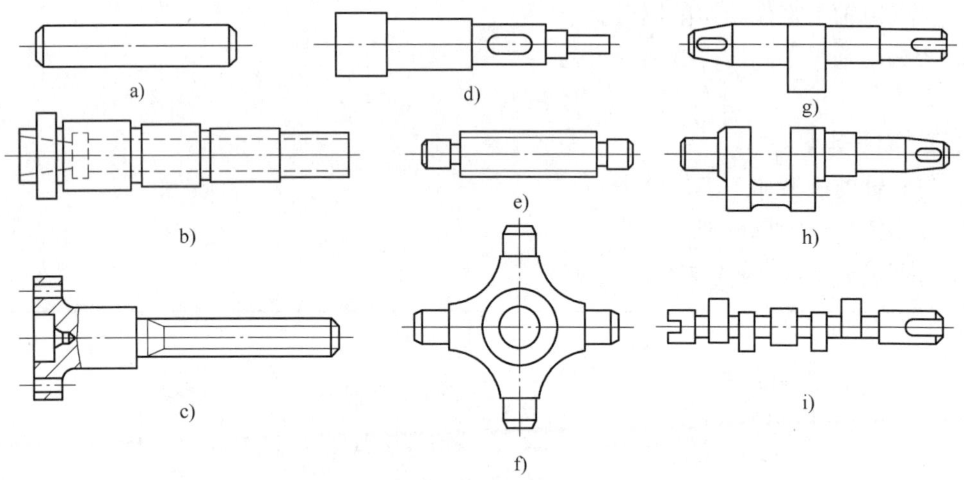

图 1-2 轴的种类

a）细长轴 b）空心轴 c）半轴 d）阶梯轴 e）花键轴 f）十字轴 g）偏心轴 h）曲轴 i）凸轮轴

2. 轴类零件的技术条件分析

（1）尺寸精度和形状精度 轴颈是轴类零件的重要表面，它的质量好坏直接影响轴工作时的回转精度。轴颈直径公差等级根据使用要求通常为 IT6，有时可达 IT5。轴颈的形状精度（圆度、圆柱度）应限制在直径公差之内。精度要求高的轴则应在图上专门标注形状公差。

（2）位置精度 配合轴颈（装配传动件的轴颈）相对支承轴颈（装配轴承的轴颈）的同轴度以及轴颈与支承端面的垂直度通常要求较高。普通精度轴的配合轴颈相对支承轴颈的径向圆跳动公差一般为 0.01 ~0.03mm；精度高的轴为 0.001 ~0.005mm，轴向圆跳动公差为 0.005 ~0.01mm。

（3）表面粗糙度 轴类零件的各加工表面均有表面粗糙度的要求。一般说来，支承轴颈的表面粗糙度要求最高，为 *Ra* 0.63 ~ 0.16μm；配合轴颈的表面粗糙度次之，为 *Ra* 2.5 ~0.63μm。

3. 轴类零件的材料、毛坯及热处理

(1) 轴类零件的材料　轴类零件材料常用45钢。中等精度而且转速较高的轴，可选用40Cr等合金结构钢；精度较高的轴，可选用轴承钢GCr15和弹簧钢65Mn等，也可选用球墨铸铁；对于高转速、重载荷条件下工作的轴，选用20CrMnTi、20Mn2B、20Cr等低碳合金钢或38CrMoAl渗氮钢。

(2) 轴类零件的毛坯　轴类零件最常用的毛坯是圆棒料和锻件，有些大型轴或结构复杂的轴采用铸件。毛坯经过加热锻造后，可使金属内部纤维组织均匀分布，从而获得较高的抗拉、抗弯及抗扭强度，故一般比较重要的轴多采用锻件。

依据生产批量的大小，毛坯的锻造方式分为自由锻造和模锻两种。

(3) 轴类零件的热处理　轴类零件的使用性能除与所选钢材种类有关外，还与所采用的热处理有关。锻造毛坯在加工前，均需安排正火或退火处理（碳的质量分数大于0.5%的碳钢和合金钢），以使钢材内部晶粒细化，消除锻造应力，降低材料硬度，改善切削加工性能。

为了获得较好的综合力学性能，轴类零件常要求调质处理。毛坯余量大时，调质安排在粗车之后、半精车之前，以便消除粗车时产生的残余应力；毛坯余量小时，调质可安排在粗车之前进行。表面淬火一般安排在精加工之前，这样可纠正因淬火引起的局部变形。对精度要求高的轴，在局部淬火后或粗磨之后，还需进行低温时效处理（在160°C油中进行长时间的低温时效），以保证尺寸的稳定性。

对于渗氮钢（如38CrMoAl），需在渗氮之前进行调质和低温时效处理。对调质的质量要求也很严格，不仅要求调质后索氏体组织要均匀细化，而且要求离表面8～10mm层内铁素体质量分数不超过5%，否则会造成渗氮脆性而影响其质量。

(二) 轴类零件的机械加工工艺过程分析

通过对轴类零件的技术要求和结构特点进行深入分析，根据生产批量、设备条件、工人技术水平等因素，就可以确定其机械加工工艺过程。

1. 轴类零件的典型机械加工工艺路线

轴类零件的主要加工表面是内外圆柱表面、螺纹及键槽，因此加工方法主要是车削、铣削、磨削以及热处理。

对于公差等级IT7级、表面粗糙度 *Ra* 0.8～0.4μm的一般传动轴，其典型机械加工工艺路线是：正火→车端面钻中心孔→粗车各表面→精车各表面→铣花键或键槽→热处理→修研中心孔→粗磨外圆→精磨外圆→检验。

中心孔是轴类零件加工全过程中使用的定位基准，其质量对加工精度有着重大影响，所以必须安排修研中心孔工序。修研中心孔一般在车床上用金刚石或硬质合金顶尖加压进行。

轴上的花键、键槽等次要表面的加工，一般安排在外圆精车之后，磨削之前进行。因为如果在精车之前就铣出键槽，在精车时由于断续切削而产生振动，既影响加工质量，又容易损坏刀具，难以控制键槽的尺寸。但也不应安排在外圆精磨之后进行，以免破坏外圆表面的加工精度和表面质量。

在轴类零件的加工过程中，应当安排必要的热处理工序，以保证其力学性能和加工精度，并改善工件的切削加工性。一般毛坯锻造后安排正火工序，而调质则安排在粗加工后进行，以便消除粗加工产生的应力及获得良好的综合力学性能。淬火工序则安排在磨削工序之前。

2. 轴类零件加工的定位基准和装夹

（1）以工件的两中心孔定位　轴类零件的各外圆表面、锥孔、螺纹表面的同轴度，端面对轴线的垂直度是其相互位置精度的主要项目，而这些表面的设计基准一般都是轴的轴线。因此，若采用两中心孔定位，则符合基准重合的原则。另外，中心孔不仅是车削时的定位基准，也是其他加工工序的定位基准和检验基准，这又符合基准统一的原则。当采用两中心孔定位时，还能够最大限度地在一次装夹中加工出多个外圆表面和端面。

（2）以外圆和中心孔作为定位基准（一夹一顶）　用两中心孔定位虽然定位精度高，但刚性差，尤其是加工较重的工件时不够稳固，切削用量也不能太大。粗加工时，为了提高工艺系统的刚度，可采用轴的外圆表面和一个中心孔作为定位基准来加工。这种定位方法能承受较大的切削力，是轴类零件最常见的一种定位方法。

（3）以两外圆表面作为定位基准　在加工空心轴的内孔时，不能采用中心孔作为定位基准，可用轴的两外圆表面作为定位基准。当工件是机床主轴时，常以两支承轴颈（装配基准）为定位基准，可保证锥孔相对支承轴颈的同轴度要求，消除基准不重合而引起的误差。

（4）以带有中心孔的锥堵作为定位基准　在加工空心轴的外圆表面时，往往还采用锥堵或锥套心轴作为定位基准，如图 1-3 所示。锥堵或锥套心轴应具有较高的精度，锥堵和锥套心轴上的中心孔既是其本身制造的定位基准，又是空心轴外圆精加工的基准，因此必须保证锥堵或锥套心轴上的锥面与中心孔有较高的同轴度。在装夹中应尽量减少锥堵的安装环节，减少重复安装误差。实际生产中，锥堵安装后，中途加工一般不得拆下和更换，直至加工完毕。若外圆和锥孔需反复多次、互为基准进行加工，则在重装锥堵或心轴时，必须按外圆找正或重新修磨中心孔。

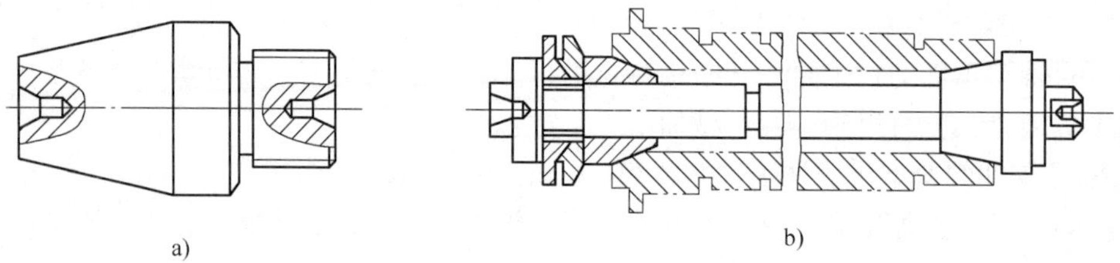

a)　　b)

图 1-3　锥堵和锥套心轴

a）锥堵　b）锥套心轴

1.1.2　相关理论知识

（一）机械加工工艺制定的基础知识

1. 生产过程与工艺过程

（1）生产过程　从原材料或半成品到制造出成品的各有关劳动过程的总和称为生产过程。

生产过程包括的内容有：

1）原材料（或半成品）、元器件、标准件、工具、工艺装备、设备的购置、运输、检验、保管。

2）生产准备工作，如编制工艺文件，设计与制造专用工艺装备及设备等。

3）毛坯制造。

4）零件的机械加工及热处理。

5）产品的装配、调试与性能试验以及产品的包装、运输等工作。

生产过程往往由许多工厂或工厂的许多车间联合完成，这有利于专业化生产，从而提高生产率、保证产品质量、降低生产成本。

（2）工艺过程　在生产过程中凡直接改变生产对象的尺寸、形状、性能（包括物理性能、化学性能、力学性能等）以及相对位置关系的过程，统称为工艺过程。图1-4所示为一个阶梯轴的毛坯和成品。表1-1则是该阶梯轴的加工工艺过程。

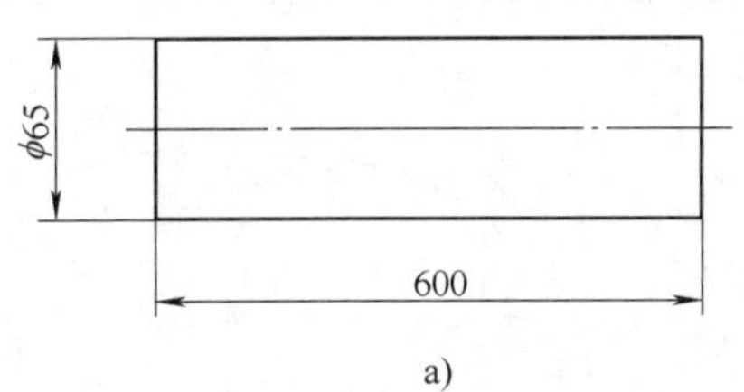

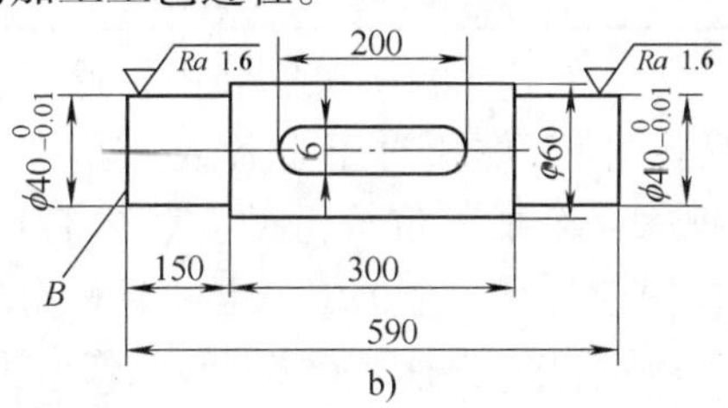

图1-4　阶梯轴

a）毛坯　b）成品

表1-1　阶梯轴的机械加工工艺过程

工序号	工序名称	使用的设备
1	铣端面、钻中心孔	专用机床
2	车外圆	车床
3	铣键槽	立式铣床
4	磨外圆	磨床
5	去毛刺	钳工台

工艺过程又可分为铸造、锻造、冲压、焊接、机械加工、装配等。本门课程只研究机械加工工艺过程和装配工艺过程，铸造、锻造、冲压、焊接、热处理等工艺过程在另外的专业基础课程中研究。

2. 机械加工工艺过程

（1）定义　用机械加工的方法直接改变毛坯形状和尺寸，使之变为合格零件的过程，称为机械加工工艺过程。

（2）机械加工工艺过程的组成　机械加工工艺过程由若干个按一定顺序排列的工序组成。

1）工序　指一个（或一组）工人在一个工作地点（如一台机床或一个钳工台），对一个（或同时对几个）工件连续完成的那部分工艺过程，称为工序。工序包括在这个工件上连续进行的直到转向加工下一个工件为止的全部过程。区分工序的主要依据是：工作地点固定和工作连续。

工序是组成工艺过程的基本单元，也是制定生产计划、进行经济核算的基本单元。工序又可细分为安装、工位、工步、走刀等组成部分。

2）安装　如果在一个工序中要对工件进行几次装夹（定位及夹紧），则每次装夹下完成的那部分加工内容称为一个安装。例如，表1-2为表1-1中工序2和工序3中包含的安装。

表 1-2 工序和安装

工序号	安装号	安装内容	设备
2	1	粗车小端外圆，倒角	车床
	2	粗车大端外圆，倒角	
	3	精车大端外圆	
	4	精车小端外圆	
3	1	铣键槽，手工去毛刺	铣床

3）工位　在工件的一次安装中，通过分度（或移位）装置，使工件相对于设备或刀具变换加工位置，通常把每一个加工位置上的安装内容称为工位。一个安装中可能只有一个工位，也可能有几个工位。

图 1-5 所示为在一个多工位回转工作台上加工孔。钻、扩、铰各为一个加工内容，装夹一次产生一个合格的零件。该加工共有 4 个工位：装卸工件、钻孔、扩孔、铰孔。

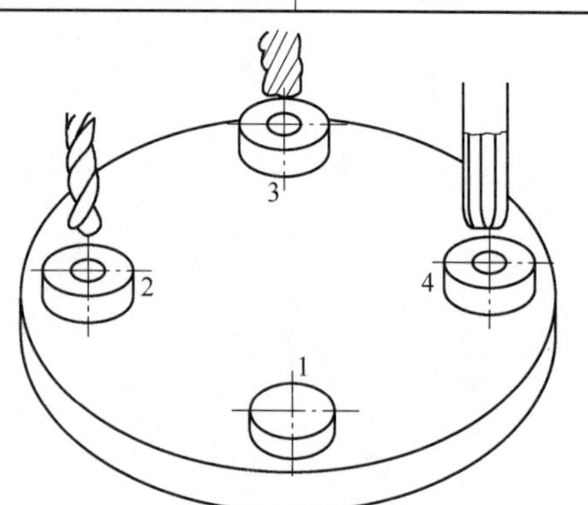

图 1-5　多工位回转工作台
工位 1：装卸工件　工位 2：钻孔
工位 3：扩孔　工位 4：铰孔

4）工步　在加工表面不变、切削刀具不变、切削用量不变的情况下所完成的工位内容，称为一个工步。

注意：组成工步的任一因素（刀具、切削用量、加工表面）改变后，就成为另一工步。

为简化工艺，连续进行的若干相同的工步习惯看作为一个工步。如加工 4 个 ϕ10mm 的孔。

复合工步：为提高生产率，经常把几个待加工表面用几把刀具同时进行加工，或采用复合刀具加工。采用复合刀具或多刀加工的工步称为复合工步。

5）走刀　切削刀具在加工表面上切削一次所完成的工步内容，称为一次走刀。一个工步可以包括一次走刀或数次走刀。走刀是构成工艺过程的最小单元。

3. 生产纲领与生产类型及工艺特征

不同的生产类型，其生产过程和生产组织，车间的机床布置，毛坯的制造方法，采用的工艺装备、加工方法以及工人的熟练程度等都有很大的不同，因此在制定工艺路线时必须明确该产品的生产类型。

（1）生产纲领　生产纲领是指包括废品、备品在内的该产品的年产量。产品的年生产纲领就是产品的年生产量。

零件的年生产纲领由下式计算

$$N = Qn(1 + a)(1 + b)$$

式中　N——零件的生产纲领（件/年）；

Q——该零件所属产品的年产量（台/年）；

n——单台产品中该零件的数量（件/台）；

a——备品率，以百分数计；

b——废品率，以百分数计。

（2）生产类型　根据生产纲领的大小，生产可分为3种类型。

1）单件生产　单件生产是指单个地生产不同结构和不同尺寸的产品。特点是产品的种类繁多。

2）成批生产　成批生产是指一年中分批、分期地制造同一产品。特点是生产品种较多，每种品种均有一定数量，各种产品分批、分期轮番进行生产。

按批量大小，成批生产又可分为小批生产、中批生产、大批生产3种类型。

①小批生产：每批生产数量很少。

②中批生产：介于小批生产和大批生产之间。

③大批生产：每批生产数量很多。

3）大量生产　大量生产是指全年中重复制造同一产品。特点是产品品种少、产量大，长期重复地进行同一产品的加工。

各种生产类型的划分见表1-3。

表1-3　生产类型的划分

生产类型		零件的年生产纲领/（件/年）		
		重型机械	中型机械	小型机械
单件生产		<5	<20	<100
成批生产	小批生产	5～100	20～200	100～200
	中批生产	100～300	200～500	500～5000
	大批生产	300～1000	500～5000	5000～50000
大量生产		>1000	>5000	>50000

各种生产类型的工艺过程的主要特点见表1-4。

表1-4　各种生产类型的工艺过程的主要特点

工艺过程特点	生产类型		
	单件生产	成批生产	大量生产
工件的互换性	一般是配对制造，没有互换性，广泛用钳工修配	大部分有互换性，少数用钳工修配	全部有互换性。某些精度较高的配合件用分组选择装配法
毛坯的制造方法及加工余量	铸件用木模手工造型；锻件用自由锻。毛坯精度低，加工余量大	部分铸件用金属模；部分锻件用模锻。毛坯精度中等，加工余量中等	铸件广泛采用金属模机器造型，锻件广泛采用模锻以及其他高生产率的毛坯制造方法。毛坯精度高，加工余量小
机床设备	通用机床、数控机床或加工中心	数控机床、加工中心或柔性制造单元。设备条件不够时，也采用部分通用机床或专用机床	专用生产线、自动生产线、柔性制造生产线或数控机床
夹具	多用标准附件，极少采用夹具，靠划线及试切法达到精度要求	广泛采用夹具或组合夹具，部分靠加工中心一次安装	广泛采用高生产率夹具，靠夹具及调整法达到精度要求

（续）

工艺过程特点	生产类型		
	单件生产	成批生产	大量生产
刀具与量具	采用通用刀具和万能量具	可以采用专用刀具及专用量具或三坐标测量机	广泛采用高生产率刀具和量具，或采用统计分析法保证质量
对工人的要求	需要技术熟练的工人	需要一定熟练程度的工人和编程技术人员	对操作工人的技术要求较低，对生产线维护人员要求有高的素质
工艺规程	有简单的工艺卡片	有工艺规程，对关键零件有详细的工艺规程	有详细的工艺规程

4. 机械加工工艺规程

（1）定义　规定产品或零、部件制造工艺过程和操作方法等的工艺文件称为工艺规程。其中，规定零件机械加工工艺过程和操作方法等的工艺文件称为机械加工工艺规程。

机械加工工艺规程是在具体的生产条件下，将合理的工艺过程和操作方法，按规定的形式书写成工艺文件，经审批后用来指导生产的。工艺规程中包括各个工序的排列顺序，加工尺寸、公差及技术要求，工艺设备及工艺措施，切削用量及工时定额等内容。

（2）工艺规程的作用

1）是指导生产的主要技术文件，起生产的指导作用。

2）是生产组织和生产管理的依据，即生产计划、调度、工人操作和质量检验等的依据。

3）是新建或扩建工厂或车间的主要技术资料。

总之，零件的机械加工工艺规程是每个机械制造厂或加工车间必不可少的技术文件，生产前用于生产的准备，生产中用于生产的指挥，生产后用于生产的检验。

（3）工艺规程的格式　为了适应工业发展的需要，加强科学管理和便于交流，我国机械行业标准 JB/T 9165. 2—1998《工艺规程格式》规定了工艺规程的统一格式，其中最常用的机械加工工艺规程是机械加工工艺过程卡片和机械加工工序卡片。

1）机械加工工艺过程卡片：卡片格式见表 1-5。此卡片是以工序为单位，简要说明产品或零、部件的加工过程的一种工艺文件。它是生产管理的主要技术文件，此卡片广泛用于成批生产和单件小批生产中比较重要的零件。

2）机械加工工序卡片：卡片格式见表 1-6。此卡片是在工艺过程卡片的基础上按每道工序所编制的一种工艺文件，一般具有工序简图，并详细说明该工序的每一个工步的加工内容、工艺参数、操作要求以及所用设备和工艺装备等。此卡片主要用于大批或大量生产中的所有零件，中批生产中的重要零件和单件小批生产中的关键工序。

（4）工艺规程所需要的原始资料

1）产品装配图、零件图。

2）产品验收质量标准。

3）产品的年生产纲领。

表 1-5　机械加工工艺过程卡片

	机械加工工艺过程卡片	产品型号		零部件图号					
		产品名称		零部件名称		共 页		第 页	
材料牌号		毛坯种类		毛坯外形尺寸		每毛坯可制件数		每台件数	
工序	工序名称	工序内容	设备	工艺装备			工时		
				夹具	刀具	量具	准终	单件	

编制	日期	编写	日期	校对	日期	审核	日期

表 1-6　机械加工工序卡片

	机械加工工序卡片	产品型号及规格	图号	名　称	工序名称	工艺文件编号
				材料牌号及名称	毛坯外形尺寸	
				零件毛重	零件净重	硬度
				设备型号	设备名称	
				专用工艺装备		
				名称	代号	
				机动时间	单件工时定额	每台件数
				技术等级	切削液	

（续）

工序号	工步号	工序及工步内容	刀具	量检具	切削用量			
			名称规格	名称规格	切削速度/（m/min）	背吃刀量/mm	进给速度/（m/min）	转速/（r/min）

										编制	校对	会签	复制
修改标记	处数	文件号	签字	日期	修改标记	处数	文件号	签字	日期				

4）毛坯材料与毛坯生产条件。

5）制造厂的生产条件，包括机床设备和工艺装备的规格、性能和现在的技术状态，工人的技术水平，工厂自制工艺装备的能力以及工厂供电、供气的能力等有关资料。

6）工艺规程设计、工艺装备设计所用设计手册和有关标准。

7）国内外先进制造技术资料等。

（5）工艺规程的设计原则

1）必须可靠保证零件图上所有技术要求的实现，既要保证质量，又要提高工作效率。

2）保证经济上的合理性，即要做到成本低、消耗少。

3）保证良好的安全工作条件，尽量减轻工人的劳动强度，保障生产安全，创造良好的工作环境。

4）要从本厂实际出发，所制定的工艺规程应立足于本企业的实际条件，并具有先进性，尽量采用新工艺、新技术、新材料。

5）所制定的工艺规程随着实践的检验和工艺技术的发展与设备的更新，应不断地修订完善。

5. 机械加工工艺规程设计的内容和步骤

1）分析零件图和产品装配图。

2）对零件图和装配图进行工艺审查。

3）由零件生产纲领确定零件生产类型。

4）确定毛坯种类。

5）拟定零件加工工艺路线。

6）确定各工序所用机床设备和工艺装备（刀具、夹具、量具、辅具等）。

7）确定各工序的加工余量，计算工序尺寸及公差。

8）确定各工序的技术要求及检验方法。

9）确定各工序的切削用量和工时定额。

10）编制工艺文件。

（二）零件的工艺性分析

1. 零件图分析

（1）检查零件图的完整性 审查零件图上的尺寸标注是否完整，结构表达是否清楚。

（2）分析技术要求是否合理

1）加工表面的尺寸精度。

2）主要加工表面的形状精度。

3）主要加工表面的相互位置精度。

4）表面质量要求。

5）热处理要求。

零件上的尺寸公差、几何公差和表面粗糙度的标注，应根据零件的功能经济合理地决定。过高的要求会增加加工难度，过低的要求会影响工作性能，两者都是不允许的。

（3）审查零件材料选用是否适当 材料的选择既要满足产品的使用要求，又要考虑产品的成本，尽可能采用常用材料（如45钢），少用贵重金属。

2. 零件的结构工艺性分析

（1）零件的结构工艺性 零件的结构工艺性是指所设计的零件在能满足使用要求的前提下制造的可行性和经济性。它包括零件在各种加工制造过程中的工艺性，如铸造、锻造、冲压、焊接、热处理、切削加工等的工艺性。由此可见，零件结构工艺性涉及面很广，具有综合性，必须全面综合地分析。在制定机械加工工艺规程时，主要进行零件切削加工工艺性分析。

（2）机械加工对零件局部结构工艺性的要求 机械加工对零件局部结构工艺性的要求举例如下：

1）便于刀具的进入和退出。如图1-6所示的边缘孔的钻削，图1-6a的结构不便于刀具的进入；采用图1-6b的结构，可采用标准刀具，提高加工精度。

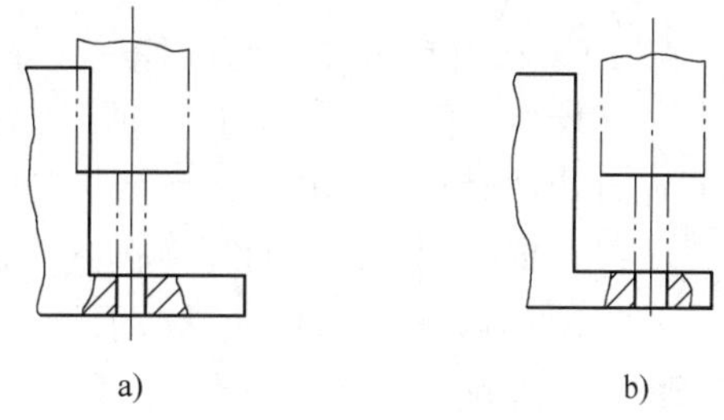

图1-6 零件结构与刀具的进入

2）保证刀具正常工作。如图1-7所示的各种孔结构对刀具的影响。

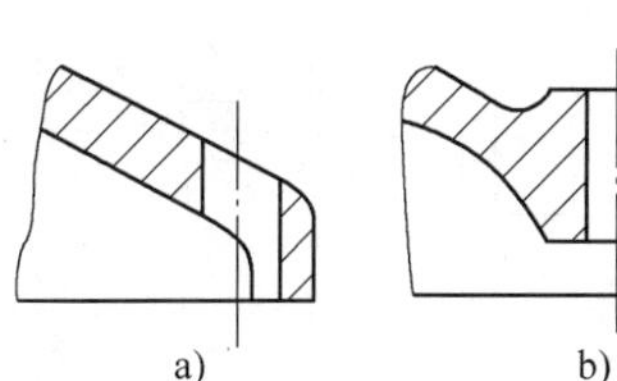

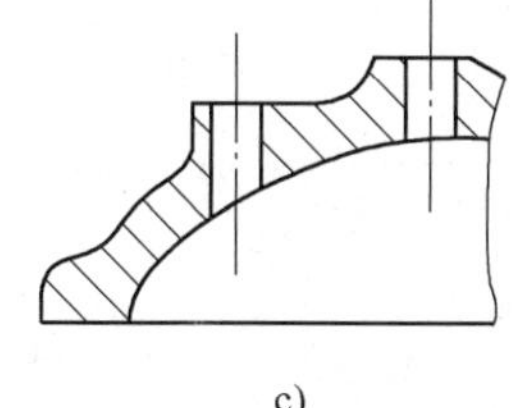

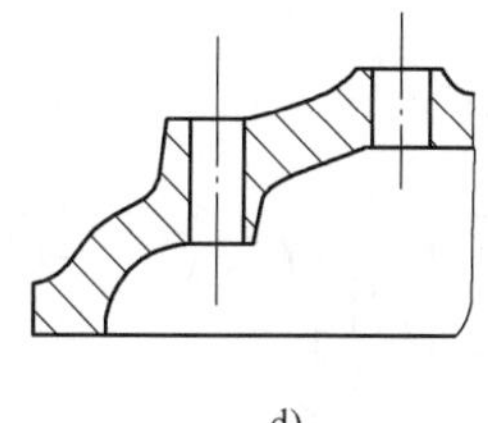

图1-7 各种孔结构对刀具的影响

图1-7a所示的结构，孔的入口端和出口端都是斜面或曲面，钻孔时钻头两个刃受力不均，容易引偏，而且钻头也容易损坏，宜改用图1-7b所示结构。

图1-7c所示的孔结构，入口是平面，但出口都是曲面，宜改用图1-7d所示结构。

3）保证能以较高的生产率加工。

①被加工表面形状应尽量简单，图1-8所示的是两种不同的键槽结构形状对生产率的影

响。

图 1-8a 所示的键槽形状只能用生产率较低的键槽铣刀加工，图 1-8b 所示的结构就能用生产率较高的三面刃铣刀加工。

②尽量减少加工面积。图 1-9 所示为不同结构的不同加工面积。

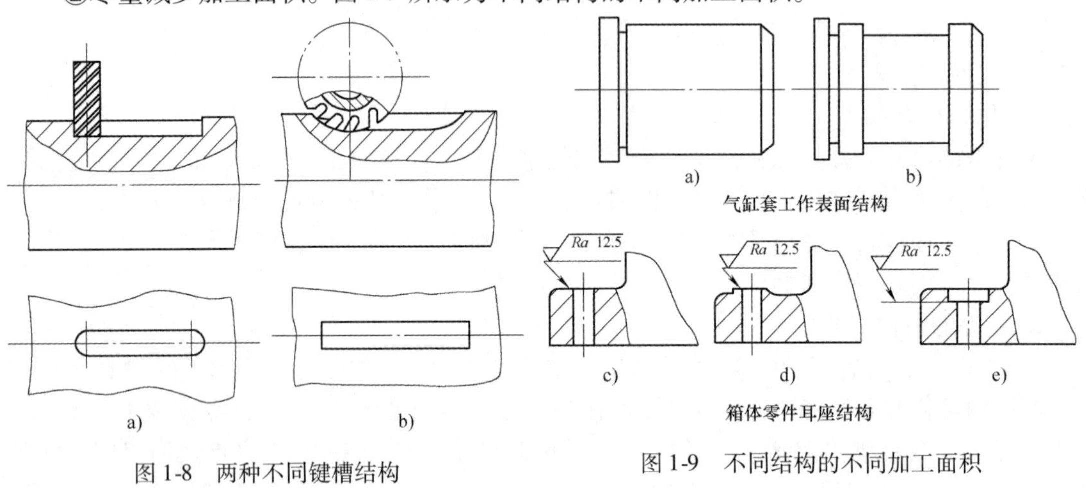

图 1-8　两种不同键槽结构对生产率的影响

图 1-9　不同结构的不同加工面积

图 1-9a 和图 1-9b 所示为两种气缸套零件，图 1-9b 所示结构比图 1-9a 所示结构加工面积小，工艺性好。图 1-9c ~ 图 1-9e 所示为箱体零件耳座结构，图 1-9d 和图 1-9e 所示结构不但省料而且生产效率高，其工艺性就优于图 1-9c 所示结构。

③尽量减少加工过程的装夹次数，如图 1-10 所示的螺纹孔设计的改进。

加工图 1-10 所示零件的螺纹孔，需做两次装夹，先钻、攻螺纹孔 *B*、*C*，然后翻身装夹，再钻、攻螺纹孔 *A*。如果设计允许，宜将螺纹孔 *A* 改成图左上角的结构。

④尽量减少工作行程次数。

⑤应统一或减少尺寸种类，如图 1-11 所示，图 1-11b 轴上槽宽尺寸统一，与图 1-11a 相比较，可减少刀具种类，减少换刀时间。

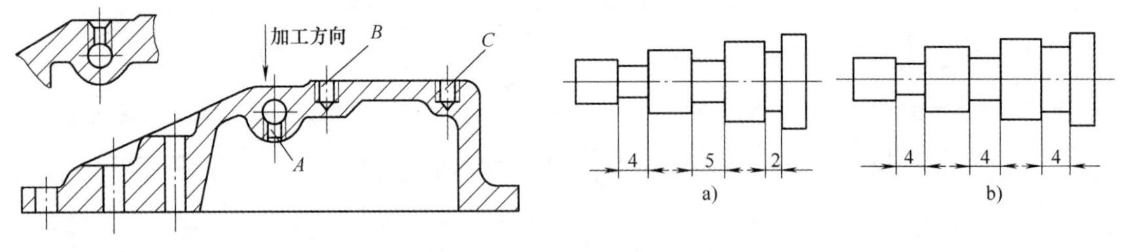

图 1-10　螺纹孔设计的改进

图 1-11　零件不同结构可减少刀具种类

4）避免深孔加工。图 1-12 所示为两种不同深度的孔。图 1-12a 为深孔，加工工艺困难。采用图 1-12b 结构，不但避免深孔加工，而且节约了零件材料。

5）用外表面连接代替内表面连接。图 1-13 所示为不同的表面连接。图 1-13a 为箱体采用内表面连接，加工困难。若改用图 1-13b 所示的外表面连接，加工就比较容易（因外表面加工比内表面加工容易）。

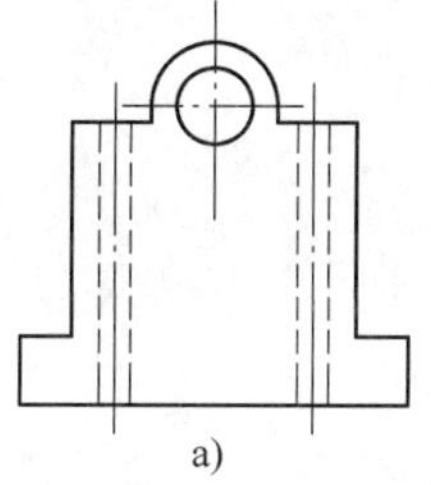
a)

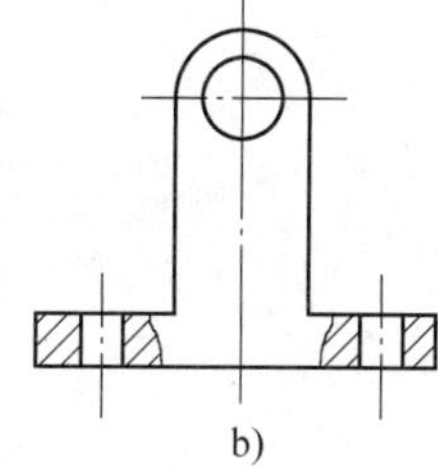
b)

图 1-12　两种不同的孔

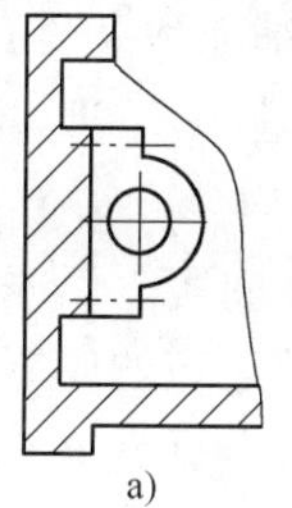
a)

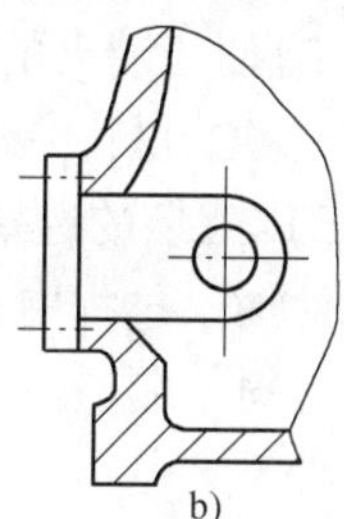
b)

图 1-13　不同的连接

6）零件的结构应与生产类型相适应。图 1-14 所示为不同的孔系结构。在大量生产中，采用如图 1-14a 所示的箱体同轴孔系结构是工艺性好的结构；而在单件小批生产中，则认为图 1-14b 是工艺性好的结构。这是因为在大批大量生产中采用专用双面组合镗床加工，此机床可以从箱体两端向中进给镗孔。采用专用组合镗床，一次性投资虽然高，但因产量大，分摊到每个零件上的工艺成本并不多，经济上仍是合理的。

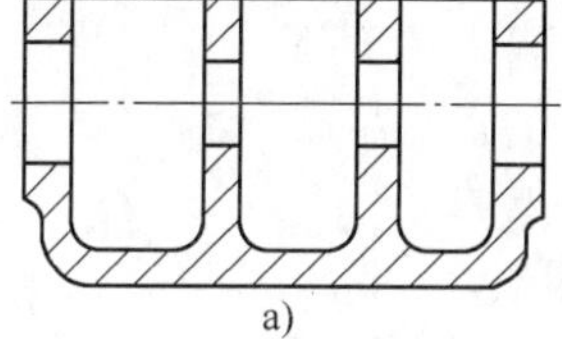
a)

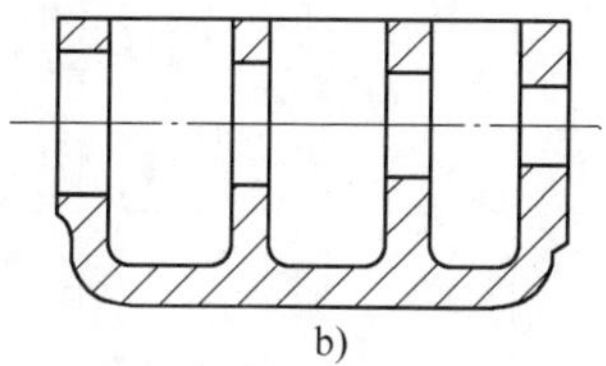
b)

图 1-14　不同的孔系结构与不同的生产类型相适应

7）有位置要求或同方向的表面能在一次装夹中加工出来。图 1-15 所示为不同位置的键槽。图 1-15b 所示的两个键槽的尺寸、方位相同，可在一次装夹中同时加工出来，提高了生产率。

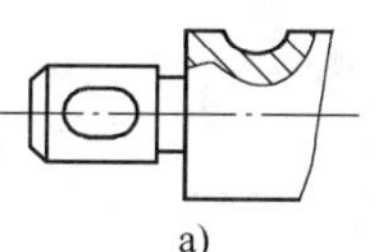
a)

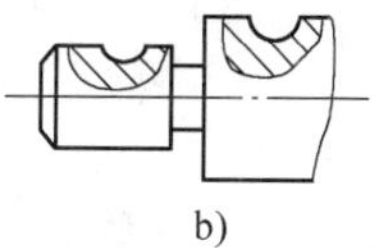
b)

图 1-15　不同位置的键槽

8）零件要有足够的刚性。零件刚性高便于采用高速和多刀切削。图 1-16 所示为增设加强筋提高零件刚度。加工时，工件要承受切削力和夹紧力的作用，工件刚性不足易发生变形，影响加工精度。图 1-16 所示为两种零件结构，图 1-16b 所示结构有加强筋，零件刚性好，加工时不易产生变形，其工艺性就比图 1-16a 所示结构好。

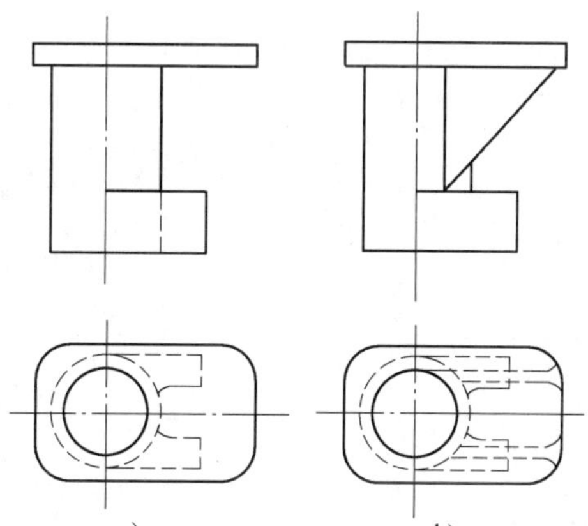

图 1-16　增设加强筋提高零件刚性

（3）机械加工对零件整体结构工艺性的要求

零件是各要素、各尺寸组成的一个整体，所以更应考虑零件整体结构的工艺性，具体有以下几点要求：

1）尽量采用标准件、通用件。

2）在满足产品使用性能的条件下，零件图上标注的尺寸公差等级和表面粗糙度要求应取经济值。

3）尽量选用切削加工性好的材料。

4）有便于装夹的定位基准和夹紧表面。

5）节省材料，减轻重量。

（三）毛坯的选择

零件加工过程中，工序内容、工序数目、材料消耗、热处理方法、零件加工费用等都与毛坯的材料、制造方法以及毛坯的误差和余量有关。

各种毛坯制造方法的特点见表1-7。

表1-7　各种毛坯制造方法的特点

毛坯制造方法	最大质量/kg	最小壁厚/mm	形状的复杂性	材　料	生产方式	公差等级（IT）	尺寸公差值/mm	表面粗糙度 $Ra/\mu m$	其　他
手工砂型铸造	不限制	3～5	最复杂	铁碳合金、有色金属及其合金	单件生产及小批生产	14～16	1～8	—	余量大，一般为1～10mm；由砂眼和气泡造成的废品率高；表面有结砂硬皮，且结构颗粒大；适于铸造大件；生产率很低
机械砂型铸造	至250	3～5	最复杂		大批生产及大量生产	14左右	1～3	—	生产率比手工砂型高数倍至十数倍；设备复杂；但要求工人的技术低；适于制造中小型铸件
金属型铸造	至100	1.5	简单或平常			11～12	0.1～0.5	12.5	生产率高，免去每次制造铸型；单边余量一般为1～3mm；结构细密，能承受较大压力；占用生产面积小
离心铸造	通常200	3～5	主要是旋转体			15～16	1～8	12.5	生产率高，每件只需2～5min；力学性能好且少砂眼；壁厚均匀；不需泥芯和浇注系统
压力铸造	10～16	0.5（锌）1.0（其他合金）	由模子制造难易而定	锌、铝、镁、铜、锡、铅各金属的合金		11～12	0.05～0.15	6.3	生产率最高，每小时可制50～500件；设备昂贵；可直接制取零件或仅需少许加工
熔模铸造	小型零件	0.8	非常复杂	适于切削困难的材料	单件生产及成批生产		0.05～0.2	25	占用生产面积小，每套设备约需30～40m²；铸件力学性能好；便于组织流水线生产；铸造延续时间长，铸件可不经加工

（续）

毛坯制造方法	最大质量/kg	最小壁厚/mm	形状的复杂性	材　料	生产方式	公差等级（IT）	尺寸公差值/mm	表面粗糙度 $Ra/\mu m$	其　他
壳型铸造	至200	1.5	复杂	铸铁和有色金属	小批至大量	12～14		12.5～6.3	生产率高，一个制砂工班产为0.5～1.7t；外表面加工余量为0.25～0.5mm；孔加工余量最小为0.08～0.25mm；便于机械化与自动化；铸件无硬皮
自由锻造	不限制	不限制	简单	碳素钢、合金钢	单件及小批生产	14～16	1.5～2.5	—	生产率低且需高级技工；加工余量大，为3～30mm；适用于机械修理厂和重型机械厂的锻造车间
模锻（利用锻锤）	通常至100	2.5	由锻模制造难易而定	碳素钢、合金钢	成批及大量生产	12～14	0.4～2.5	12.5	生产率高且不需高级技工；材料消耗少；锻件力学性能好，强度增高
精密模锻	通常100	1.5	由锻模制造难易而定	碳素钢、合金钢	成批及大量生产	11～12	0.05～0.1	6.3～3.2	光压后的锻件可不经机械加工或直接进行精加工

1. 毛坯的种类

（1）铸件　对形状较复杂的毛坯，一般可用铸造方法制造。目前大多数铸件采用砂型铸造，对尺寸精度要求较高的小型铸件，可采用特种铸造，如金属型铸造、精密铸造、压力铸造、熔模铸造和离心铸造等。

（2）锻件　由于经锻造后可得到连续和均匀的金属纤维组织，因此锻件毛坯的力学性能较好，常用于受力复杂的重要钢质零件。自由锻件的精度和生产率较低，主要用于小批生产和大型锻件的制造。模锻件的尺寸精度和生产率较高，主要用于产量较大的中小型锻件。

（3）型材　型材主要有板材、棒材、线材等。常用的型材截面形状有圆形、方形、六角形和特殊形状，其制造方法又可分为热轧和冷拉两大类。热轧型材尺寸较大、精度较低，用于一般的机械零件；冷拉型材尺寸较小、精度较高，主要用于毛坯精度要求较高的中小型零件。

（4）焊接件　焊接件主要用于单件小批生产和大型零件及样机试制。焊接件的优点是制造简单、生产周期短，可节省材料、减轻重量，但其抗震性较差，变形大，需经时效处理后才能进行机械加工。

（5）其他毛坯　其他毛坯包括冲压件、粉末冶金件、冷挤件和塑料压制件等。

2. 毛坯选择时应考虑的因素

（1）零件材料的工艺性　材料的工艺特性决定了其毛坯的制造方法，当零件的材料选定后，毛坯的类型就大致确定了。例如，铸铁、铸钢材料适合用铸造获得毛坯；对于重要的钢质零件，为获得良好的力学性能，应选用锻造获得毛坯；形状简单、机械性能要求不太高时可用型材毛坯；铸铝、铸铜等有色金属材料常用型材或铸造毛坯；焊接是快速获得毛坯的方法，但仅适宜于低碳钢。

（2）零件的生产纲领　大量生产时宜采用精度和生产率高的毛坯制造方法，以减少材料消耗和机械加工工作量，如用金属模铸造、熔模铸造、模锻、精密锻造等方法获得毛坯；单件小批生产时宜采用精度和生产率均较低的生产方法，如手工造型、自由锻等方法获得毛坯。

（3）零件的结构、形状和尺寸　一般情况下，形状复杂的毛坯通常采用铸造方法制造；板状钢质零件多用锻件毛坯；轴类零件的毛坯，如果直径和台阶相差不大，可用棒料，如果台阶尺寸相差较大，为减少材料消耗和机械加工的工作量，则宜选用锻件；尺寸大的零件一般选择自由锻造，中小型零件可考虑选择模锻件。

（4）与现有生产条件相适应　确定毛坯时，必须结合具体的生产条件，如现场毛坯制造的实际水平和能力，以及外协的可能性等。

（5）充分利用新工艺、新材料　为节约材料和能源，提高机械加工生产率，应充分考虑精密锻造、冷轧、冷挤压、粉末冶金和工程塑料等在机械制造中的应用，这样可大大减少机械加工量，甚至不需要进行机械加工，大大提高经济效益。

3. 毛坯的形状与尺寸

毛坯的形状和尺寸主要由零件组成表面的形状、结构、尺寸及加工余量等因素确定，并尽量与零件相接近，以减少机械加工量，力求达到少或无切削加工。

毛坯的加工余量：毛坯尺寸与零件尺寸的差值。

毛坯的制造公差：毛坯制造尺寸的公差。

毛坯的加工余量与毛坯的尺寸、部位及形状有关。如铸造毛坯的加工余量，是由铸件最大尺寸、公称尺寸（两相对加工表面的最大距离或基准面到加工面的距离）、毛坯浇注时的位置（顶面、底面、侧面）、铸孔的尺寸等因素确定的。对于单件小批生产，铸件上直径小于30mm时或铸钢件上孔径小于60mm时可以不铸出。对于锻件，若用自由锻，当孔径小于30mm时或长径比大于3的孔可以不锻出。对于锻件应考虑锻造圆角和模锻斜度。带孔的模锻件不能直接锻出通孔，应留冲孔连皮等。

毛坯的形状和尺寸的确定，除了将毛坯余量附在零件相应的加工表面上之外，有时还要考虑到毛坯的制造、机械加工及热处理等工艺因素的影响。在这种情况下，毛坯的形状可能与工件的形状有所不同。例如，为了加工时装夹方便，有的铸件毛坯需要铸出必要的工艺凸台，如图1-17所示，工艺凸台在零件加工后一般应切去。又如车床开合螺母外壳，它由两个零件合成一个铸件，待加工到一定阶段后再切开，以保证加工质量和加工方便，如图1-18所示。

有时为了提高生产率和加工过程中便于装夹，可以将一些小零件多件合成一个毛坯。如图1-19所示的滑键零件及毛坯，可以将若干零件先合成一件毛坯，待两侧面和平面加工后，再切割成单个零件。如图1-20所示的垫圈类零件，也可将若干零件合成一个毛坯，毛坯可取一长管料，其内孔直径要小于垫圈内径。车削时，用卡盘夹住一端外圆，另一端用顶尖顶住，这时可车外圆、车槽，然后用卡盘夹住外圆较长的一部分，用ϕ16mm的钻头钻孔，这样就可以分割成若干个垫圈零件。毛坯的加工余量和制造公差可通过查阅相关工艺手册或国家标准来确定（例如GB/T 12362—2003 钢质模锻件　公差及机械加工余量）。

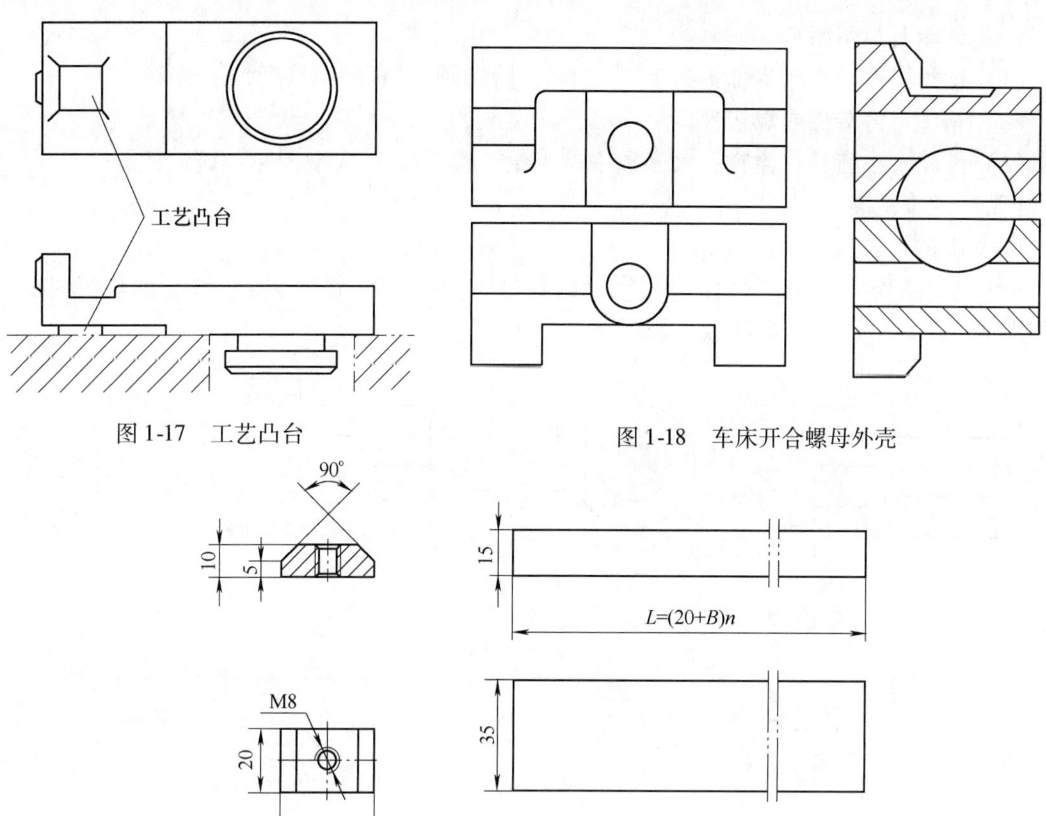

图1-17　工艺凸台

图1-18　车床开合螺母外壳

图1-19　滑键零件及毛坯

a）滑键零件　b）毛坯

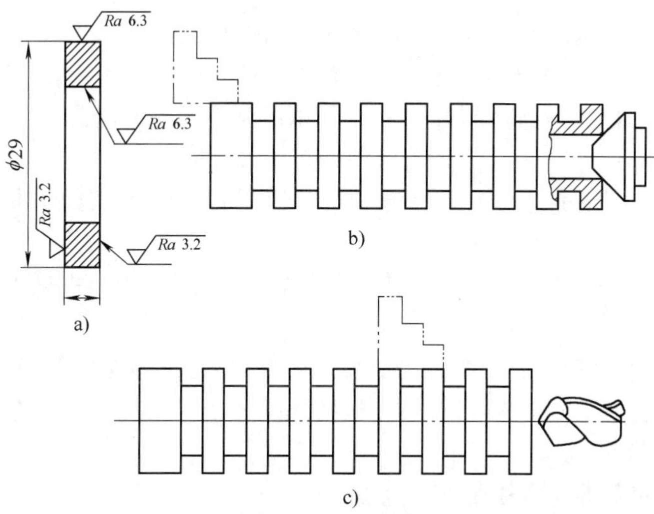

图1-20　垫圈的整体毛坯及加工

a）垫圈　b）车外圆及切槽时的装夹方法　c）钻孔

4. 毛坯及其材料举例

（1）轴类零件　车床主轴：45 钢模锻件；阶梯轴（直径相差不大）：棒料。

（2）箱体　铸造件或焊接件。

（3）齿轮　小齿轮：棒料；大多数中型齿轮：模锻件；大型齿轮：铸钢件。

（四）定位基准

1. 基准的概念及分类

（1）基准的定义　在零件图上或实际的零件上，用来确定其他点、线、面位置时所依据的那些点、线、面，称为基准，如图 1-21 所示。

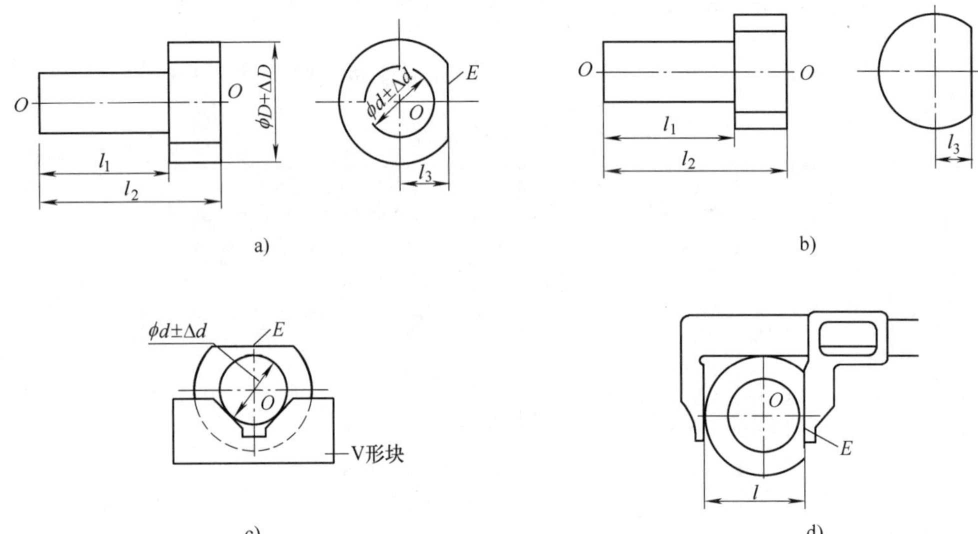

图 1-21　各种基准示例

a）零件图上 E 面的设计基准 l_3　b）工序图上 E 面的工序基准 l_3

c）加工时 E 面的定位基准　d）测量 E 面的测量基准 l

（2）基准的分类　基准按其功用可分为设计基准和工艺基准。

1）设计基准：零件工作图上用来确定其他点、线、面位置的基准为设计基准。

2）工艺基准：加工、测量和装配过程中使用的基准为工艺基准，又称制造基准。工艺基准包括以下几种：

①工序基准：工序基准是在工序图上，用来确定加工表面位置的基准。它与加工表面有尺寸、位置要求。

②定位基准：定位基准是加工过程中，使工件相对机床或刀具占据正确位置所使用的基准。

③度量基准（测量基准）：度量基准是用来测量加工表面位置和尺寸而使用的基准。

④装配基准：装配基准是装配过程中用以确定零、部件在产品中位置的基准。

2. 定位基准的选择

定位基准包括粗基准和精基准。

粗基准：用未加工过的毛坯表面作基准。

精基准：用已加工过的表面作基准。

（1）粗基准的选择　粗基准影响零件的位置精度、各加工表面的余量大小。

粗基准的选择应重点考虑如何保证各加工表面有足够的加工余量，使不加工表面和加工表面间的尺寸、位置符合零件图要求。

1）合理分配加工余量的原则。

①应保证各加工表面都有足够的加工余量，如外圆加工以轴线为基准。

②以加工余量小而均匀的重要表面为粗基准，以保证该表面加工余量分布均匀、表面质量高。如在机床床身的加工中，导轨面是最重要的表面，它不仅精度要求高，而且要求导轨面具有均匀的金相组织和较高的耐磨性。由于在铸造床身时，导轨面是倒扣在砂箱的最底部浇注成型的，导轨面材料质地致密，砂眼、气孔相对较少，因此要求在加工床身时，导轨面的实际切除量要尽可能地小而均匀，故应选择导轨面作粗基准加工床身底面，如图1-22所示。然后再以加工过的床身底面作精基准加工导轨面，此时从导轨面上去除的加工余量较小而且均匀，如图1-23所示。

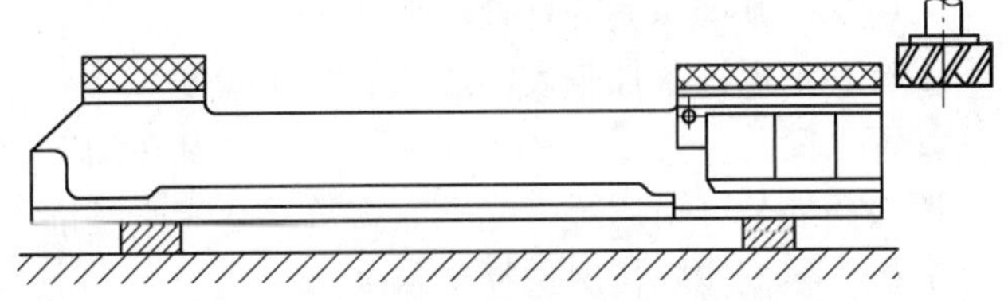

图1-22　导轨面作粗基准加工床身底面

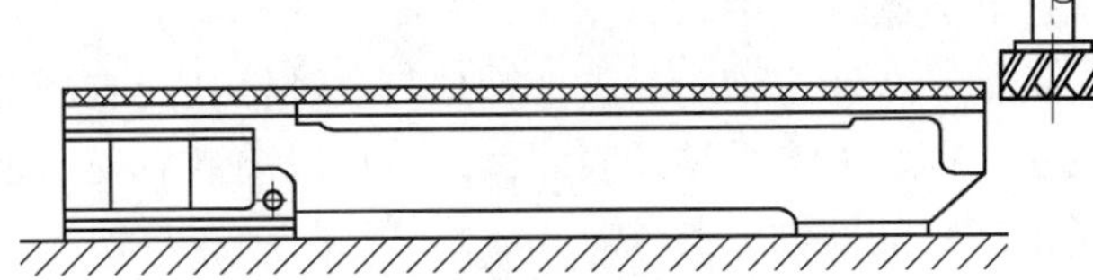

图1-23　床身底面作精基准加工导轨面

2）保证零件加工表面相对于不加工表面具有一定位置精度的原则。一般应以非加工表面作为粗基准，这样可以保证不加工表面相对于加工表面具有较为精确的相对位置。当零件上有几个不加工表面时，应选择与加工表面相对位置精度要求较高的不加工表面作粗基准。

图1-24所示的套筒法兰零件，表面1为不加工表面，为保证镗孔后零件的壁厚均匀，应选表面1作粗基准镗孔、车外圆、车端面。

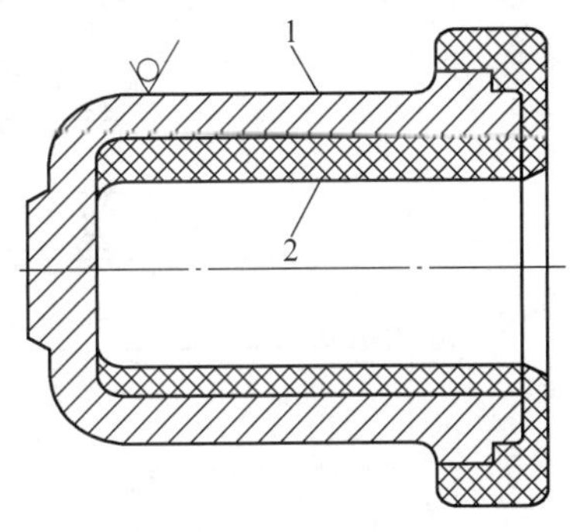

图1-24　套筒法兰零件的加工

3）便于装夹的原则。选表面光洁的面做粗基准，以保证定位准确、夹紧可靠。

4）粗基准一般不得重复使用的原则。在同一尺寸方向上粗基准通常只允许使用一次，这是因为粗基准一般都很粗糙，重复使用同一粗基准所加工的两组表面之间位置误差会相当大，因此，粗基准一般不得重复使用。

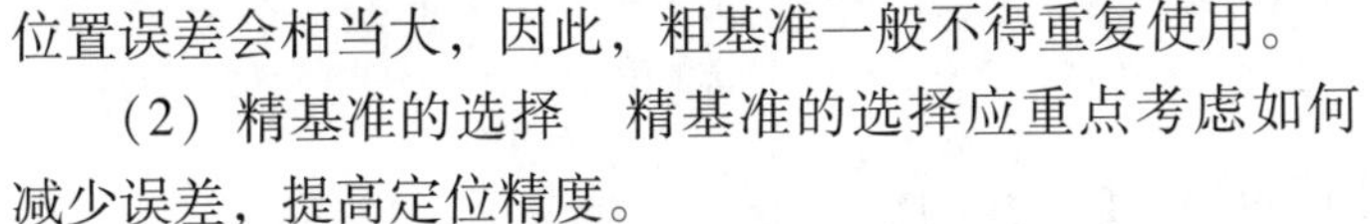

（2）精基准的选择　精基准的选择应重点考虑如何减少误差，提高定位精度。

1）基准重合原则。利用设计基准作为定位基准，即为基准重合原则。

2）基准统一原则。在大多数工序中，都使用同一基准的原则。这样容易保证各加工表面的相互位置精度，避免基准变换所产生的误差。

例如，加工轴类零件时，一般都采用两个顶尖孔作为统一精基准来加工轴类零件上的所有外圆表面和端面，这样可以保证各外圆表面间的同轴度和端面对轴线的垂直度公差。

在实际生产中，经常使用的统一基准形式有：

①轴类零件常使用两顶尖孔作统一基准。

②箱体类零件常使用一面两孔（一个较大的平面和两个距离较远的销孔）作统一基准。

③盘套类零件常使用止口面（一端面和一短圆孔）作统一基准。

④套类零件常用一长孔和一止推面作统一基准。

采用统一基准原则的好处：

①有利于保证各加工表面之间的位置精度。

②可以简化夹具设计，减少工件搬动和翻转的次数。

要注意的是，采用统一基准原则常常会带来基准不重合问题，此时需针对具体问题进行具体分析，根据实际情况选择精基准。

3）互为基准原则。互为基准原则即加工表面和定位表面互相转换的原则。一般适用于精加工和光整加工中。

例如，车床主轴前后支承轴颈与主轴锥孔间有严格的同轴度要求，常先以主轴锥孔为基准磨主轴前、后支承轴颈表面，然后再以前、后支承轴颈表面为基准磨主轴锥孔，最后达到图样上规定的同轴度要求。

4）自为基准原则。自为基准原则即以加工表面自身作为定位基准的原则，如浮动镗孔、拉孔等都是采用自为基准进行加工的。自为基准只能提高加工表面的尺寸精度，不能提高表面间的位置精度。

还有一些表面的精加工工序，要求加工余量小而均匀，常以加工表面自身为基准。如图1-25所示的在导轨磨床上磨削加工床身导轨面，被加工床身1通过楔铁2支承在工作台上，纵向移动工作台时，轻压在被加工导轨面上的百分表指针便给出了被加工导轨面相对于机床导轨的不平行度误差，根据此误差操作工人调整工件1底部的4个楔铁，直至工作台带动工件纵向移动时百分表指针基本不动为止，然后将工件1夹紧在工作台上进行磨削。

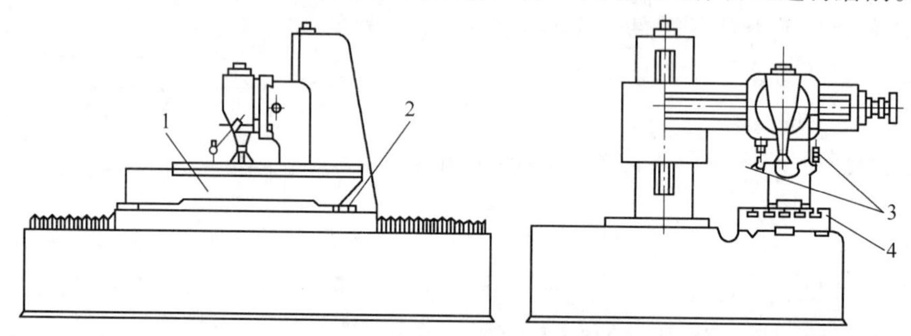

图1-25 自为基准原则实例——在导轨磨床上磨削加工床身导轨面

1—工件（床身） 2—楔铁 3—百分表 4—机床工作台

5）便于装夹原则。便于装夹原则是指所选择的精基准，应能保证工件定位准确、可靠，并尽可能使夹具结构简单、操作方便。

（五）拟定工艺路线

拟定工艺路线是设计工艺规程最为关键的一步，需顺序完成以下几个方面的工作。

1. 定位基准的选择

定位基准的选择前面已经叙述过，此处不再重复。

2. 表面加工方法的选择

（1）各种表面加工方法的经济加工精度和表面粗糙度　不同的表面加工方法如车、磨、刨、铣、钻、镗等，所能达到的精度和表面粗糙度各不相同，即使是同一种加工方法，在不同的加工条件下所得到的精度和表面粗糙度也大不一样。这是因为在加工过程中，有各种因素对精度和粗糙度产生影响，如工人的技术水平、切削用量、刀具的刃磨质量、机床的调整质量等。

某种加工方法的经济加工精度，是指在正常的工作条件下（包括完好的机床设备，必要的工艺装备，标准的工人技术等级，标准的耗用时间和生产费用等）所能达到的加工精度。

表1-8～表1-12是常用加工方法能达到的经济精度和表面粗糙度值。表1-13～表1-15是外圆、孔、平面采用不同机械加工方案所达到的精度和表面粗糙度参考值。表中数据摘自有关工艺手册。

表1-8　常用加工方法的大致加工精度

加工方法	公差等级（IT）																	
	01	0	1	2	3	4	5	6	7	8	9	10	11	12	13	14	15	16
研磨	—	—	—	—	—	—	—											
珩磨						—	—	—	—									
磨外圆							—	—	—	—								
磨平面							—	—	—	—								
金刚车							—	—	—									
金刚镗							—	—	—									
拉削							—	—	—	—								
铰孔								—	—	—	—	—						
车									—	—	—	—	—					
镗									—	—	—	—	—					
铣										—	—	—	—					
刨、插												—	—					
钻孔												—	—	—	—			
滚压、挤压								—	—	—	—	—						
冲压												—	—	—	—	—		
压力铸造													—	—	—	—		
粉末冶金成形								—	—	—								
粉末冶金烧结									—	—	—	—						
砂型铸造、气割																		—
锻造																	—	

注：表中粗实线顶格的表示在特定条件下可能达到更高一级精度要求。

表 1-9 各种加工方法所能达到的表面粗糙度

加工方法	$Ra/\mu m$
车外圆：粗车	>10~20
半精车	>2.5~10
精车	>1.25~2.5
细车	>0.16~1.25
车端面：粗车	>5~20
半精车	>2.5~10
精车	>1.25~2.5
细车	>0.32~1.25
车槽和切断：	
一次行程	>10~20
二次行程	>2.5~10
镗孔：粗镗	>1.25~5.0
半精镗	>0.32~0.63
精镗	>0.04~0.16
细镗（金刚镗床镗孔）	>0.02~0.08
钻孔	>1.25~20
铰孔：一次铰孔	
钢	>2.5~10
黄铜	>1.25~10
二次铰孔（精铰）	
铸铁	>0.63~5
钢、轻合金	>0.63~2.5
黄铜、青铜	>0.32~1.25
细铰	
钢	>0.16~1.25
轻合金	>0.32~1.25
黄铜，青铜	>0.08~0.32
刨削：粗刨	>5~20
精刨	>1.25~10
细刨	>0.16~1.25
槽的表面	>2.5~10
插削：	>2.5~20
拉削：精拉	>0.32~2.5
细拉	>0.08~0.32
推削：精推	>0.16~1.25
细推	>0.02~0.63

加工方法	$Ra/\mu m$
螺纹加工：	
用板牙、丝锥、自动张开板牙头	>0.63~5
车工或梳刀车、铣	>0.63~10
磨螺纹	>0.16~1.25
研磨	>0.04~1.25
搓丝模搓螺纹	>0.63~2.5
滚丝模滚螺纹	>0.16~2.5
齿轮及花键加工：粗滚	>1.25~5
精滚	>0.63~2.5
精插	>0.63~2.5
精刨	>0.63~5
拉	>1.25~5
剃齿	>0.16~1.25
磨齿	>0.08~1.25
研齿	>0.16~0.63
外圆及内圆磨削：半精磨（一次加工）	>0.63~10
扩孔：粗扩（有毛面）	>5~20
精扩	>1.25~10
锪孔，倒角	>1.25~5
铣削：圆柱铣刀	
粗铣	>2.5~20
精铣	>0.63~5
细铣	>0.32~1.25
面铣刀	
粗铣	>2.5~20
精铣	>0.32~5
细铣	>0.16~1.25
高速铣削	
粗铣	>0.63~2.5
精铣	>0.16~0.63
外圆磨削：精磨	>0.16~1.25
细磨	>0.08~1.25
镜面磨削	>0.01~0.08
平面磨削：精磨	>0.16~0.08
细磨	>0.04~0.32
珩　磨：粗珩（一次加工）	>0.16~1.25
精珩	>0.02~0.32
超精加工：精	>0.08~1.25
细	>0.04~0.16
镜面（两次加工）	>0.01~0.04
抛光：精抛光	>0.08~1.25
细（镜面）抛光	>0.02~0.16
砂带抛光	>0.08~0.32
电抛光	>0.01~2.5

表 1-10 外圆表面的加工精度 （单位：μm）

直径公称尺寸/mm	车						磨			研磨	用钢球或滚柱工具滚压			
	粗车	半精车或一次加工	精车				一次加工	粗磨	精磨					
	加工的公差等级													
	IT12~IT13	IT12~IT13	IT11	IT10	IT8	IT7	IT8	IT7	IT6	IT5	IT10	IT8	IT7	IT6
1~3	100~140	120	60	40	14	10	14	10	6	4	40	14	10	6
>3~6	120~180	160	75	48	18	12	18	12	8	5	48	18	12	8
>6~10	150~220	200	90	58	22	15	22	15	9	6	58	22	15	9
>10~18	180~270	240	110	70	27	18	27	18	11	8	70	27	18	11
>18~30	210~330	280	130	84	33	21	33	21	13	9	84	33	21	13
>30~50	250~390	340	160	100	39	25	39	25	16	11	100	39	25	16
>50~80	300~460	400	190	120	46	30	46	30	19	13	120	46	30	19
>80~120	350~540	460	220	140	54	35	54	35	22	15	140	54	35	22
>120~180	400~630	530	250	160	63	40	63	40	25	18	160	63	40	25
>180~250	460~720	600	290	185	72	46	72	46	29	20	185	72	46	29
>250~315	520~810	680	320	210	81	52	81	52	32	23	210	81	52	32
>315~400	570~890	760	360	230	89	57	89	57	39	25	230	89	57	36
>400~500	630~970	850	400	250	97	63	97	63	40	27	250	97	63	40

（2）加工方法和加工方案的选择

1）根据加工表面的技术要求，确定加工方法和加工方案。这种方案必须在保证零件达到图样要求方面是稳定而可靠的，并在生产率和加工成本方面是最经济合理的。

2）要考虑被加工材料的性质。例如，淬火钢用磨削的方法进行精加工，而有色金属则磨削困难，一般采用金刚镗或高速精密车削的方法进行精加工。

3）要考虑生产纲领，即考虑生产率和经济性问题。如大批大量生产应选用高效率的加工方法，采用专用设备。例如平面和孔可用拉削加工，轴类零件可采用半自动液压仿形车床加工，盘类或套类零件可用单能车床加工等。

4）应考虑本厂的现有设备和生产条件，充分利用本厂现有设备和工艺装备。

在选择加工方法时，根据零件主要表面的技术要求和工厂具体条件，先选定它的最终工序方法，然后再逐一选定该表面各有关前导工序的加工方法。

例如，加工一个公差等级为IT6、表面粗糙度值为 $Ra0.2\mu m$ 的钢质外圆表面，其最终工序选用精磨，则其前导工序可选为粗车、半精车和粗磨。主要表面的加工方案和加工工序选定之后，再选定次要表面的加工方案和加工工序。

具有一定技术要求的加工表面，一般都不是只通过一次加工就能达到图样要求的，对于精密零件的主要表面，往往要通过多次加工才能逐步达到技术要求。

3. 机床设备与工艺装备的选择

（1）机床设备的选择

1）所选机床设备的尺寸规格应与工件的形体尺寸相适应。

表 1-11 平面的加工精度

（单位：μm）

高或厚的公称尺寸/mm	刨削，用圆柱铣刀及面铣刀铣削									拉削					磨削					研磨	用钢球或滚柱工具滚压		
	粗			半精或一次加工		精	细			粗拉		精拉			一次加工		粗磨	精磨	细磨				
	加工的公差等级																						
	IT14	IT12～IT13	IT11	IT12～IT13	IT11	IT10	IT8～IT9	IT7	IT6	IT11	IT10	IT8～IT9	IT7	IT6	IT8～IT9	IT7	IT8～IT9	IT7	IT6	IT5	IT10	IT8～IT9	IT7
10～18	430	220	110	220	110	70	35	18	11						35	18	35	18	11	8	70	35	18
18～30	520	270	130	270	130	84	45	21	13	130	84	45	21	13	45	21	45	21	13	9	84	45	21
30～50	620	320	160	320	160	100	50	25	16	160	100	50	25	16	50	25	50	25	16	11	100	50	25
50～80	710	380	190	330	190	120	60	30	19	190	120	60	30	19	60	30	60	30	19	13	120	60	30
80～120	870	440	220	440	220	140	70	35	22	220	140	70	35	22	70	35	70	35	22	15	140	70	35
120～180	1000	510	250	510	250	160	80	40	25	250	160	80	40	25	80	40	80	40	25	18	160	80	40
180～250	1150	590	290	590	290	185	90	46	29	290	185	90	46	29	90	46	90	46	29	20	185	90	46
250～315	1300	660	320	660	320	210	100	52	32						100	52	100	52	36	23	210	100	52
315～400	1400	730	360	730	360	230	120	57	36						120	57	120	57	40	25	230	120	57

表 1-12 孔的加工精度

（单位：μm）

孔径公称尺寸	钻孔				扩孔				铰孔						拉孔					镗孔							磨孔			研磨	用钢球或挤压杆校正，用钢球或滚柱扩孔器挤扩孔			
	无钻模		有钻模		粗扩	铸孔或锻孔的一次扩孔	精扩		半精铰		精铰		细铰		粗拉铸孔或锻孔		粗拉或钻孔后精拉孔			粗镗	半精镗	精镗			细镗（金刚镗）		粗磨	精磨						
	加工的公差等级																																	
	IT12～IT13	IT11	IT12～IT13	IT11	IT12～IT13	IT12～IT13	IT11	IT10	IT11	IT10	IT9	IT8	IT7	IT6	IT11	IT10	IT9	IT8	IT7	IT12～IT13	IT11	IT10	IT9	IT8	IT7	IT6	IT9	IT8	IT7	IT6	IT10	IT9	IT8	IT7
1～3		60		60																														

（续）

孔径公称尺寸	钻孔				扩孔				铰孔						拉孔					镗孔							磨孔			研磨	用钢球或挤压杆校正，用钢球或滚柱扩孔器挤扩孔			
	无钻模		有钻模		粗扩	铸孔或锻孔的一次扩孔		精扩	半精铰		精铰		细铰		粗拉铸孔或锻孔		粗拉或钻孔后精拉孔			粗镗	半精镗	精镗			细镗（金刚镗）		粗磨	精磨						
	加工的公差等级																																	
	IT12~IT13	IT11	IT12~IT13	IT11	IT12~IT13	IT12~IT13	IT11	IT10	IT11	IT10	IT9	IT8	IT7	IT6	IT11	IT10	IT9	IT8	IT7	IT12~IT13	IT11	IT10	IT9	IT8	IT7	IT5	IT9	IT8	IT7	IT6	IT10	IT9	IT8	IT7
>3~6		75		75					75	48	30	18	12	8																				
>6~10		90		90					90	58	36	22	15	9																				
>10~18	220			110	220		110	70	110	70	43	27	18	11			43	27	18	220	110	70	43	27	18	11	43	27	18	11	70	43	27	18
>18~30	270			130	270		130	84	130	84	52	33	21				52	33	21	270	130	84	52	33	21	13	52	33	21	13	84	52	33	21
>30~50	320		320		320	320	160	100	160	100	62	39	25		160	100	62	39	25	320	160	100	62	39	25	16	62	39	25	16	100	62	39	25
>50~80			380		380	380	190	120	190	120	74	46	30		190	120	74	46	30	380	190	120	74	46	30	19	74	46	30	19	120	74	46	30
>80~120					440	440	220	140	220	140	87	54	35		220	140	89	54	35	440	220	140	87	54	35	22	87	54	35	22	140	87	54	35
>120~180									250	160	100	63	40		250	160	100	63	40	510	250	160	100	63	40		100	63	40	25	160	100	63	40
>180~250									290	185	115	72	46							590	290	185	115	72	46		115	72	46	29	185	115	72	46
>250~315									320	210	130	81	52							660	320	210	130	81	52		130	81	52	32	210	130	81	52
>315~400																				730	360	230	140	89	57		140	89	57	36	230	140	89	57

注：孔加工精度与工具的制造精度有关；用钢球或挤压杆校正适用于50mm以下的孔径。

表 1-13　外圆表面的加工方案

序号	加工方案	经济公差等级	表面粗糙度 Ra/μm	适用范围
1	粗车	IT11 以下	25 ~ 12.5	适用于淬火钢以外的各种金属
2	粗车→半精车	IT8 ~ IT10	12.5 ~ 3.2	
3	粗车→半精车→精车	IT7 ~ IT8	3.2 ~ 0.8	
4	粗车→半精车→精车→滚压（或抛光）	IT7 ~ IT8	0.2 ~ 0.025	
5	粗车→半精车→磨削	IT7 ~ IT8	0.8 ~ 0.4	主要用于淬火钢，也可用于未淬火钢，但不宜加工有色金属
6	粗车→半精车→粗磨→精磨	IT6 ~ IT7	0.4 ~ 0.1	
7	粗车→半精车→粗磨→精磨→超精加工（或轮式超精磨）	IT5	0.012 ~ 0.1（或 Rz0.1）	
8	粗车→半精车→精车→金刚车	IT6 ~ IT7	0.4 ~ 0.025	主要用于要求较高的有色金属
9	粗车→半精车→粗磨→精磨→超精磨或镜面磨	IT5 以上	0.025 ~ 0.05	极高精度的外圆加工
10	粗车→半精车→粗磨→精磨→研磨	IT5 以上	0.012 ~ 0.05	

表 1-14　平面加工方案

序号	加工方案	经济公差等级	表面粗糙度 Ra/μm	适用范围
1	粗车→半精车	IT9	12.5 ~ 3.2	端面
2	粗车→半精车→精车	IT7 ~ IT8	3.2 ~ 1.6	
3	粗车→半精车→磨削	IT8 ~ IT9	1.6 ~ 0.8	
4	粗刨（或粗铣）→精刨（或精铣）	IT8 ~ IT9	6.3 ~ 1.6	一般不淬硬平面（端面铣表面粗糙度值较小）
5	粗刨（或粗铣）→精刨（或精铣）→刮研	IT6 ~ IT7	0.8 ~ 0.1	精度要求较高的不淬硬平面；批量较大时宜采用宽刃精刨方案
6	以宽刃刨削代替上述方案的刮研	IT7	0.8 ~ 0.2	
7	粗刨（或粗铣）→精刨（或精铣）→磨削	IT7	0.8 ~ 0.2	精度要求高的淬硬平面或不淬硬平面
8	粗刨（或粗铣）→精刨（或精铣）→粗磨→精磨	IT6 ~ IT7	0.4 ~ 0.025	
9	粗铣→拉	IT7 ~ IT9	0.8 ~ 0.2	大量生产较小的平面（精度视拉刀精度而定）
10	粗铣→精铣→磨削→研磨	IT6 以上	0.1 ~ 0.05	高精度平面

表1-15　孔加工方案

序号	加工方案	经济公差等级	表面粗糙度 $Ra/\mu m$	适用范围
1	钻	IT11～IT12	12.5	加工未淬火钢及铸铁的实心毛坯，也可用于加工有色金属（但表面粗糙度稍大，孔径小于15～20mm）
2	钻→铰	IT9	3.2～1.6	
3	钻→铰→精铰	IT7～IT8	1.6～0.8	
4	钻→扩	IT10～IT11	12.5～6.3	同上，但孔径大于15～20mm
5	钻→扩→铰	IT8～IT9	3.2～1.6	
6	钻→扩→粗铰→精铰	IT7	1.6～0.8	
7	钻→扩→机铰→手铰	IT6～IT7	0.4～0.1	
8	钻→扩→拉	IT7～IT9	1.6～0.1	大批大量生产（精度由拉刀的精度而定）
9	粗镗（或扩孔）	IT11～IT12	12.5～6.3	除淬火钢外各种材料，毛坯有铸出孔或锻出孔
10	粗镗（粗扩）→半精镗（精扩）	IT8～IT9	3.2～1.6	
11	粗镗（扩）→半精镗（精扩）→精镗（铰）	IT7～IT8	1.6～0.8	
12	粗镗（扩）→半精镗（精扩）→精镗→浮动镗刀精镗	IT6～IT7	0.8～0.4	
13	粗镗（扩）→半精镗→磨孔	IT7～IT8	0.8～0.2	主要用于淬火钢也可用于未淬火钢，但不宜用于有色金属
14	粗镗（扩）→半精镗→粗磨→精磨	IT6～IT7	0.2～0.1	
15	粗镗→半精镗→精镗→金刚镗	IT6～IT7	0.4～0.05	主要用于精度要求高的有色金属加工
16	钻→（扩）→粗铰→精铰→珩磨；钻→（扩）→拉→珩磨；粗镗→半精镗→精镗→珩磨	IT6～IT7	0.2～0.025	精度要求很高的孔
17	以研磨代替上述方案中的珩磨	IT6级以上		

2）精度等级应与本工序加工要求相适应。

3）电动机功率应与本工序加工所需功率相适应。

4）机床设备的自动化程度和生产率应与工件生产类型相适应。

（2）工艺装备的选择　工艺装备的选择将直接影响工件的加工精度、生产率和制造成本，应根据不同情况适当选择。

1）在中小批生产条件下，应首先考虑选用通用工艺装备（包括夹具、刀具、量具和辅具）。

2）在大批大量生产中，可根据加工要求设计制造专用工艺装备。

（3）选择要有前瞻性　机床设备和工艺装备的选择不仅要考虑设备投资的当前效益，还要考虑产品改型及转产的可能性，应使其具有足够的柔性。

4. 加工阶段的划分

（1）根据零件的技术要求划分加工阶段

1）粗加工阶段。在此阶段主要是尽量切除大部分余量，主要考虑生产率。

2）半精加工阶段。在此阶段主要是为主要表面的精加工做准备，并完成次要表面的终加工（钻孔、攻螺纹、铣键槽等）。

3）精加工阶段。在此阶段主要是保证各主要表面达到图样要求，主要任务是保证加工质量。

4）光整加工阶段。在此阶段主要是为了获得高的表面质量和尺寸精度。

（2）划分加工阶段的目的

1）保证零件加工质量。因为工件在加工时会有受力变形、热变形和内应力，其精度、表面质量只能逐步提高。

2）有利于及早发现毛坯缺陷并得到及时处理。

3）有利于合理利用机床设备。

4）便于穿插热处理工序。穿插热处理工序必须将加工过程划分为几个阶段，否则很难充分发挥热处理的效果。此外，将工件加工划分为几个阶段，还有利于保护精加工过的表面少受磕碰损坏。

5. 工序的划分

在制定工艺过程中，为便于组织生产、安排计划和均衡机床的负荷，常将工艺过程划分为若干个工序。划分工序时有两个不同的原则，即工序集中和工序分散。

（1）工序集中　工序集中是指每道工序加工内容很多，工艺路线短。其主要特点是：

1）采用高效率专用设备和工艺设备，提高生产率，减少机床数量和生产面积。

2）减少了工件的装夹次数。工件在一次装夹中可加工多个表面，有利于保证这些表面之间的相互位置精度。减少装夹次数，也可减少装夹所造成的误差。

3）减少了工序数目，缩短了工艺路线，也简化了生产计划和组织工作。

4）专用设备和工艺装备较复杂，生产准备周期长。

（2）工序分散　工序分散是指每道工序的加工内容很少，甚至一道工序只含一个工步，工艺路线很长。其主要特点是：

1）设备和工艺装备比较简单，调整比较容易。

2）工艺路线长，设备和工人数量多，生产占地面积大。

3）可采用合理的切削用量，减少基本时间。

4）变换产品较困难。

在拟定工艺路线时，工序集中或工序分散的程度，主要取决于生产类型、零件结构特点及技术要求。生产批量小时，多采用工序集中。生产批量大时，可采用工序集中，也可采用工序分散。由于工序集中的优点较多，以及数控机床、柔性制造单元和柔性制造系统等的发展，现在生产多趋于采用工序集中。工序集中与工序分散的比较见表1-16。

6. 工序顺序的安排

（1）机械加工工序的安排原则

机械加工工序安排原则见表1-17。

表1-16　工序集中与工序分散的比较

	说明	应用
工序集中原则	按工序集中原则组织工艺过程，就是使每个工序所包括的加工内容尽量多些，将许多工序组成一个集中工序 最大限度的工序集中，就是在一个工序内完成工件所有表面的加工	采用数控机床、加工中心按工序集中原则组织工艺过程，生产适应性好，转产相对容易，虽然设备的一次性投资较高，但由于有足够的柔性，仍然受到越来越多的重视
工序分散原则	按工序分散原则组织工艺过程，就是使每个工序所包括的加工内容尽量少些 最大限度的工序分散，就是每个工序只包括一个简单工步	传统的流水线、自动线生产基本是按工序分散原则组织工艺过程的，这种组织方式可以实现高生产率，但对产品改型的适应性较差，转产比较困难

表1-17　机械加工工序安排原则

工序安排	说　明
①先基准面后其他表面	先把基准面加工出来，再以基准面定位来加工其他表面，以保证加工质量
②先粗加工后精加工	即粗加工在前，精加工在后，粗、精加工分开
③先主要表面后次要表面	主要表面是指装配表面、工作表面，次要表面是指键槽、联接用的光孔等
④先加工平面后加工孔	平面轮廓尺寸较大，定位安装稳定，通常均以平面定位来加工孔

（2）热处理工序及表面处理工序的安排　根据热处理的目的安排热处理在加工过程中的位置。各种热处理的安排见表1-18。

表1-18　各种热处理的安排

热处理工艺	作用与应用
退火：将钢加热到一定的温度，保温一段时间，随后在炉中缓慢冷却的一种热处理工艺	作用：消除内应力，提高强度和韧性，降低硬度，改善切削加工性 应用：高碳钢采用退火，以降低硬度；安排在粗加工前，毛坯制造出来以后
正火：将钢加热到一定温度，保温一段时间后从炉中取出，在空气中冷却的一种热处理工艺 注：加热温度与钢的含碳量有关，一般低于固相线200℃左右	作用：提高钢的强度和硬度，使工件具有合适的硬度，改善切削加工性 应用：低碳钢采用正火，以提高硬度。安排在粗加工前，毛坯制造出来以后
回火：将淬火后的钢加热到一定的温度，保温一段时间，然后置于空气或水中冷却的一种热处理工艺	作用：稳定组织、消除内应力、降低脆性
调质处理（淬火后再高温回火）	作用：获得细致均匀的组织，提高零件的综合力学性能 应用：安排在粗加工后，半精加工前。常用于中碳钢和合金钢
时效处理	作用：消除毛坯制造和机械加工中产生的内应力 应用：一般安排在毛坯制造出来和粗加工后。常用于大而复杂的铸件
淬火：将钢加热到一定的温度，保温一段时间，然后在冷却介质中迅速冷却，以获得高硬度组织的一种热处理工艺	作用：提高零件的硬度 应用：一般安排在磨削前
渗碳处理：提高工件表面的硬度和耐磨性，可安排在半精加工之前或之后进行	
为提高工件表面耐磨性、耐蚀性安排的热处理工序，以及以装饰为目的而安排的热处理工序，例如镀铬、镀锌、发蓝等，一般都安排在工艺过程最后阶段进行	

（3）检验工序的安排　为保证零件制造质量，防止产生废品，需在下列场合安排检验工序：

1）粗加工全部结束之后。

2）送往外车间加工的前后。

3）工时较长和重要工序的前后。

4）最终加工之后。

除了安排几何尺寸检验工序之外，有的零件还要安排探伤、密封、称重、平衡等检验工序。

（4）其他工序的安排

1）零件表层或内腔的毛刺对机器装配质量影响甚大，切削加工之后，应安排去毛刺工序。

2）零件在进入装配之前，一般都应安排清洗工序。工件内孔、箱体内腔易存留切屑，研磨、珩磨等光整加工工序之后，微小磨粒易附着在工件表面上，要注意清洗。

3）在用磁力夹紧工件的工序之后，要安排去磁工序，防止带有剩磁的工件进入装配线。

（六）加工余量的确定

1. 加工余量概述

（1）加工余量　为了保证零件的质量（精度和表面粗糙度值），在加工过程中，需要从工件表面上切除的金属层厚度，称为加工余量。加工余量又有总余量和工序余量之分。

（2）总余量　某一表面毛坯尺寸与零件设计尺寸之差称为总余量，以 Z_0 表示。

（3）工序余量　该表面加工相邻两工序尺寸之差称为工序余量 Z_i。总余量 Z_0 与工序余量 Z_i 的关系可用下式表示

$$Z_0 = \sum_{i=1}^{n} Z_i$$

式中　n——某一表面所经历的工序数。

1）工序余量有单边余量和双边余量之分，如图 1-26 所示。

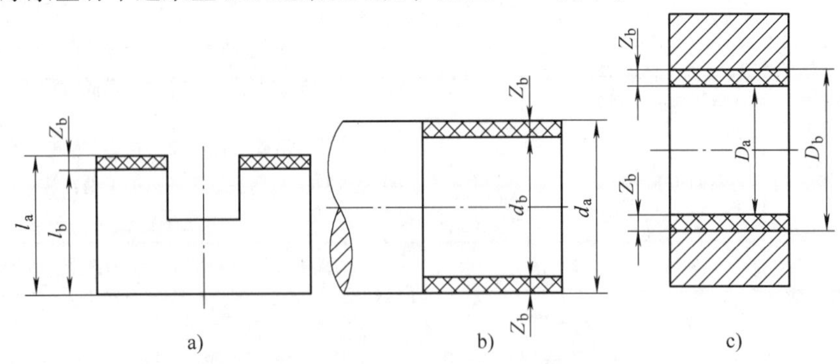

图 1-26　单边余量与双边余量

a）单边余量　b）双边余量（外圆）　c）双边余量（内圆）

①单边余量：非对称结构的非对称表面的加工余量，称为单边余量，用 Z_b 表示。

$$Z_b = l_a - l_b$$

式中　Z_b——本工序的工序余量；

l_b——本工序的公称尺寸；

l_a——上工序的公称尺寸。

②双边余量：对称结构的对称表面的加工余量，称为双边余量。

对于外圆与内孔这样的对称表面，其加工余量用双边余量 $2Z_b$ 表示。对于外圆表面有：

$$2Z_b = d_a - d_b$$

对于内圆表面有：

$$2Z_b = D_b - D_a$$

2）工序余量有公称余量（简称余量）、最大余量 Z_{max}、最小余量 Z_{min} 之分。

由于工序尺寸有偏差，故各工序实际切除的余量值是变化的，因此，工序余量有公称余量（简称余量）、最大余量 Z_{max}、最小余量 Z_{min} 之分。

以图1-27所示的被包容面加工情况为例。

本工序加工的公称余量：$Z_b = l_a - l_b$；

公称余量的变动范围：

$$\delta_Z = Z_{max} - Z_{min} = \delta_b + \delta_a$$

式中　δ_b——本工序工序尺寸公差；

δ_a——上工序工序尺寸公差。

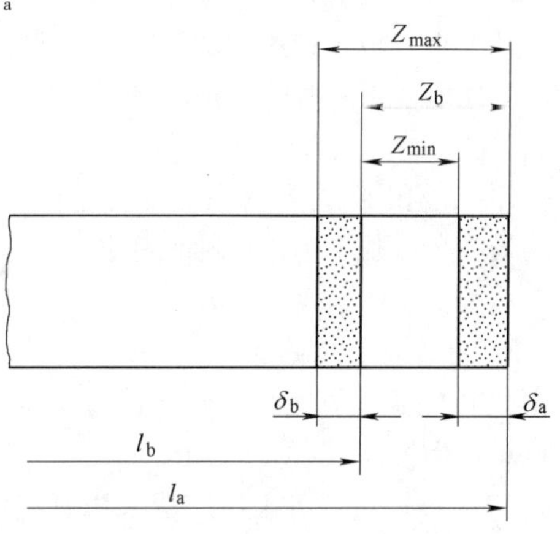

图1-27　被包容面加工工序余量

工序尺寸公差一般按“入体原则”标注。对被包容尺寸（轴径）而言，上极限偏差为0，其最大尺寸就是公称尺寸；对包容尺寸（孔径、键槽宽度）而言，下极限偏差为0，其最小尺寸就是公称尺寸。孔距和毛坯尺寸公差带常取对称公差带标注。

余量过大，材料浪费，成本增大；余量过小，不能纠正加工误差，质量降低。所以，在保证质量的前提下，选余量尽可能小。

2. 影响加工余量的因素

1）上道工序的表面粗糙度值 Ra。

2）上道工序的表面缺陷层深度值 Ta。各种加工方法的 Ta 值见表1-19。

表1-19　各种加工方法的 *Ta* 值　（单位：μm）

加工方法	Ta	加工方法	Ta	加工方法	Ta
闭式模锻	500	粗扩孔	40～60	精刨	25～40
冷拉	80～100	精扩孔	30～40	粗插	50～60
热轧	150	粗铰	25～30	精插	35～50
高精度碾压	300	精铰	10～20	粗铣	40～60
金属模锻造	100	粗镗	30～50	精铣	25～40
—		精镗	25～40	拉	10～20
粗车内外圆	40～60	磨外圆	15～25	切断	60
精车内外圆	30～40	磨内孔	20～30	研磨	3～5
粗车端面	40～60	磨端面	15～35	超级光磨	0.2～0.3
精车端面	30～40	磨平面	20～30	抛光	2～5
钻	40～60	粗刨	40～50		

注：各种毛坯的表面粗糙度值 Ra 的数值（μm）如下：闭式模锻50～100，冷拉12.5～50，热轧100～150，高精度辗压50～100，金属型铸造100～150。

3）上道工序各表面的形状、位置及方向误差 ρ_a。这些误差包括轴线的直线度，轴线间的平行度，轴线与表面的垂直度，阶梯轴各段的同轴度，平面的平面度等。

ρ_a 的数值与上工序的加工方法和零件的结构有关，可用近似计算法或查有关资料确定。若存在两种以上的偏差时，可用向量和表示。

4）本工序的装夹误差 $\Delta_{\varepsilon b}$。装夹误差除包括定位和夹紧误差外，还包括夹具本身的制造误差，其大小为三者的向量和。

5）上工序的尺寸公差 δ_a。尺寸公差包括几何形状误差如圆度、圆柱度、平面度误差等，其大小可根据选用的加工方法所能达到的经济精度，查阅工艺手册确定。

上述前4项之和构成最小余量，即

$$Z_{min} = Ra + Ta + \vec{\rho}_a + \vec{\Delta}_{\varepsilon b}$$

注：ρ_a 和 $\Delta_{\varepsilon b}$之和为矢量和。

最小余量加上上工序的尺寸公差，即为本工序的加工余量，即

$$Z_b \geqslant \delta_a + Z_{min}$$

3. 加工余量的确定——经验估算法、查表法和计算法

（1）经验估算法　靠经验估算确定，从实际使用情况看，余量选择都偏大，一般用于单件小批生产。

（2）查表法　各工厂广泛采用查表法，以生产实践和试验研究的资料制成的表格（表1-20～表1-30）为依据，应用时再结合加工实际情况进行修正。

（3）计算法（较少使用）　根据实验资料和计算公式综合确定，数据较准确，一般用于大批大量生产。

表1-20　扩孔、镗孔、铰孔的加工余量　（单位：mm）

直径	扩或镗	粗铰	精铰
3～6		0.1	0.04
>6～10	0.8～1.0	0.15～0.15	0.05
>10～18	1.0～1.5	0.1～0.15	0.05
>18～30	1.5～2.0	0.15～0.2	0.06
>30～50	1.5～2.0	0.2～0.3	0.08
>50～80	1.5～2.0	0.3～0.5	0.10
>80～120	1.5～2.0	0.5～0.7	0.15
>120～180	1.5～2.0	0.5～0.7	0.2
>180～260	2.0～3.0	0.5～0.7	0.2
>260～360	2.0～3.0	0.5～0.7	0.2

表1-21　磨孔的加工余量　（单位：mm）

孔的直径	热处理状态	孔的长度				
		≤50	>50～100	>100～200	>200～300	>300～500
≤10	未淬硬 淬 硬	0.2 0.2				
>10～18	未淬硬 淬 硬	0.2 0.3	0.3 0.4			
>18～30	未淬硬 淬 硬	0.3 0.3	0.3 0.4	0.4 0.4		

（续）

孔的直径	热处理状态	孔的长度				
		≤50	>50～100	>100～200	>200～300	>300～500
>30～50	未淬硬 淬 硬	0.3 0.4	0.3 0.4	0.4 0.4	0.4 0.5	
>50～80	未淬硬 淬 硬	0.4 0.4	0.4 0.5	0.4 0.5	0.4 0.5	
>80～120	未淬硬 淬 硬	0.5 0.5	0.5 0.5	0.5 0.6	0.5 0.6	0.6 0.7
>120～180	未淬硬 淬 硬	0.6 0.6	0.6 0.6	0.6 0.6	0.6 0.6	0.6 0.7
>180～260	未淬硬 淬 硬	0.6 0.7	0.6 0.7	0.7 0.7	0.7 0.7	0.7 0.8
>260～360	未淬硬 淬 硬	0.7 0.7	0.7 0.8	0.7 0.8	0.8 0.8	0.8 0.9
>360～500	未淬硬 淬 硬	0.8 0.8	0.8 0.8	0.8 0.8	0.8 0.9	0.8 0.9

表1-22　轴的机械加工余量（外旋转表面）　　（单位：mm）

公称直径	表面加工方法	轴的长度					
		≤120	>120～200	>260～500	>500～800	>800～1250	>1250～2000
		直径上的余量（分子是用中心孔安装时，分母是用卡盘安装时）					
		车削提高精度的轧钢件					
≤30	粗车和一次车 精车 细车	1.2/1.1 0.25/0.25 0.12/0.12	1.7/— 0.3/— 0.15/—				
>30～50	粗车和一次车 精车 细车	1.2/1.1 0.3/0.25 0.15/0.12	1.5/1.4 0.3/0.25 0.16/0.13	2.2/— 0.35/— 0.20/—			
>50～80	粗车和一次车 精车 细车	1.5/1.1 0.25/0.20 0.14/0.12	1.7/1.5 0.3/0.25 0.15/0.13	2.3/2.1 0.3/0.3 0.17/0.16	3.1/— 0.4/— 0.25/—		
>80～120	粗车和一次车 精车 细车	1.6/1.2 0.25/0.25 0.14/0.13	1.7/1.3 0.3/0.25 0.15/0.13	2.0/1.7 0.3/0.3 0.16/0.15	2.5/2.3 0.3/0.3 0.17/0.17	3.3/— 0.35/— 0.20/—	
		车削一般精度的轧钢件					
≤30	粗车和一次车 半精车 精车 细车	1.3/1.1 0.45/0.45 0.25/0.20 0.13/0.12	1.7/— 0.50/— 0.25/— 0.15/—				
>30～50	粗车和一次车 半精车 精车 细车	1.3/1.1 0.45/0.45 0.25/0.20 0.13/0.12	1.6/1.4 0.45/0.45 0.25/0.25 0.14/0.13	2.2/— 0.45/— 0.30/— 0.16/—			
>50～80	粗车和一次车 半精车 精车 细车	1.5/1.1 0.45/0.45 0.25/0.20 0.13/0.12	1.7/1.5 0.50/0.45 0.30/0.25 0.14/0.13	2.3/2.1 0.50/0.50 0.30/0.30 0.18/0.16	3.1/— 0.55/— 0.35/— 0.20/—		

（续）

公称直径	表面加工方法	轴的长度					
		≤120	>120~200	>260~500	>500~800	>800~1250	>1250~2000
		直径上的余量（分子是用中心孔安装时，分母是用卡盘安装时）					
		车削提高精度的轧钢件					
		车削一般精度的轧钢件					
>80~120	粗车和一次车	1.8/1.2	1.9/1.3	2.1/1.7	2.6/2.3	3.4/—	
	半精车	0.50/0.45	0.50/0.45	0.50/0.50	0.50/0.50	0.55/—	
	精车	0.26/0.25	0.25/0.25	0.30/0.25	0.30/0.30	0.35/—	
	细车	0.15/0.12	0.16/0.13	0.16/0.14	0.18/0.17	0.20/—	
>120~180	粗车和一次车	2.0/1.3	2.1/1.4	2.3/1.8	2.7/2.3	3.5/3.2	4.8/—
	半精车	0.50/0.45	0.50/0.45	0.50/0.50	0.50/0.50	0.60/0.55	0.65/—
	精车	0.30/0.25	0.30/0.25	0.30/0.25	0.30/0.30	0.35/0.30	0.40/—
	细车	0.16/0.13	0.16/0.13	0.17/0.15	0.18/0.17	0.21/0.20	0.27/—
>180~260	粗车和一次车	2.3/1.4	2.4/1.5	2.6/1.8	2.9/2.4	3.6/3.2	5.0/4.6
	半精车	0.50/0.45	0.50/0.45	0.50/0.50	0.55/0.50	0.60/0.55	0.65/0.65
	精车	0.30/0.25	0.30/0.25	0.30/0.25	0.30/0.30	0.35/0.35	0.40/0.40
	细车	0.17/0.13	0.17/0.14	0.18/0.15	0.19/0.17	0.22/0.20	0.27/0.26
		模锻毛坯的车削					
≤18	粗车和一次车	1.5/1.4	1.9/				
	精车	0.25/0.25	0.30/				
	细车	0.14/0.14	0.15/				
>18~30	粗车和一次车	1.6/1.5	2.0/1.8	2.3/—			
	精车	0.25/0.25	0.30/0.25	0.3/—			
	细车	0.14/0.14	0.15/0.14	0.16/—			
>30~50	粗车和一次车	1.8/1.7	2.3/2.0	3.0/2.7	3.5/—		
	精车	0.30/0.25	0.30/0.30	0.30/0.30	0.35/—		
	细车	0.15/0.15	0.16/0.15	0.19/0.17	0.21/—		
>50~80	粗车和一次车	2.2/2.0	2.9/2.6	3.4/2.9	4.2/3.6	5.0/—	
	精车	0.30/0.30	0.30/0.30	0.35/0.30	0.40/0.35	0.45/—	
	细车	0.16/0.16	0.18/0.17	0.20/0.18	0.22/0.20	0.26/—	
>80~120	粗车和一次车	2.6/2.3	3.3/3.0	4.3/3.8	5.2/4.5	6.3/5.2	8.2/—
	精车	0.30/0.30	0.30/0.30	0.40/0.35	0.45/0.40	0.50/0.45	0.60/—
	细车	0.17/0.17	0.19/0.18	0.23/0.21	0.26/0.24	0.30/0.26	0.38/—
>120~180	粗车和一次车	3.2/2.8	4.6/4.2	5.0/4.5	6.2/5.6	7.5/6.7	
	精车	0.35/0.30	0.40/0.30	0.45/0.40	0.50/0.45	0.60/0.55	
	细车	0.20/0.20	0.24/0.22	0.25/0.23	0.30/0.27	0.35/0.32	
		磨削					
≤30	热处理后粗磨	0.30	0.60				
	精车后粗磨	0.10	0.10				
	粗磨后精磨	0.06	0.06				
>30~50	热处理后粗磨	0.25	0.50	0.85			
	精车后粗磨	0.10	0.10	0.10			
	粗磨后精磨	0.06	0.06	0.06			

表1-23　铣平面的加工余量　（单位：mm）

<table>
<tr><td rowspan="4">零件厚度</td><td colspan="6">荒铣后粗铣</td><td colspan="6">粗铣后的半精铣</td></tr>
<tr><td colspan="3">宽度≤200</td><td colspan="3">宽度＞200～400</td><td colspan="3">宽度≤200</td><td colspan="3">宽度＞200～400</td></tr>
<tr><td colspan="12">加工表面不同长度下的加工余量</td></tr>
<tr><td>≤100</td><td>＞100～250</td><td>＞250～400</td><td>≤100</td><td>＞100～250</td><td>＞250～400</td><td>≤100</td><td>＞100～250</td><td>＞250～400</td><td>≤100</td><td>＞100～250</td><td>＞250～400</td></tr>
<tr><td>＞6～30</td><td>1.0</td><td>1.2</td><td>1.5</td><td>1.2</td><td>1.5</td><td>1.7</td><td>0.7</td><td>1.0</td><td>1.0</td><td>1.0</td><td>1.0</td><td>1.0</td></tr>
<tr><td>＞30～50</td><td>1.0</td><td>1.5</td><td>1.7</td><td>1.5</td><td>1.5</td><td>2.0</td><td>1.0</td><td>1.0</td><td>1.2</td><td>1.0</td><td>1.2</td><td>1.2</td></tr>
<tr><td>＞50</td><td>1.5</td><td>1.7</td><td>2.0</td><td>1.7</td><td>2.0</td><td>2.5</td><td>1.0</td><td>1.3</td><td>1.5</td><td>1.3</td><td>1.5</td><td>1.5</td></tr>
</table>

表1-24　磨平面的加工余量　（单位：mm）

<table>
<tr><td rowspan="5">零件厚度</td><td colspan="12">第一种</td></tr>
<tr><td colspan="12">经热处理及未经热处理零件的终磨</td></tr>
<tr><td colspan="6">宽度≤200</td><td colspan="6">宽度＞200～400</td></tr>
<tr><td colspan="12">加工表面不同长度下的加工余量</td></tr>
<tr><td colspan="2">≤100</td><td colspan="2">＞100～250</td><td colspan="2">＞250～400</td><td colspan="2">≤100</td><td colspan="2">＞100～250</td><td colspan="2">＞250～400</td></tr>
<tr><td>＞6～30</td><td colspan="2">0.3</td><td colspan="2">0.3</td><td colspan="2">0.5</td><td colspan="2">0.3</td><td colspan="2">0.5</td><td colspan="2">0.5</td></tr>
<tr><td>＞30～50</td><td colspan="2">0.5</td><td colspan="2">0.5</td><td colspan="2">0.5</td><td colspan="2">0.5</td><td colspan="2">0.5</td><td colspan="2">0.5</td></tr>
<tr><td>＞50</td><td colspan="2">0.5</td><td colspan="2">0.5</td><td colspan="2">0.5</td><td colspan="2">0.5</td><td colspan="2">0.5</td><td colspan="2">0.5</td></tr>
<tr><td rowspan="6">零件厚度</td><td colspan="12">第二种</td></tr>
<tr><td colspan="12">热处理后</td></tr>
<tr><td colspan="6">粗磨</td><td colspan="6">半精磨</td></tr>
<tr><td colspan="3">宽度≤200</td><td colspan="3">宽度＞200～400</td><td colspan="3">宽度≤200</td><td colspan="3">宽度＞200～400</td></tr>
<tr><td colspan="12">加工表面不同长度下的加工余量</td></tr>
<tr><td>≤100</td><td>＞100～250</td><td>＞250～400</td><td>≤100</td><td>＞100～250</td><td>＞250～400</td><td>≤100</td><td>＞100～250</td><td>＞250～400</td><td>≤100</td><td>＞100～250</td><td>＞250～400</td></tr>
<tr><td>＞6～30</td><td>0.2</td><td>0.2</td><td>0.3</td><td>0.2</td><td>0.3</td><td>0.3</td><td>0.1</td><td>0.1</td><td>0.2</td><td>0.1</td><td>0.2</td><td>0.2</td></tr>
<tr><td>＞30～50</td><td>0.3</td><td>0.3</td><td>0.3</td><td>0.3</td><td>0.3</td><td>0.3</td><td>0.2</td><td>0.2</td><td>0.2</td><td>0.2</td><td>0.2</td><td>0.2</td></tr>
<tr><td>＞50</td><td>0.3</td><td>0.3</td><td>0.3</td><td>0.3</td><td>0.3</td><td>0.3</td><td>0.2</td><td>0.2</td><td>0.2</td><td>0.2</td><td>0.2</td><td>0.2</td></tr>
</table>

表1-25　端面的加工余量　（单位：mm）

<table>
<tr><td rowspan="3">零件长度（全长）</td><td colspan="3">粗车后的精车端面</td><td colspan="2">磨削</td></tr>
<tr><td colspan="5">余量（按端面最大直径取）</td></tr>
<tr><td>≤30</td><td>＞30～120</td><td>＞120～260</td><td>≤120</td><td>＞120～260</td></tr>
<tr><td>≤10</td><td>0.5</td><td>0.6</td><td>1.0</td><td>0.2</td><td>0.3</td></tr>
<tr><td>＞10～18</td><td>0.5</td><td>0.7</td><td>1.0</td><td>0.2</td><td>0.3</td></tr>
<tr><td>＞18～50</td><td>0.6</td><td>1.0</td><td>1.2</td><td>0.2</td><td>0.3</td></tr>
<tr><td>＞50～80</td><td>0.7</td><td>1.0</td><td>1.3</td><td>0.3</td><td>0.4</td></tr>
</table>

（续）

零件长度（全长）	粗车后的精车端面			磨削	
	余量（按端面最大直径取）				
	≤30	>30～120	>120～260	≤120	>120～260
>80～120	1.0	1.0	1.3	0.3	0.5
>120～180	1.0	1.3	1.5	0.3	0.5

表1-26 调质件预留加工余量 （单位：mm）

直　径	长　度			
	<500	500～1000	1000～1800	>1800
10～20	2.0～2.5	2.5～3.0		
22～45	2.5～3.0	3.0～3.5	3.5～4.0	
48～70	2.5～3.0	3.0～3.5	4.0～4.5	5.0～6.0
75～100	3.0～3.5	3.0～3.5	5.0～5.5	6.0～7.0

表1-27 不渗碳局部加工余量 （单位：mm）

设计要求渗碳深度	不渗碳表面每面的留余量
0.2～0.4	1.1+淬火时留余量
0.4～0.7	1.4+淬火时留余量
0.7～1.1	1.8+淬火时留余量
1.1～1.5	2.2+淬火时留余量
1.5～2.0	2.7+淬火时留余量

表1-28 轴、套、环类零件内孔热处理后的磨削余量 （单位：mm）

孔径公称尺寸	<10	11～18	19～30	31～50	51～80	81～120	121～180	181～200	261～360	361～500
一般孔余量	0.20～0.30	0.25～0.35	0.30～0.45	0.35～0.50	0.40～0.60	0.50～0.75	0.60～0.90	0.65～1.00	0.80～1.00	0.85～1.30
复杂孔余量	0.25～0.40	0.35～0.45	0.40～0.50	0.50～0.65	0.60～0.80	0.70～1.00	0.80～1.20	0.90～1.35	1.05～1.50	1.15～1.75

注：1. 碳素钢工件一般均用水或水-油淬，孔变形较大，应选用上限；薄壁零件（外径/内径<2）应取上限。
2. 合金钢薄壁零件（外径/内径<1.25）应取上限。
3. 合金钢零件渗碳后采用二次淬火者应取上限。
4. 同一工件上有大小不同的孔时，应以大孔计算。
5. “一般孔”指零件形状简单、对称，孔是光滑圆孔或内花键；“复杂孔”指零件形状复杂，不对称、薄壁、孔形不规则。
6. 外径/内径<1.5的高频感应淬火件，内孔留余量应减少40%～50%，外圆留余量加大30%～40%。

表 1-29　渗碳零件磨削余量　（单位：mm）

公称渗碳深度	0.3	0.5	0.9	1.3	1.7
放磨量	0.15 ~ 0.20	0.20 ~ 0.25	0.25 ~ 0.30	0.35 ~ 0.40	0.45 ~ 0.50
实际工艺渗碳深度	0.4 ~ 0.6	0.7 ~ 1.0	1.0 ~ 1.4	1.5 ~ 1.9	2.0 ~ 2.5

表 1-30　轴、杆类零件外圆热处理后的磨削余量　（单位：mm）

直径或厚度	长度										
	≤50	51 ~ 100	101 ~ 200	201 ~ 300	301 ~ 450	451 ~ 600	601 ~ 800	801 ~ 1000	1001 ~ 1300	1301 ~ 1600	1601 ~ 2000
≤5	0.25 ~ 0.45	0.45 ~ 0.55	0.55 ~ 0.65								
6 ~ 10	0.30 ~ 0.40	0.40 ~ 0.50	0.50 ~ 0.60	0.55 ~ 0.65							
11 ~ 20	0.25 ~ 0.35	0.35 ~ 0.45	0.45 ~ 0.55	0.50 ~ 0.60	0.55 ~ 0.65						
21 ~ 30	0.30 ~ 0.40	0.30 ~ 0.40	0.35 ~ 0.45	0.40 ~ 0.50	0.45 ~ 0.55	0.50 ~ 0.60	0.55 ~ 0.65				
31 ~ 50	0.35 ~ 0.45	0.35 ~ 0.45	0.35 ~ 0.45	0.40 ~ 0.50	0.40 ~ 0.50	0.40 ~ 0.50	0.50 ~ 0.60	0.6 ~ 0.7			
51 ~ 80	0.40 ~ 0.50	0.40 ~ 0.50	0.40 ~ 0.50	0.40 ~ 0.50	0.40 ~ 0.50	0.40 ~ 0.50	0.50 ~ 0.60	0.55 ~ 0.65	0.60 ~ 0.70	0.70 ~ 0.80	0.85 ~ 1.00
81 ~ 120	0.50 ~ 0.60	0.50 ~ 0.60	0.50 ~ 0.60	0.50 ~ 0.60	0.50 ~ 0.60	0.50 ~ 0.60	0.60 ~ 0.70	0.65 ~ 0.70	0.65 ~ 0.80	0.75 ~ 0.90	0.85 ~ 1.00
121 ~ 180	0.60 ~ 0.70	0.60 ~ 0.70	0.60 ~ 0.70	0.60 ~ 0.70	0.60 ~ 0.70						
181 ~ 260	0.70 ~ 0.90	0.70 ~ 0.90	0.70 ~ 0.90	0.70 ~ 0.90							

注：1. 粗磨后需人工时效的零件，余量应较上表增加50%。

2. 此表为断面均匀/全部淬火的零件的余量，特别零件另行解决。

3. 全长1/3以下局部淬火者可取下限，淬火长度大于1/3按全长处理。

4. ϕ80mm以上短实心轴可取下限。

5. 高频感应淬火可取下限。

（七）尺寸链计算与工序尺寸确定

零件图上所标注的尺寸公差是零件加工最终所要求达到的尺寸要求，工艺过程中许多中间工序的尺寸公差，必须在设计工艺过程中予以确定。工序尺寸及其公差一般都是通过计算工艺尺寸链确定的。为掌握工艺尺寸链的计算规律，这里先介绍尺寸链的概念及尺寸链的计算方法，然后再就工序尺寸及其公差的确定方法进行论述。

1. 尺寸链及尺寸链计算公式

（1）尺寸链的定义　在工件加工和机器装配过程中，由相互联系的尺寸，按一定顺序排列成的封闭尺寸组，称为尺寸链。尺寸链示例如图 1-28 所示。

图示工件先以 A 面定位加工 C 面，得尺寸 A_1；再以 A 面定位用调整法加工台阶面 B，得尺寸 A_2；要求保证 B 面与 C 面间尺寸 A_0。A_1、A_2 和 A_0 这 3 个尺寸构成了一个封闭尺寸组，就成了一个尺寸链。

（2）尺寸链的组成　尺寸链中的每一个尺寸称为尺寸链的环，尺寸链由一系列的环组成。环又分为封闭环和组成环。

1）封闭环（终结环）：在加工过程中间接获得的尺寸，称为封闭环。

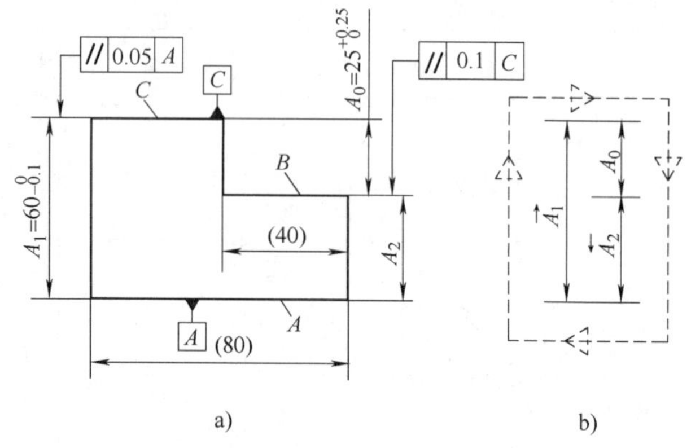

图 1-28　尺寸链示例

在图 1-28b 所示的尺寸链中，A_0 是间接得到的尺寸，它就是尺寸链的封闭环。

2）组成环：在加工过程中直接获得的尺寸，称为组成环。图 1-28b 所示尺寸链中 A_1 与 A_2 都是通过加工直接得到的尺寸，A_1、A_2 都是尺寸链的组成环。

①增环：在尺寸链中，自身增大或减小，会使封闭环随之增大或减小的组成环，称为增环。增环在字母上面用箭头→表示。

②减环：在尺寸链中，自身增大或减小，会使封闭环反而随之减小或增大的组成环，称为减环。减环在字母上面用箭头←表示。

确定增减环的方法：用箭头方法确定，即沿顺时针或逆时针方向绕封闭的尺寸链回转一周，把封闭环和所有组成环都用指向回转方向的箭头表示，则凡是箭头方向与封闭环箭头方向相反的组成环为增环，相同的组成环为减环。在图 1-28b 所示尺寸链中，A_1 是增环，A_2 是减环。

③传递系数 ζ_i：传递系数表示组成环对封闭环影响的大小，即组成环在封闭环上引起的变动量与组成环本身变动量之比。对直线尺寸链而言，增环的 $\zeta_i=1$，减环的 $\zeta_i=-1$。

（3）尺寸链的分类

1）按尺寸链在空间分布的位置关系分类。尺寸链按空间分布分类如图 1-29 所示。

①线性尺寸链：尺寸链中各环位于同一平面内且彼此平行。

②平面尺寸链：尺寸链中各环位于同一平面或彼此平行的平面内，各环之间可以不平行。

③空间尺寸链：尺寸链中各环不在同一或彼此平行的平面内。

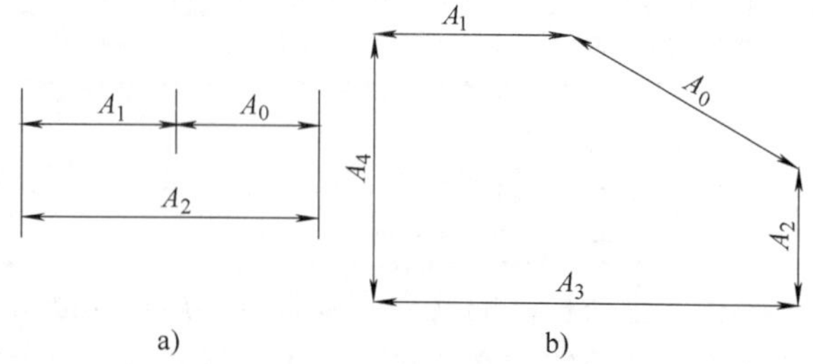

图 1-29　尺寸链按空间分布分类

a）线性尺寸链　b）平面尺寸链

2）按尺寸链的应用范围分类。

①工艺尺寸链：在加工过程中，工

件上各相关的工艺尺寸所组成的尺寸链。

②装配尺寸链：在机器设计和装配过程中，各相关的零、部件相互联系的尺寸所组成的尺寸链，如图1-30所示。

3）按尺寸链各环的几何特征分类。

①长度尺寸链：尺寸链中各环均为长度量。

②角度尺寸链：尺寸链中各环均为角度量。

4）按尺寸链之间的相互关系分类。

①独立尺寸链：尺寸链中所有的组成环和封闭环只从属于一个尺寸链。

②并联尺寸链：两个或两个以上的尺寸链，通过公共环将它们联系起来并联形成的尺寸链。

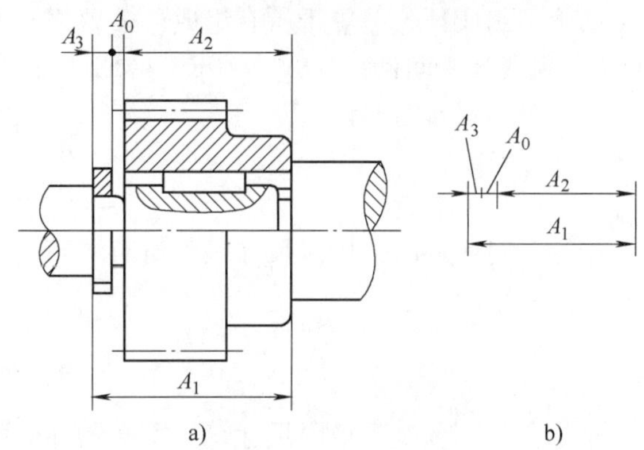

图1-30　装配尺寸链

（4）尺寸链的计算　尺寸链计算有正计算、反计算和中间计算3种类型。已知组成环求封闭环称为正计算；已知封闭环求各组成环称为反计算；已知封闭环及部分组成环，求其余的一个或几个组成环，称为中间计算。

尺寸链计算有极值法与统计法（或概率法）两种。用极值法解尺寸链是从尺寸链各环均处于极值条件来求解封闭环尺寸与组成环尺寸之间的关系。用统计法解尺寸链则是运用概率论理论来求解封闭环尺寸与组成环尺寸之间的关系。

（5）极值法解尺寸链的计算公式　机械制造中的尺寸公差通常用公称尺寸（A）、上极限偏差（ES）、下极限偏差（EI）表示，还可以用上极限尺寸（A_{max}）与下极限尺寸（A_{min}）或公称尺寸（A）、中间偏差（Δ）与公差（T）表示，它们之间的关系如图1-31所示。

1）封闭环公称尺寸　封闭环公称尺寸 A_0 等于所有增环公称尺寸（A_p）之和减去所有减环公称尺寸（A_q）之和，即

$$A_0 = \sum_{i=1}^{m} \zeta_i A_i = \sum_{p=1}^{k} \overrightarrow{A_p} - \sum_{q=k+1}^{m} \overleftarrow{A_q}$$

式中　m——组成环数；

k——增环数；

ζ_i——第 i 组成环的尺寸传递系数。对直线尺寸链而言，增环的 $\zeta_i = 1$，减环的 $\zeta_i = -1$。

2）环的极限尺寸　$A_{max} = A + \mathrm{ES}$　$A_{min} = A - \mathrm{EI}$

3）环的极限偏差　$\mathrm{ES} = A_{max} - A$　$\mathrm{EI} = A - A_{min}$

4）封闭环的中间偏差

$$\Delta_0 = \sum_{i=1}^{m} \zeta_i \Delta_i$$

式中　Δ_i——第 i 组成环的中间偏差。

结论：封闭环的中间偏差等于所有增环中间偏差之和减去所有减环中间偏差之和。

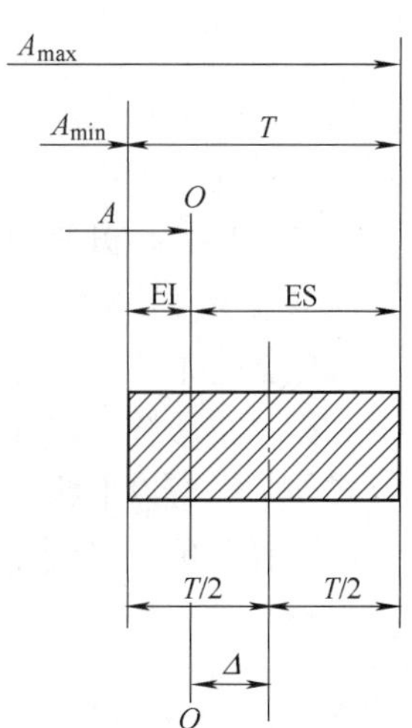

图1-31　公称尺寸、极限偏差、公差与中间偏差

5）封闭环公差

$$T_0 = \sum_{i=1}^{m} |\zeta_i| T_i = \sum_{i=1}^{m} T_i$$

结论：封闭环公差等于所有组成环公差之和。

6）组成环中间偏差　$\Delta_i = (\mathrm{ES}_i + \mathrm{EI}_i)/2$

7）封闭环极限尺寸

$$A_{0\max} = \sum_{p=1}^{k} \overrightarrow{A}_{p\max} - \sum_{q=k+1}^{m} \overleftarrow{A}_{q\min}$$

结论：封闭环的上极限尺寸等于所有增环的上极限尺寸之和减去所有减环的下极限尺寸之和。

$$A_{0\min} = \sum_{p=1}^{k} \overrightarrow{A}_{p\min} - \sum_{q=k+1}^{m} \overleftarrow{A}_{q\max}$$

结论：封闭环的下极限尺寸等于所有增环的下极限尺寸之和减去所有减环的上极限尺寸之和。

8）封闭环极限偏差

$$\mathrm{ES}_0 = \sum_{p=1}^{k} \mathrm{ES}_p - \sum_{q=k+1}^{m} \mathrm{EI}_q$$

结论：封闭环的上极限偏差等于所有增环的上极限偏差之和减去所有减环的下极限偏差之和。

$$\mathrm{EI}_0 = \sum_{p=1}^{k} \mathrm{EI}_p - \sum_{q=k+1}^{m} \mathrm{ES}_q$$

结论：封闭环的下极限偏差等于所有增环的下极限偏差之和减去所有减环的上极限偏差之和。

（6）竖式计算法口诀　封闭环和增环的公称尺寸和上、下极限偏差照抄；减环公称尺寸变号；减环上、下极限偏差对调且变号。

竖式计算法可用来验算极值法解尺寸链的正确与否。

（7）统计法（概率法）解直线尺寸链基本计算公式　应用极限法解尺寸链，具有简便、可靠等优点。但当封闭环公差较小，环数较多时，则各组成环就相应地减小，造成加工困难，成本增加。生产实践表明，封闭环的实际误差比用极值法计算出来的公差小得多。为了扩大组成环公差，以便加工容易，可采用统计法（概率法）解尺寸链，以确定组成环公差，而不用极限法。

机械制造中的尺寸分布多数为正态分布，但也有非正态分布。非正态分布又有对称分布与不对称分布。统计法计算尺寸链的基本计算公式，除可应用极限法解直线尺寸链的一些基本公式外，尚有以下两个基本计算公式。

1）封闭环中间偏差

$$\Delta_0 = \sum_{i=1}^{m} \zeta_i (\Delta_i + e_i T_i/2)$$

2）封闭环公差

$$T_0 = \frac{1}{k_0} \sqrt{\sum_{i=1}^{m} \zeta_i^2 k_i^2 T_i^2}$$

式中 e_i——第 i 组成环尺寸分布曲线的不对称系数；

$e_iT_i/2$——第 i 组成环尺寸分布中心相对于公差带的偏移量；

k_0——封闭环的相对分布系数；

k_i——第 i 组成环的相对分布系数。

3）统计法（概率法）的近似计算 统计法（概率法）的近似计算是假定各环分布曲线是对称分布于公差值的全部范围内（即 $e_i=0$），并取相同的相对分布系统的平均值 k_m（一般取1.2～1.7），所以有

$$T_0 = k_m\sqrt{\sum_{i=1}^{n-1}T_i^2}$$

2. 几种工艺尺寸链的分析与计算实例

（1）定位基准与设计基准不重合时的尺寸换算

实例1：如图1-32所示，先以 A 面定位加工 C 面，得尺寸 A_1；再以 A 面定位用调整法加工台阶面 B，得尺寸 A_2；要求保证 B 面与 C 面间尺寸 A_0。需求工序尺寸 A_2。

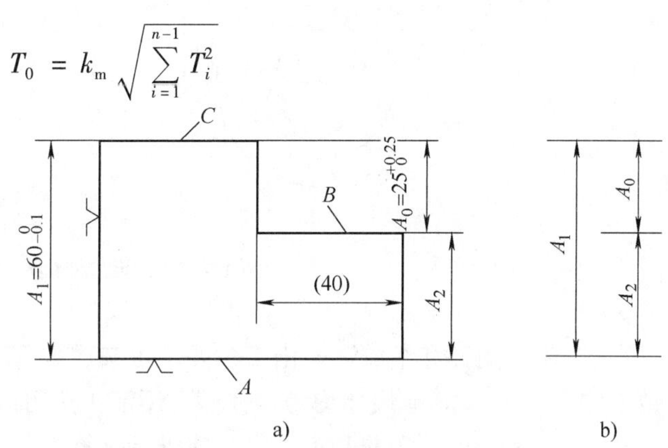

图1-32 定位基准与设计基准不重合

（2）设计基准与测量基准不重合时的尺寸换算

实例2：一批如图1-33所示的轴套零件，在车床上已加工好外圆、内孔及端面，现需在铣床上铣右端缺口，并保证尺寸 $5_{-0.05}^{0}$mm 及（26±0.2）mm。求采用调整法加工时的控制尺寸 H、A 及其极限偏差。

（3）不同工艺基准的尺寸链计算

实例3：如图1-34所示的轴套零件，其外圆、内孔及端面均已加工。求：①当以 A 面定位钻 $\phi10$mm 孔时的工序尺寸 A_1 及其极限偏差（要求画出尺寸链图）；②当以 B 面定位钻 $\phi10$mm 孔时的工序尺寸 A_2 及其极限偏差。

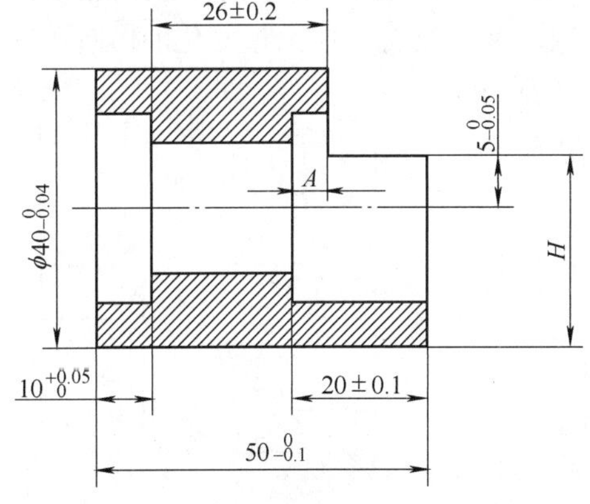

图1-33 设计基准与测量基准不重合

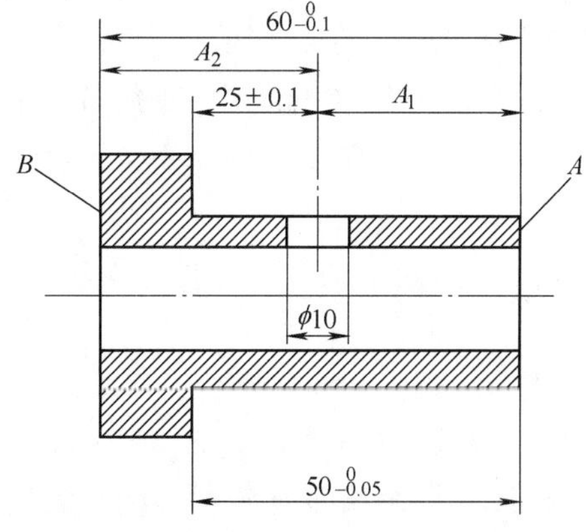

图1-34 轴套零件的尺寸链

（4）保证渗碳、渗氮层深度的工艺尺寸链计算

例 1-1 一批小轴其部分工艺过程为：车外圆至 $\phi 20.6_{-0.04}^{0}$mm，渗碳淬火，磨外圆至 $\phi 20_{-0.02}^{0}$mm。试计算保证淬火层深度为 0.7～1.0mm 的渗碳工序的渗入深度。

解： 根据题意可画出工序尺寸图，如图 1-35a 所示。

1）按工序要求画工艺尺寸链图，如图 1-35b 所示，其中尺寸 A_1 是待求的渗入深度。

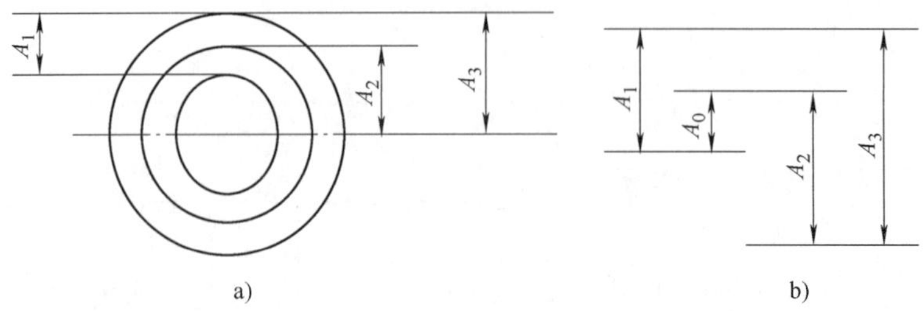

图 1-35 小轴零件的尺寸链

2）确定封闭环和组成环。由工艺要求可知，要保证的淬火层深度尺寸为封闭环，即尺寸链中的尺寸 A_0，其他尺寸均为组成环。用箭头法可确定出 A_1、A_2 为增环，A_3 为减环。

3）根据工艺尺寸链的基本计算公式进行计算。

因为 $A_0 = A_1 + A_2 - A_3$

所以 $A_1 = A_0 + A_3 - A_2$

而 $A_0 = 1_{-0.3}^{0}$mm，$A_2 = 10_{-0.01}^{0}$mm，$A_3 = 10.3_{-0.02}^{0}$mm（按入体偏差标注）

故 $A_1 = A_0 + A_3 - A_2 = 1\text{mm} + 10.3\text{mm} - 10\text{mm} = 1.3\text{mm}$

又 $ES_0 = ES_1 + ES_2 - EI_3$

则 $ES_1 = ES_0 - ES_2 + EI_3 = 0\text{mm} - 0\text{mm} - 0.02\text{mm} = -0.02\text{mm}$

又 $EI_0 = EI_1 + EI_2 - ES_3$

则 $EI_1 = EI_0 - EI_2 + ES_3 = -0.3\text{mm} + 0.01\text{mm} - 0.02\text{mm} = -0.04\text{mm}$

所以得渗碳工序的渗入深度为 $A_1 = 1.3_{-0.04}^{-0.02}$mm。

（5）多次加工的工艺尺寸链计算 在制定工艺过程或分析现行工艺时，经常会遇到既有基准不重合的工艺尺寸换算，又有工艺基准的多次转换，还有工序余量变化的影响，整个工艺过程中有着较复杂的基准关系和尺寸关系。为了经济合理地完成零件的加工工艺过程，必须制定一套正确而合理的工艺尺寸。

以图 1-36 所示的套类零件有关轴向表面的工艺过程为例。

工序 1：以大端面 A 定位，车小端面 D，保证全长工序尺寸 $53_{-0.5}^{0}$mm；车小外圆到 B，保证尺寸 $40_{-0.2}^{0}$mm。

工序 2：以小端面 D 定位，精车大端面 A，保证全长工序尺寸 $50.05_{-0.2}^{0}$mm；镗大孔，保证到 C 面的孔深工序尺寸为 $36_{0}^{+0.5}$mm。

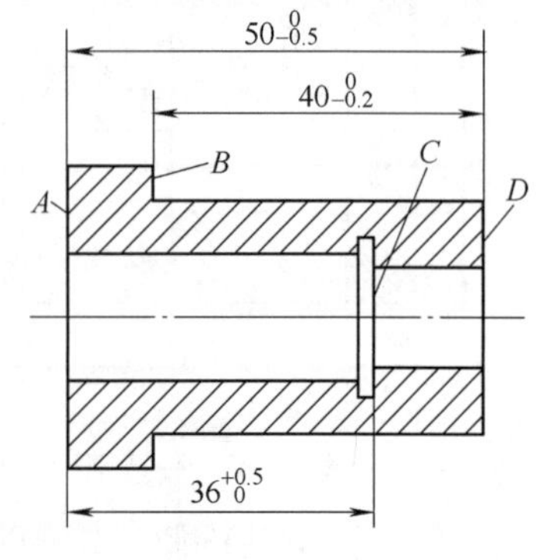

图 1-36 套类零件

工序3：以小端面 D 定位，磨大端面 A，保证全长尺寸 $50_{-0.5}^{\ 0}$mm。

1.1.3 拓展性知识

(一) 装配工艺基础知识

机械产品一般由许多零件和部件组成。零件是机器制造的最小单元，如一根轴、一个螺钉等；部件由两个或两个以上零件结合而成。按技术要求，将若干个零件结合成部件或若干个零件和部件结合成机器的过程称为装配，前者称为部件装配，后者称为总装配。

装配通常是产品生产过程中的最后一个阶段，其目的是根据产品设计要求和标准，使产品达到其使用说明书的规格和性能要求。

1. 装配工作组织形式

装配工作组织形式随生产类型和产品复杂程度而不同，可分为以下4类。

(1) 单件生产的装配　单个地制造不同结构的产品，并很少重复，甚至完全不重复，这种生产方式称为单件生产。单件生产的装配工作多在固定地点，由一个工人或一组工人，从开始到结束进行全部的装配工作，如夹具、模具的装配就属于此类。对于大件的装配，由于装配的设备很大，装配时需要几组操作人员共同进行操作，如生产线的装配。这种组织形式的装配，周期长、占地面积大、需要大量的工具和设备，并要求工人具有全面的技能。

(2) 成批生产的装配　在一定的时期内成批地制造相同的产品，这种生产方式称为成批生产。成批生产时装配工作通常分为部件装配和总装配，每个部件的装配由一个或一组工人来完成，然后进行总装配，如机床的装配属于此类。这种将产品或部件的全部装配工作安排在固定地点进行的装配，称为固定式装配。

(3) 大量生产的装配　产品制造数量很庞大，在每个工作地点经常重复地完成某一工序，并具有严格的节奏，这种生产方式称为大量生产。大量生产中，把产品装配过程划分为部件、组件装配，使某一工序只由一个或一组工人来完成。同时，只有当从事装配工作的全体工人，都按顺序完成了所承担的装配工序以后，才能装配出产品。在装配过程中，工作对象（部件或组件）有顺序地由一个或一组工人转移给另一个或一组工人，这种转移可以是装配对象的转移，也可以是工人的移动。通常把这种装配组织形式称为流水装配法。为了保证装配工作的连续性，在装配线的所有工作位置上，完成某一工序的时间都应相等或互成倍数。在大量生产中，由于广泛采用互换性原则，并使装配工作工序化，因此装配质量好、效率高、生产成本低，是一种先进的装配组织形式，如汽车、拖拉机的装配一般属于此类。

(4) 现场装配　现场装配共有两种，第一种为在现场进行部分制造、调整和装配。在这里，有些零、部件是现成的，而有些零件则需要在现场根据具体的现场尺寸要求进行制造，然后才可以进行现场装配。第二种为与其他现场设备有直接关系的零、部件必须在工作现场进行装配。例如减速器的安装就包括减速器与电动机之间的联轴器的现场校准，以及减速器与执行元件之间的联轴器的现场较准，以保证它们之间的轴线在同一条直线上，从而使联轴器的螺母在旋紧后不会产生附加的载荷，否则就会引起轴承超负荷运转或轴的疲劳破坏。

2. 零件精度与装配精度的关系

零件的加工精度是保证装配精度的基础。一般情况下，零件的精度越高，装配出的机械质量，即装配精度也越高。例如，车床主轴定心轴颈的径向圆跳动误差，主要取决于滚动轴承内环上滚道的径向圆跳动精度和主轴定心轴颈的径向圆跳动精度。因此，要合理地控制这些有关零件的制造精度，使它们的误差组合仍能满足装配精度的要求。

零件的加工质量必须经过检验合格；装配前零件要仔细清洗，防止在库存与传送中锈蚀、变形及损伤等。目前装配过程中仍需要大量的手工操作劳动，装配质量还往往依赖于装配工人的技术水平和责任感。

对于某些要求高装配精度的项目，如果完全由零件的制造精度来直接保证，则零件的制造精度将提得很高，从而给零件的加工造成很大难度，甚至用当今的加工方法还无法达到。实际生产中，希望能按经济加工精度来确定零件的精度要求，使之易于加工，而在装配时采用相应的装配方法和装配工艺措施，使装配出的机械产品仍能达到高的装配精度。这种情况特别在精密的机械产品装配中显得更为重要，在任何先进的工业国家都不例外。装配过程中需要许多精细的钳工工作，如选配、刮削、研磨、精密计测和精心调整等，虽然增加了装配的劳动量和成本，但是从整个产品制造的全局来看，仍是经济可行的。

（二）保证装配精度的工艺方法

在设计装配体结构时，就应当考虑到采用什么装配方法。因为装配方法直接影响装配尺寸链的解法、装配工作组织、零件加工精度、产品成本。采用合理的装配方法，用较低的零件加工精度达到较高的产品装配精度，这是装配工艺的核心问题。根据生产纲领、生产技术条件及机器性能、结构和技术要求的不同，常用的装配方法有互换法、选配法、修配法和调整法，这 4 种方法既是机器或部件的装配方法，也是装配尺寸链的具体计算方法。

1. 互换法

（1）完全互换法　完全互换法就是机器在装配过程中每个待装配零件不需挑选、修配和调整，装配后就能达到装配精度要求的一种装配方法。装配工作较为简单，生产率高，有利于组织生产协作和流水作业，对工人技术要求较低，也有利于机器的维修。

为了确保装配精度，要求各相关零件的公差之和小于或等于装配公差。这样，装配后各相关零件的累积误差变化范围就不会超出装配公差范围。这一原则用公式表示为

$$T_0 \geqslant T_1 + T_2 + \cdots + T_m \tag{1-1}$$

式中　T_0——装配公差；

$T_1 \sim T_m$——各相关零件的制造公差；

m——组成环数。

因此，只要制造公差能满足机械加工的经济精度要求，不论何种生产类型，均应优先采用完全互换法。

当装配精度较高，零件加工困难而又不经济时，在大量生产中，就可考虑采用部分互换法。

（2）部分互换法　部分互换法又称为不完全互换法，它是将各相关零件的制造公差适当放大，使加工容易而经济，又能保证绝大多数产品达到装配要求的一种方法。

部分互换法以概率论原理为基础。在零件的生产数量足够大时，加工后的零件尺寸一般在公差带上呈正态分布，平均尺寸在公差带中点附近，且出现的概率最大。在接近上、下极

限尺寸处，零件尺寸出现的概率很小。在一个产品的装配中，各相关零件的尺寸恰巧都是极限尺寸的概率就更小。当然，出现这种情况，累积误差就会超出装配公差。因此，可以利用这个规律，将装配中可能出现的废品控制在一个极小的比例之内。对于这一小部分不能满足要求的产品，也需进行经济核算或采取补救措施。

根据概率论原理，装配公差必须大于或等于各相关零件公差值平方之和的平方根。用公式可以表示为

$$T_0 \geqslant \sqrt{T_1^2 + T_2^2 + \cdots T_m^2} \tag{1-2}$$

显然，当装配公差 T_0 一定时，与式（1-1）比较，式（1-2）中各相关零件的制造公差 $T_1 \sim T_m$ 放大了许多，零件的加工也容易了许多。

2. 选配法

选配法是将尺寸链中组成环的公差放大到经济可行程度，然后选择合适的零件进行装配，以保证规定的装配精度要求。选配法主要有3种形式。

（1）直接选配法　从待装配的零件群中，凭装配经验和必要的判断性测量，选择一对符合规定要求的零件进行装配，这就是直接选配法。

这种装配方法的优点是能达到很高的装配精度，但与工人的技术水平和测量方法有关，且劳动量大，不宜用于生产节拍要求较严的大批大量流水作业中。另外，直接选配法还有可能造成无法满足要求的“剩余零件”的出现。

（2）分组选配法　分组选配法是先将装配的零件进行逐一测量，再按公差间隔预先分成若干组，按对应组分别进行装配的装配方法。显然，分组越多，所获得的装配质量越高。但过多的分组会因零件测量、分类和存储工作量的增大而使生产组织工作变得复杂。一般情况下，零件的分组数以3～5组为宜。

这种装配方法的主要优点是在零件的加工精度不高的情况下，也能获得很高的装配精度。同时，同组内零件可以互换，具有互换法的优点，因此又称为分组互换法，适用于装配精度要求很高且组成环较少的大批大量生产中。

分组时，各组的配合公差应相等，配合件公差增大的方向也应相同，但零件表面粗糙度及几何公差等不能放大。同时，要尽量使同组内的相配零件数相等，若不相等，则需要另外专门加工一些零件与其相配。

（3）复合选配法　复合选配法是上述两种方法的复合，即先测量分组再直接选配，其优点是：配合件公差可以不等，装配精度高，装配速度快，能满足一定生产节拍的要求。在发动机气缸与活塞的装配中，多采用这种方法。

下面举例说明选配法的应用。图1-37所示为某活塞销和活塞的装配关系图，要求活塞销和活塞销孔在冷态装配时，有0.0025～0.0075mm的过盈量。

若采用完全互换法装配，并设活塞销和活塞销孔的公差作“等公差”分配，则它们的公差都仅为0.0025mm，因为封闭环公差为（0.0075－0.0025）mm＝0.0050mm。活塞销和活塞销孔的尺寸为

$$d = 28_{-0.0025}^{\ 0}\text{mm},\ D = 28_{-0.0075}^{-0.0050}\text{mm}$$

显然，加工这样的活塞销和活塞销孔既困难又不经济。在实际生产中可以采用分组选配法，将活塞销和活塞销孔的公差在相同方向上放大4倍，即

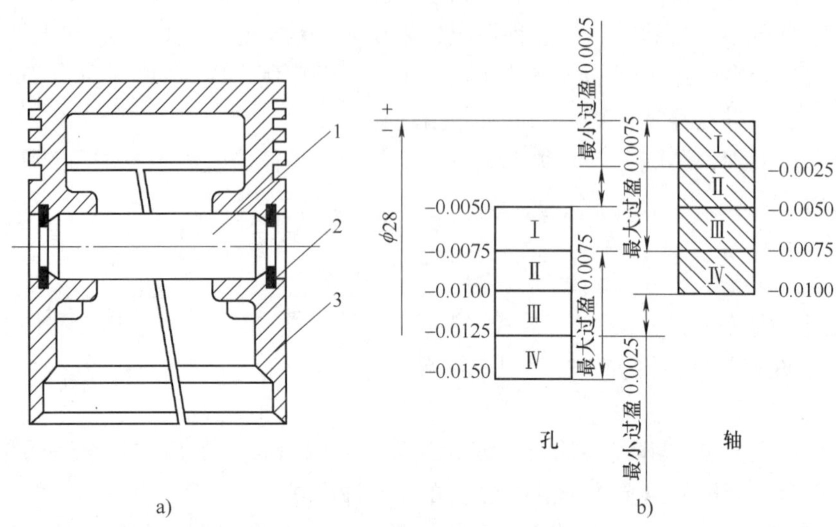

图 1-37 某活塞销和活塞的装配关系图

1—活塞销 2—挡圈 3—活塞

$$d = 28_{-0.010}^{\ 0}\text{mm},\ D = 28_{-0.015}^{-0.005}\text{mm}$$

按此公差加工后，再分为 4 组进行相应装配，既可保证配合精度和性质，又可减少加工难度。分组时，可涂上不同颜色或分装在不同容器内，便于进行分组装配。活塞销和活塞销孔分组互换装配见表 1-31。

表 1-31 活塞销和活塞销孔分组互换装配 （单位：mm）

组别	标志颜色	活塞销直径 $d=\phi28_{-0.010}^{\ 0}$	活塞销孔直径 $D=28_{-0.015}^{-0.005}$	过盈情况	
				最小过盈	最大过盈
Ⅰ	白	$\phi28_{-0.0025}^{\ 0}$	$\phi28_{-0.0075}^{-0.0050}$	0.0025	0.0075
Ⅱ	绿	$\phi28_{-0.0050}^{-0.0025}$	$\phi28_{-0.0100}^{-0.0075}$		
Ⅲ	黄	$\phi28_{-0.0075}^{-0.0050}$	$\phi28_{-0.0125}^{-0.0100}$		
Ⅳ	红	$\phi28_{-0.0100}^{-0.0075}$	$\phi28_{-0.0150}^{-0.0125}$		

3. 修配法

在装配精度要求高且组成环又较多的单件小批生产或成批生产中，常用修配法装配。修配法是用钳工或机械加工的方法修整产品中某个零件（该零件称为修配件，该组成环称为修配环）的尺寸，以获得规定装配精度的一种方法，而其他有关零件仍可以按照经济加工精度进行加工。

作为解尺寸链的一种方法而言，修配法就是修配尺寸链中修配环的尺寸，补偿其他组成环的累积误差，以保证装配精度的要求。因此，修配环也可称为补偿环。通常所选择的补偿环应是形状简单、便于装拆、易于修配，并且对其他装配尺寸链没有影响的零件。

修配法的优点是能利用较低的制造精度，来获得很高的装配精度。但修配劳动量大，对工人技术水平要求高，不便组织流水作业。常用的修配法有单件修配法、合并加工修配法和自身加工修配法 3 种。

（1）单件修配法　单件修配法是选定某一固定零件为修配件，在装配时进行修配以保证装配精度的方法。例如，在图1-38中车床尾座底板的修配是为保证前后顶尖的等高度。应用广泛的平键的修配是为保证其与键槽的配合间隙。这种修配方法在生产中应用最广。

（2）合并加工修配法　将两个或多个零件预先装配在一起进行加工修配，这就是合并加工修配法。这些零件组成的尺寸作为一个组成环，这样就减少了组成环的数目，相应地也减少了修配工作量。但由于零件合并后再进行加工和装配，给组织生产带来了一定不便，因此多用于单件小批生产中。如在图1-38中进行尾座装配时，也可采用合并加工修配法，即先将加工好的尾座体2和尾座底板3这两个零件装配为一体，再以尾座底板的底平面为定位基准，镗削加工尾座顶尖套锥孔，这样组成环A_2和A_3就合并为一个组成环$A_{2\text{-}3}$，此环的公差可放大，并且可以给尾座底板的底平面留较小的刮研量，使整个装配工作变得更加简单。

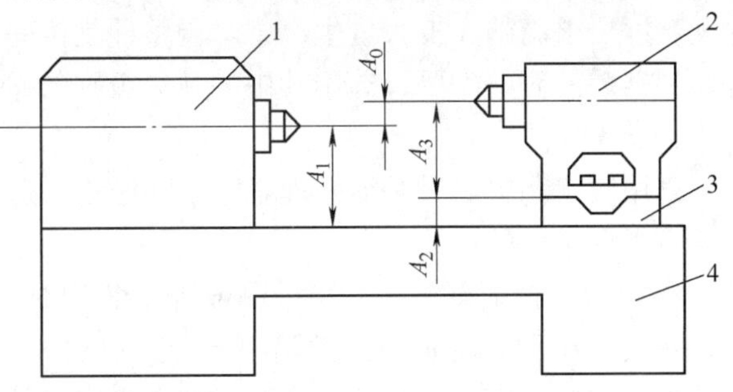

图1-38　主轴箱主轴与尾座套中心线等高装配简图
1—主轴箱　2—尾座体　3—尾座底板　4—床身

（3）自身加工修配法　对于某些装配精度要求很高的产品或部件，若单纯依靠限制各个零件的加工误差来保证，势必要求各个零件具有很高的加工精度，甚至无法加工，而且不易选择一个适当的修配件。此时，可采用自己加工自己的方法来保证装配精度，这就是自身加工修配法。例如，牛头刨床总装后，可用自刨的方法加工工作台面，使滑枕与工作台面平行；平面磨床装配时，自己磨自己的工作台面，以保证工作台面与砂轮轴平行。

4. 调整法

对于精度要求高且组成环数又较多的产品和部件，在不能用互换法进行装配时，除了用分组互换和修配法外，还可用调整法来保证装配精度。在装配时，用改变产品中可调整零件的相对位置或选用合适的可调整零件，以达到装配精度的方法称为调整法。

调整法与修配法的实质相同，即各零件公差仍然按经济加工精度的原则来确定，选择一个零件为调整环（也可称为补偿环，此环的零件称为调整件），来补偿其他组成环的累积误差。但两者在改变补偿环尺寸的方法上有所不同：修配法采用机械加工的方法去除补偿环零件上的金属层；调整法采用改变补偿环零件的相对位置或更换新的补偿环零件，以保证装配精度的要求。常用的调整法有可动调整法、固定调整法和误差抵消调整法3种。

（1）可动调整法　可动调整法是通过改变调整件的相对位置来保证装配精度的方法。图1-39所示为丝杠螺母副调整间隙的机构。当发现丝杠螺母副间隙不合适时，可转动中间螺钉，通过斜楔块的上下移动来改变间隙的大小。

图1-39　丝杠螺母副调整间隙的机构

采用可动调整法可获得很高的装配精度，并且可以在机器使用过程中随时补偿由于磨损、热变形等原因引起的误差，比修配法操作简便，易于实现，在成批生产中应用广泛。

(2) 固定调整法 固定调节法是在装配体中选择一个零件作为调整件，根据各组成环所形成的累积误差大小来更换不同的调整件，以保证装配精度的要求。固定调整法多应用于装配精度要求高的大批大量生产中。调整件是按一定尺寸间隔级别预先制成的若干组专门零件，根据装配时的需要，选用其中的某一级别的零件来补偿误差，常用的调整件有垫圈、垫片、轴套等。

采用固定调整法时必须处理好3个问题：①选择调整范围；②确定调整件的分组数；③确定每组调整件的尺寸。

(3) 误差抵消调整法 在产品或部件装配时，通过调整有关零件的相互位置，使其加工误差（大小和方向）相互抵消一部分，以提高装配精度的方法称为误差抵消调整法。这种装配方法在机床装配时应用广泛，如在机床主轴部件装配中，通过调整前后轴承的径向跳动方向来控制主轴的径向跳动；在滚齿机工作台分度蜗轮装配中，可以采用调整两者的偏心量和偏心方向，提高其装配精度。

（三）装配尺寸链

无论是在产品设计时，还是在制定装配工艺、确定装配方法及解决装配质量问题时，都须应用尺寸链理论来分析计算装配尺寸链。

在产品设计时，根据机械产品性能指标及装配工艺的经济性，确定装配精度要求，然后通过装配尺寸链的分析计算，确定出各部件、零件的尺寸精度、形状精度和位置精度。

在制定装配工艺时，通过装配尺寸链的分析计算，确定最佳的装配工艺方案。在装配过程中，通过装配尺寸链的分析计算，找到保证装配精度的措施。

1. 装配尺寸链的基本概念

图1-40所示为CA6140车床主轴的局部装配简图。双联齿轮块空套于轴上，其径向配合应有间隙N_d，N_d的大小决定于齿轮内孔尺寸D和配合处主轴的尺寸d。这3个尺寸构成了一个最简单的装配尺寸链。由于轴孔配合已有国家标准可以选用，在通常的场合下不必另外进行计算了。

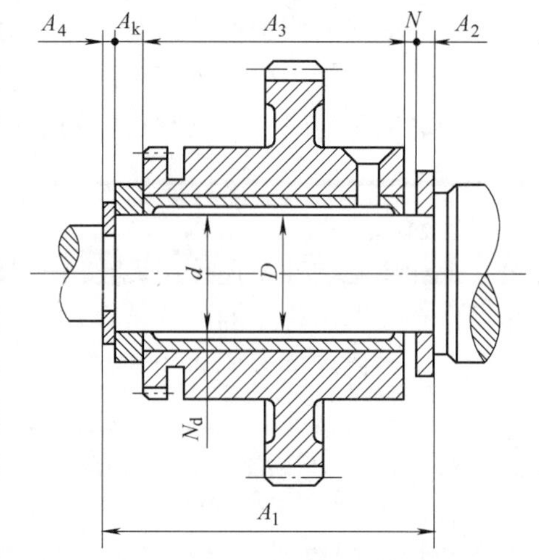

图1-40 CA6140车床主轴的局部装配简图

其次，图1-40中的齿轮在轴向也必须有适当的间隙，以保证转动灵活，又不至于引起过大的轴向窜动，故又规定了轴向间隙量N为0.05～0.2mm。由图中可见，N的大小决定于尺寸A_1，A_2，A_3，A_4，A_k的数值。有

$$N = A_1 - A_2 - A_3 - A_4 - A_k$$

由于它们处于平行的状态，此装配尺寸链为一线性装配尺寸链。

根据以上实例，对装配尺寸链的概念归结如下：在机械的装配关系中，由相关零件的尺寸或相互方向和位置关系（如平行度、垂直度、同轴度等）所组成的尺寸链，称为装配尺寸链。

装配尺寸链的封闭环即为装配精度或技术要求，它是由零、部件上有关尺寸和方向、位

置关系所间接保证的。

在装配关系中，对装配精度产生直接影响的那些零件的尺寸和方向、位置关系，是装配尺寸链的组成环。组成环也分为增环和减环。

装配尺寸链可以按照各环的几何特征和所处空间位置大致分为：线性尺寸链（由长度尺寸组成，且彼此平行）；角度尺寸链（由角度或平行度、垂直度所组成）；平面尺寸链（由成角度关系布置的长度尺寸构成，且处于同一个平面或彼此平行的平面内）；空间尺寸链。通常的装配尺寸链大部分是线性或角度尺寸链。

由于机械结构较为复杂，因此装配尺寸链也相应复杂。一般同一台机械会有若干个装配尺寸链，其中某些装配尺寸链之间彼此有关联。尺寸链与尺寸链间也存在复杂的串联和并联关系。某一个组成环也许会是几个不同装配尺寸链的公共组成环。

2. 装配尺寸链的建立

当运用装配尺寸链的原理去分析和解决装配精度问题时，首先要正确地建立起装配尺寸链，即正确地确定封闭环，并根据封闭环的要求查明各组成环。

如前所述，装配尺寸链的封闭环为产品或部件的装配精度。为了正确地确定封闭环，必须深入了解产品的使用要求及各部件的作用，明确设计者对产品及部件提出的装配技术要求。为正确查找各组成环，须仔细分析产品或部件的结构，了解各零件连接的具体情况。查找组成环的一般方法是：取封闭环两端的那两个零件为起点，沿着装配精度要求的位置方向，以相邻件装配基准间的联系为线索，分别由近及远地去查找装配关系中影响装配精度的有关零件，直至找到同一个基准零件或同一基准表面为止。这样，各有关零件上直线连接相邻零件装配基准间的尺寸或位置关系，即为装配尺寸链中的组成环。

建立装配尺寸链就是准确地找出封闭环和组成环，并画出尺寸链简图。

图1-41所示为车床主轴与尾座套筒中心线不等高简图，在机床检验标准中规定最大不等高偏差为0～0.06mm，且只许尾座高，这就是封闭环。分别由封闭环两端那两个零件，即主轴轴线和尾座套筒孔的中心线起，由近及远，沿着垂直方向可以找到3个尺寸：A_1、A_2和A_3，它们直接影响装配精度，是组成环。A_1是主轴轴线至主轴箱的安装基准之间的距离，A_3是尾座套筒孔中心线至尾座体的装配基准之间的距离，A_2是尾座体的安装基准至尾座垫板的安装基准之间的距离。A_1和A_2都以导轨平面为安装基准，尺寸链封闭。图1-42所示为车床不等高尺寸链简图。

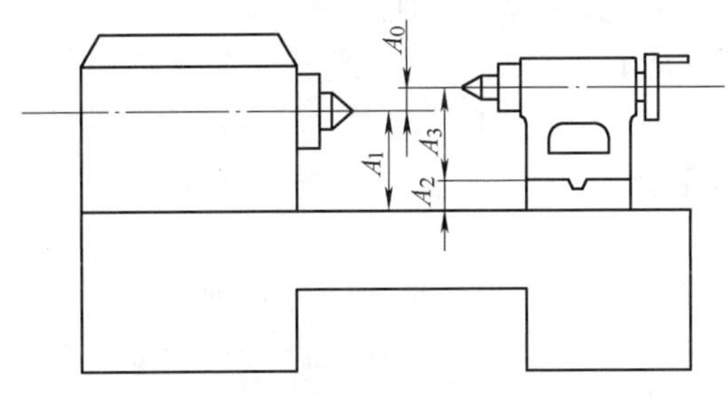

图1-41　车床主轴与尾座套筒中心线不等高简图

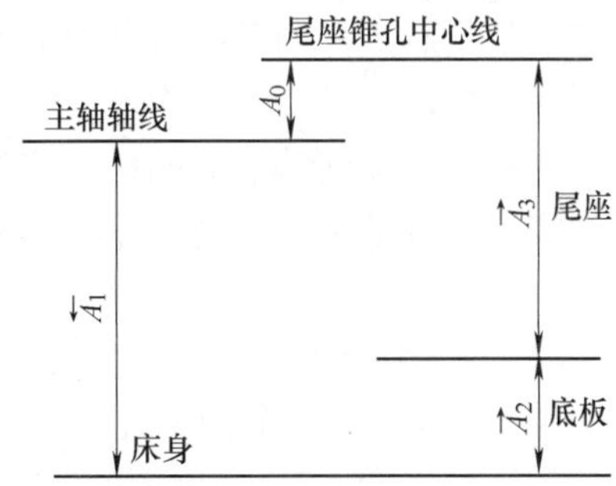

图1-42　车床不等高尺寸链简图

由于装配尺寸链比较复杂，并且同一装配结构中的装配精度要求往往有几个，需在不同方向（如垂直方向、水平方向、径向和轴向等）分别查找，容易混淆，因此在查找时要十分细心。通常易将非直接影响封闭环的零件尺寸拉入装配尺寸链，使组成环数增加，每个组成环可能分配到的制造公差减小，增加制造的困难。为避免出现这种情况，坚持下面两点是十分必要的。

（1）装配尺寸链的简化原则　机械产品的结构通常都比较复杂，对某项装配精度有影响的因素很多，在查找装配尺寸链时，在保证装配要求的前提下，可略去那些影响较小的因素，从而简化装配尺寸链。

图 1-43 所示为车床主轴与尾座套筒中心线等高装配尺寸。影响该项装配精度的因素除 A_1、A_2、A_3 3 个尺寸外，还有

e_1——主轴滚动轴承外圈与内孔的同轴度误差。

e_2——尾座顶尖套锥孔与外圆的同轴度误差。

e_3——尾座顶尖套与尾座孔配合间隙引起的向下偏移量。

e_4——床身上安装主轴箱和尾座的平导轨间的高度差。

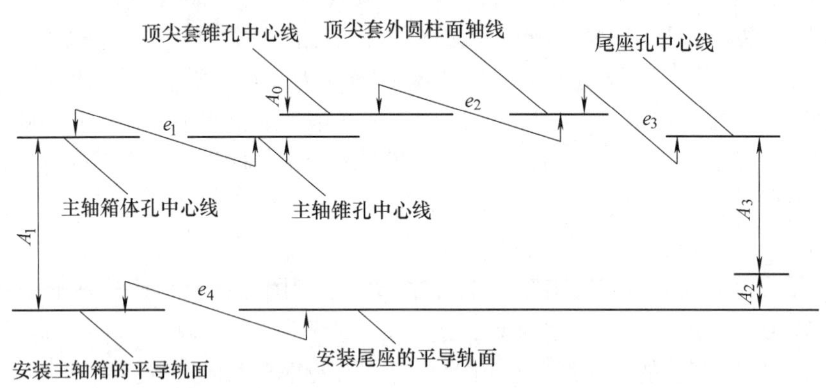

图 1-43　车床主轴与尾座套筒中心线等高装配尺寸

由于 e_1、e_2、e_3、e_4 的数值相对 A_1、A_2、A_3 的误差是较小的，故装配尺寸链可简化。但在精密装配中，应计入对装配精度有影响的所有因素，不可随意简化。

（2）尺寸链组成的最短路线原则　由尺寸链的基本理论可知，在装配要求给定的条件下，组成环数目越少，则各组成环所分配到的公差值越大，零件的加工越容易和经济。

在查找装配尺寸链时，每个相关的零、部件只能有一个尺寸作为组成环列入装配尺寸链，即将连接两个装配基准面间的位置尺寸直接标注在零件图上。这样，组成环的数目就应等于有关零、部件的数目，即一件一环，这就是装配尺寸链的最短路线（最少环数）原则。

图 1-44a 所示的齿轮装配轴向间隙尺寸链就体现了一件一环的原则。如果把图中的主轴尺寸标注成图 1-44b 所示的两个尺寸，则违反了一件一环的原则，如轴以两个尺寸进入装配尺寸链，则显然会缩小各环的公差。

3. 装配尺寸链的计算方法

（1）极值法　极值法的基本公式是 $T_0 \geqslant \sum T_i$。有关计算式用于装配尺寸链时，常有下

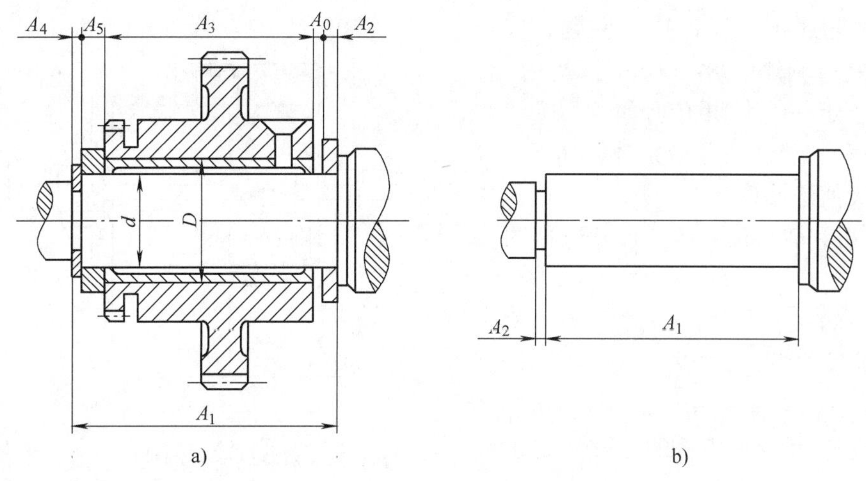

图1-44　装配尺寸链一件一环原则

列几种情况：

1）正计算：用于验算设计图样中某项精度指标是否能够达到，即装配尺寸链中的各组成环的公称尺寸和公差定得正确与否，这项工作在制定装配工艺规程时也是必须进行的。

2）反计算：就是已知封闭环，求解组成环，用于产品设计阶段，根据装配精度指标来计算和分配各组成环的公称尺寸和公差。这种问题解法多样，需根据零件的经济加工精度和恰当的装配工艺方法来具体确定分配方案。

3）中间计算：常用在结构设计中，将一些难加工的和不宜改变其公差的组成环的公差先确定下来，其公差值应符合国家标准，并按“入体原则”标注。然后将一个比较容易加工或容易装拆的组成环作为试凑对象，这个环称为“协调环”。

（2）概率法　概率法的基本算式是 $T_0 \geqslant \sqrt{\Sigma T_i^2}$。

极值法的优点是简单可靠，但其封闭环与组成环的关系是在极端情况下推演出来的，即各项尺寸要么是上极限尺寸，要么是下极限尺寸。这种出发点与批量生产中工件尺寸的分布情况显然不符，因此造成组成环公差很小，制造困难。在封闭环要求高，组成环数目多时，尤其是这样。

从加工误差的统计分析中可以看出，加工一批零件时，尺寸处于公差中心附近的零件属多数，接近极限尺寸的是极少数。在装配中，碰到极限尺寸零件的机会不多，而在同一装配中的零件恰恰都是极限尺寸的机会就更为少见。所以应从统计角度出发，把各个参与装配的零件尺寸当作随机变量才是合理的、科学的。

用概率法的好处在于放大了组成环的公差，而仍能保证达到装配精度要求。对这个问题，在前面进行过论述。尚需说明的是，由于应用概率法时需要考虑各环的分布中心，算起来比较繁琐，因此在实际计算时常将各环改写成平均尺寸，公差按双向等偏差标注，计算完毕后，再按“入体原则”标注。

4. 装配尺寸链计算举例

例1-2　图1-45所示为双联转子泵的轴向装配关系图，要求的轴向间隙为0.05～

*0.15*mm，$A_1=41$mm，$A_3=7$mm，$A_2=A_4=17$mm。求各组成环的公差及偏差。

解：本题属于“反计算”问题。各组成环公差可利用“相依尺寸公差法”计算，即选定一个“相依尺寸”。现就“极值法”和“概率法”分别计算如下。

（1）极值法计算

1）分析和建立尺寸链。尺寸链如图1-46所示。

封闭环的尺寸是 $A_0=0^{+0.15}_{+0.05}$mm，验算封闭环的尺寸为

$A_0=\overrightarrow{A_1}-(\overleftarrow{A_2}+\overleftarrow{A_3}+\overleftarrow{A_4})=41\text{mm}-(17+7+17)\text{mm}=0$ 各环的公称尺寸正确。

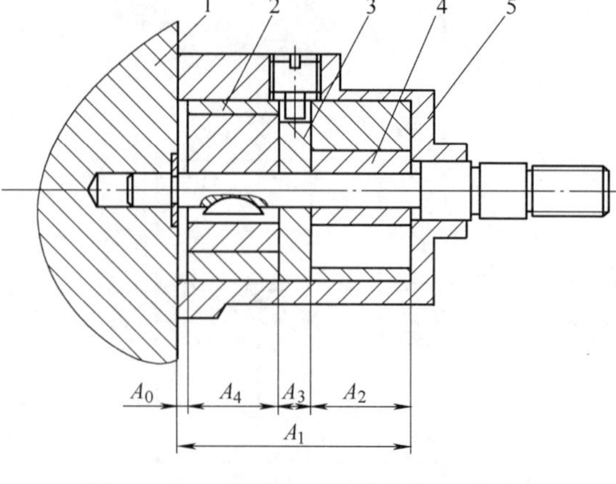

图1-45 双联转子泵的轴向装配关系图

1—机体 2—外转子 3—隔板 4—内转子 5—壳体

2）确定各组成环公差。隔板3容易在平面磨床上磨削，精度容易达到，公差可以给小些，因此选定为协调件，其尺寸 A_3 就是“相依尺寸”。如用符号 $T(A)$ 表示尺寸 A 的公差，则有

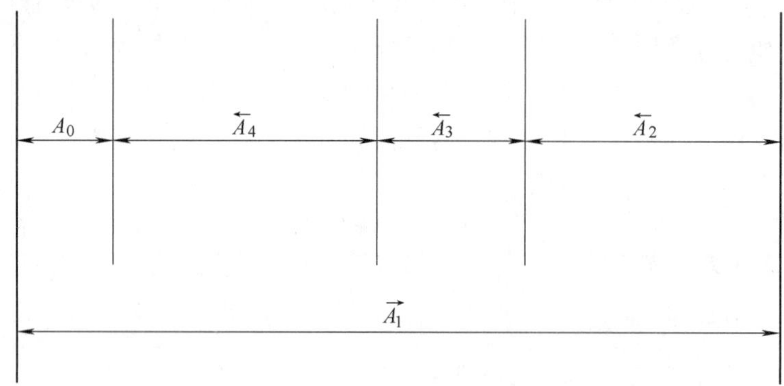

图1-46 轴向装配尺寸链简图

因为 $T(A_0)=(0.15-0.05)\text{mm}=0.1\text{mm}$

所以平均分配到各组成环的公差为 $T_{CP}(A_i)=\dfrac{T(A_0)}{n-1}=\dfrac{0.1}{5-1}\text{mm}=0.025\text{mm}$

根据加工的难易程度调整各组成环的公差为

$$T(\overrightarrow{A_1})=0.049\text{mm},T(\overleftarrow{A_2})=T(\overleftarrow{A_4})=0.018\text{mm};\text{“相依尺寸”公差为}$$

$$\begin{aligned}T(\overleftarrow{A_3})&=T(A_0)-[T(\overrightarrow{A_1})+T(\overleftarrow{A_2})+T(\overleftarrow{A_4})]\\&=[0.1-(0.049+0.018+0.018)]\text{mm}=0.015\text{mm}\end{aligned}$$

在调整各组成环的公差时，可根据零件上各加工面的经济加工精度以及生产实践的经验进行。

3）计算“相依尺寸”极限偏差。按单向“入体原则”确定各组成环极限偏差：$\overleftarrow{A_2}=\overleftarrow{A_4}=17^{\ 0}_{-0.018}$mm，$\overrightarrow{A_1}=41^{+0.049}_{\ 0}$mm。由于相依尺寸是减环，“相依尺寸”$\overleftarrow{A_3}$的极限偏差可由尺寸链计算公式求得。若用 $B_s(A)$ 表示尺寸 A 的上极限偏差；$B_x(A)$ 表示尺寸 A 的下极限偏差，则

有

$$B_s(\overleftarrow{A_3}) = -B_x(A_0) + B_x(\overrightarrow{A_1}) - B_s(\overleftarrow{A_2}) - B_s(\overleftarrow{A_4})$$
$$= (-0.05+0-0-0)\text{mm} = -0.05\text{mm}$$
$$B_x(\overleftarrow{A_3}) = -B_s(A_0) + B_s(\overrightarrow{A_1}) - B_x(\overleftarrow{A_2}) - B_x(\overleftarrow{A_4})$$
$$= [-0.15+0.049-(-0.018)-(-0.018)]\text{mm} = -0.065\text{mm}$$

所以相依尺寸的极限偏差为$\overleftarrow{A_3}=7^{-0.05}_{-0.065}\text{mm}$。

（2）概率法计算

1）分析与建立尺寸链，并验算相依尺寸。

$$\overleftarrow{A_3} = -A_0 + \overrightarrow{A_1} - \overleftarrow{A_2} - \overleftarrow{A_4} = (0+41-17-17)\text{mm} = 7\text{mm}$$

2）计算相依尺寸公差。先求各环的平均公差

$$T_{cp}(A_i) = \frac{T(A_0)}{\sqrt{n-1}} = \frac{0.10}{\sqrt{4}}\text{mm} = 0.05\text{mm}$$

再根据各零件加工的难易程度及经济加工精度确定各环的公差，并按“入体原则”，求得$\overrightarrow{A_1}=41^{+0.07}_{0}\text{mm}$，$\overleftarrow{A_2}=\overleftarrow{A_4}=17^{0}_{-0.043}\text{mm}$。$\overleftarrow{A_3}$因为容易加工，将其确定为“相依尺寸”，并且是减环，故A_3的公差为

$$T(\overleftarrow{A_3}) = \sqrt{T(A_0)^2 - T(\overrightarrow{A_1})^2 - T(\overleftarrow{A_2})^2 - T(\overleftarrow{A_4})^2}$$
$$= \sqrt{0.1^2-0.07^2-0.043^2-0.043^2}\text{mm} = 0.037\text{mm}$$

3）求相依尺寸的平均偏差。按平均偏差的定义，可知各环的平均偏差为

$$B_M(\overrightarrow{A_1}) = \frac{0.07}{2}\text{mm} = 0.035\text{mm}$$

$$B_M(\overleftarrow{A_2}) = B_M(\overleftarrow{A_4}) = \frac{0-0.043}{2}\text{mm} = -0.0215\text{mm}$$

$$B_M(A_0) = \frac{0.15+0.05}{2}\text{mm} = 0.1\text{mm}$$

$$B_M(\overleftarrow{A_3}) = -B_M(A_0) + B_M(\overrightarrow{A_1}) - B_M(\overleftarrow{A_2}) - B_M(\overleftarrow{A_4})$$
$$= (-0.1+0.035+0.0215+0.0215)\text{mm} = -0.022\text{mm}$$

4）求相依尺寸的上下极限偏差。

$$B_s(\overleftarrow{A_3}) = \left(-0.022+\frac{0.037}{2}\right)\text{mm} = -0.0035\text{mm}$$

$$B_x(\overleftarrow{A_3}) = \left(-0.022-\frac{0.037}{2}\right)\text{mm} = -0.0405\text{mm}$$

5）求相依尺寸。

$$\overleftarrow{A_3} = 7^{-0.0035}_{-0.0405}\text{mm}$$

例1-3　车床的主轴与尾座锥孔的等高度计算，其装配尺寸链如图1-47所示。

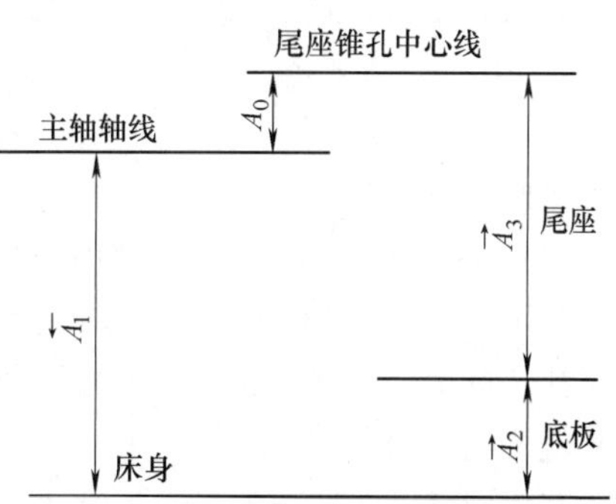

图1-47　车床装配尺寸链

已知主轴轴线到车床床身的距离$\overleftarrow{A_1}=202\text{mm}$，尾座高度$\overrightarrow{A_3}=156\text{mm}$，底板厚度$\overrightarrow{A_2}=46\text{mm}$，封闭环

为主轴轴线与尾座锥孔中心线的不等高度 $A_0=0^{+0.06}_{0}$mm，只允许尾座中心线高于主轴轴线。采用修配法。

解：计算修配法装配尺寸链时应注意正确选择好修配环，在保证修配量足够且最小的原则下计算修配环尺寸。修配环被修配后对封闭环尺寸变化的影响有两种情况，解尺寸链时应分别保证如下条件：

1）随着修配环尺寸的修配（减小），而封闭环尺寸变大，则必须使封闭环的实际上极限尺寸 A_{0max} 等于装配要求所规定的最大尺寸 A'_{0max}，即 $A_{0max}=A'_{0max}$。

2）随着修配环尺寸的修配（减小），而封闭环尺寸变小，则必须使封闭环的实际下极限尺寸 A_{0min} 等于装配要求所规定的最小尺寸 A'_{0min}，即 $A_{0min}=A'_{0min}$。

解算步骤如下：

1）确定修配环，判别修配后对封闭环的影响。根据修配环选择原则，确定 A_2 为修配环，修配后 A_2 减小，使封闭环的尺寸也减小，属于第二种情况。

2）确定各组成环的公差及修配环以外的各组成环的极限偏差。根据各种加工方法的经济精度确定各组成环的公差值（查有关工艺手册），并按对称分布标注除修配环以外各组成环的极限偏差。标注为：$A_1=202\pm0.05$mm，$A_3=156\pm0.05$mm，$T(A_2)=0.15$mm（精刨）。

3）确定修配方法及最小修配余量。如采用刮研法进行修配，则最小修配余量 $Z_n=0.15$mm（查表，或按经验确定）。

4）计算最大的修配余量。

$$\begin{aligned}Z_k &= \sum_{i=1}^{n-1} T(A_i) - T(A_0) + Z_n \\ &= [(0.1+0.1+0.15)-0.06+0.15]\text{mm} = 0.44\text{mm}\end{aligned}$$

式中 A_i——所有的组成环。

5）计算修配环的极限偏差。因为只允许后顶尖高，当前后顶尖中心线刚好重合时，$A_0=0$，最小修刮量为0。此时若 A_1 处于上极限尺寸，则 A_2、A_3 必处于下极限尺寸。因而有下列等式

$$A_{1max}=A_{2min}+A_{3min}$$

由此可求出 $A_{2min}=A_{1max}-A_{3min}=(202.05-155.95)$mm $=46.10$mm。由于 $T(A_2)=0.15$mm，所以 $A_2=46.15^{+0.15}_{0}$mm $=46^{+0.40}_{+0.25}$mm。

但是，这时修刮量为0。为保证接触刚度，必须保证最小修刮量0.15mm。那么 A_2 需要加厚0.15mm，即

$$A_2=46.15^{+0.25}_{+0.10}\text{mm}=46^{+0.40}_{+0.25}\text{mm}$$

至此，各组成环公称尺寸及上、下极限偏差确定完毕。运用这些尺寸可以计算出最大修刮量为0.44～0.50mm。这个数值对修刮加工来说偏大。

为了减小最大修刮量，可改用合并加工修配法。就是将尾座与尾座垫板组装后镗削尾座套筒孔。此时 A_2、A_3 两个尺寸由一个合并加工尺寸 $A_{3\text{-}2}$ 代替进入装配尺寸链，将原来的4环尺寸链变为3环尺寸链。

若仍取 $T(A_1)=0.1$mm，则 $A_1=202\pm0.05$mm，$A_{32}=202$mm，$T(A_{32})$ 亦取0.1mm，其公差带布置需经计算确定。仍按前述算法，当中心线重合时，有 $A_{1max}=A_{32min}=202.05$mm，因

此

$$A_{3\text{-}2}=202.05^{+0.1}_{0}\text{mm}=202^{+0.15}_{+0.05}\text{mm}$$

再考虑到最小修刮量0.15mm，则

$$A_{32}=202.15^{+0.15}_{+0.05}=202^{+0.3}_{+0.2}\text{mm}$$

各尺寸及极限偏差确定完毕。按此，可算出最大修刮量为0.29～0.35mm。与前面计算相比，刚好减少一个精刨的经济公差0.15mm。这就是由合并加工修配法所得到的效果。

例1-4　图1-48a所示为车床主轴大齿轮装配图。按装配技术要求，当隔套（$\overleftarrow{A_2}$）、齿轮（$\overleftarrow{A_3}$）、垫圈固定调整件（$\overleftarrow{A_k}$）和弹性挡圈（$\overleftarrow{A_4}$）装在轴上后，齿轮的轴向间隔A_0应在0.05～0.2mm范围内。其中$\overrightarrow{A_1}=115$mm，$\overleftarrow{A_2}=8.5$mm，$\overleftarrow{A_3}=95$mm，$\overleftarrow{A_4}=2.5$mm，$\overleftarrow{A_k}=9$mm。试确定各尺寸的极限偏差及调整件各组尺寸与极限偏差。

解：装配尺寸链如图1-48b所示。

各组成环的公差与极限偏差按经济加工精度及偏差“入体原则”确定如下：

$$\overrightarrow{A_1}=115^{+0.20}_{+0.05}\text{mm},\ \overleftarrow{A_2}=8.5^{\ 0}_{-0.10}\text{mm},\ \overleftarrow{A_3}=95^{\ 0}_{-0.10}\text{mm},\ \overleftarrow{A_4}=2.5^{\ 0}_{-0.12}\text{mm}$$

按极值法计算，应满足下式

$$T_0\geqslant T_1+T_2+T_3+T_4+T_k$$

代入各公差值，上式为

$$0.15\geqslant 0.15+0.1+0.1+0.12+T_k$$

$$0.15\geqslant 0.47+T_k$$

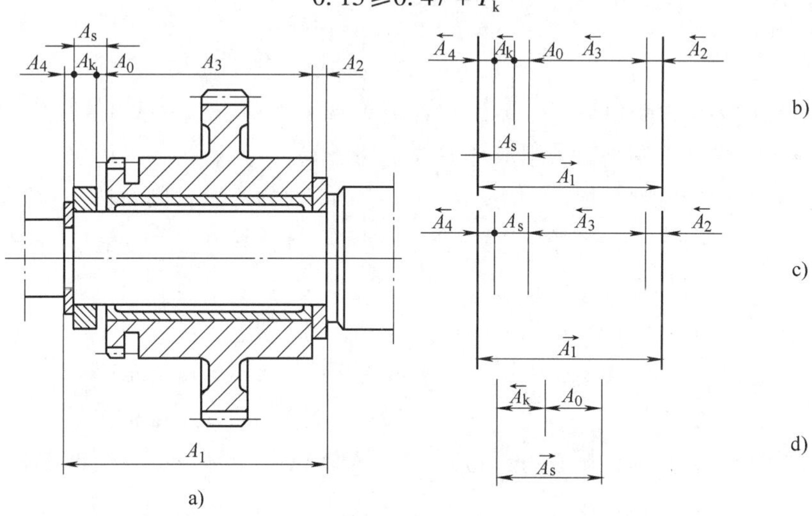

图1-48　固定调整法装配示意图

上式中，$T_1\sim T_4$的累积值为0.47mm，已大于封闭环公差$T_0=0.15$mm，故无论调整环公差T_k是何值，均无法满足尺寸链的公差关系式，即无法补偿封闭环公差的超差部分。为此，可将尺寸链中未装入调整件A_k时的轴向间隙（称为“空位”尺寸，用A_s表示）分成若干尺寸段，相应调整环也分成同等数目的尺寸组，不同尺寸段的空位尺寸用相应尺寸组的调整环装入，使各段空位内的公差仍能满足尺寸链的公差关系。

固定调整法计算主要是确定调整环的分组数及各组调整环尺寸。

1）确定调整环的分组数。为便于分析，将图1-48b分解为图1-48c和图1-48d，分别表

示含空位尺寸 A_s 及空位尺寸 A_s 内的尺寸链。

图 1-48c 中，空位尺寸 A_s 可视为封闭环。则

$$T_s = T_1 + T_2 + T_3 + T_4 = 0.47\text{mm}$$

$$A_{smax} = \overrightarrow{A}_{1max} - (\overleftarrow{A}_{2min} + \overleftarrow{A}_{3min} + \overleftarrow{A}_{4min})$$
$$= [115.20 - (8.4 + 94.9 + 2.38)]\ \text{mm} = 9.52\text{mm}$$

$$A_{smin} = \overrightarrow{A}_{1min} - (\overleftarrow{A}_{2max} + \overleftarrow{A}_{3max} + \overleftarrow{A}_{4max})$$
$$= [115.05 - (8.5 + 95 + 2.5)]\ \text{mm} = 9.05\text{mm}$$

由此得 $A_s = 9^{+0.52}_{+0.05}\text{mm}$。

图 1-48d 所示尺寸链中，A_0 为封闭环。

现将空位尺寸 A_s 均分为 Z 段（相应调整环 A_k 也分为 Z 组），则每一段空位尺寸的公差为$\frac{T_s}{Z}$。若各组调整环的公差相等，均为 T_k，则各段空位尺寸内的公差关系应满足下式

$$\frac{T_s}{Z} + T_k \leqslant T_0$$

由此得出空位尺寸的分段数（即调整环 A_k 的分组数）的计算公式为

$$Z \geqslant \frac{T_s}{T_0 - T_k}$$

本例中，按经济精度，取 $T_k = 0.03\text{mm}$ 代入

$$Z \geqslant \frac{0.47}{0.15 - 0.03} = \frac{0.47}{0.12} = 3.9$$

分组数不宜过多，以免给制造、装配和管理等带来不便，一般取 3 ~ 4 组为宜。当计算所得的分组数过多时，可调整有关组成环或调整环公差。

2）确定各组调整环的尺寸。本例中 $T_s = 0.47\text{mm}$ 均分 4 段，则每段空位尺寸的公差为 0.1185mm，取 0.12mm，可得各段空位尺寸为 $A_{s1} = 9^{+0.52}_{+0.40}\text{mm}$，$A_{s2} = 9^{+0.40}_{+0.28}\text{mm}$，$A_{s3} = 9^{+0.28}_{+0.16}\text{mm}$，$A_{s4} = 9^{+0.16}_{+0.04}\text{mm}$。

调整环相应也分成 4 组，根据尺寸链计算公式，可求得

$$\overleftarrow{A}_{k1max} = \overrightarrow{A}_{s1min} - A_{0min} = (9.40 - 0.05)\ \text{mm} = 9.35\text{mm}$$

$$\overleftarrow{A}_{k1min} = \overrightarrow{A}_{s1max} - A_{0max} = (9.52 - 0.20)\ \text{mm} = 9.32\text{mm}$$

同理可求其余组调整件极限尺寸。按单向“入体原则”标注，各组调整件尺寸及极限偏差如下

$$A_{k1} = 9.35^{\ 0}_{-0.03}\text{mm} \quad A_{k2} = 9.23^{\ 0}_{-0.03}\text{mm}$$

$$A_{k3} = 9.11^{\ 0}_{-0.03}\text{mm} \quad A_{k4} = 8.99^{\ 0}_{-0.03}\text{mm}$$

3）列出补偿表。为方便装配，列出补偿表。调整件补偿作用表见表 1-32。

表 1-32　调整件补偿作用表　（单位：mm）

空位尺寸	调整件尺寸级别	调整件分级尺寸增量	装配后间隙
9.52 ~ 9.40	$A_{k1} = 9.35^{\ 0}_{-0.03}$	−0.03 ~ 0	0.05 ~ 0.20
9.40 ~ 9.28	$A_{k2} = 9.23^{\ 0}_{-0.03}$	0.09 ~ 0.12	0.05 ~ 0.20
9.28 ~ 9.16	$A_{k3} = 9.11^{\ 0}_{-0.03}$	0.21 ~ 0.24	0.05 ~ 0.20
9.16 ~ 9.04	$A_{k4} = 8.99^{\ 0}_{-0.03}$	0.33 ~ 0.36	0.05 ~ 0.20

（四）装配工艺过程制定

1. 装配工艺过程

产品的装配工艺包括4个过程。

（1）准备工作　各项准备工作的具体内容与装配任务有关。图1-49所示为装配准备工作内容简图。

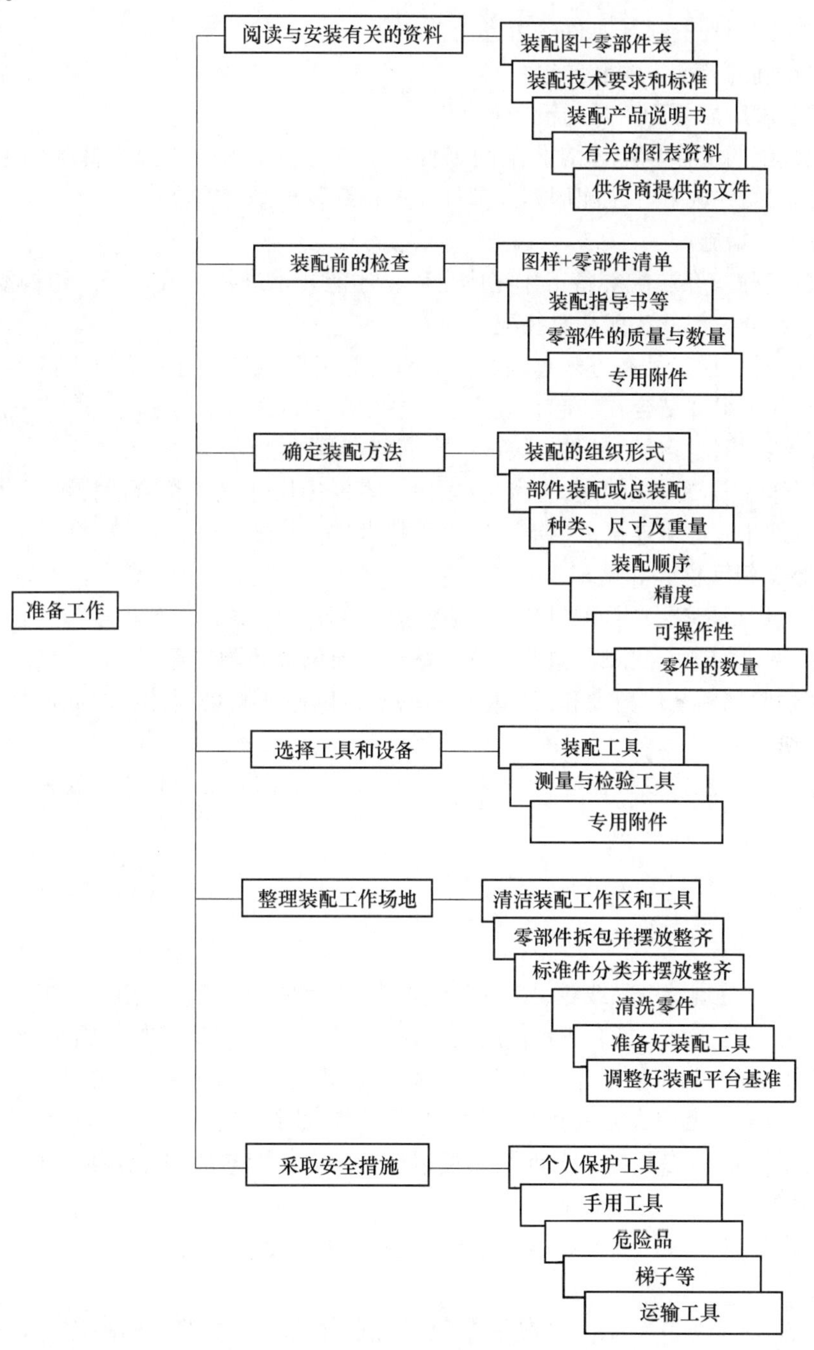

图1-49　装配准备工作内容简图

准备工作应当在正式装配之前完成。准备工作包括资料的阅读和装配工具与设备的准备等。充分的准备可以避免装配时出错，缩短装配时间，有利于提高装配的质量和效率。

准备工作包括下列几个步骤：

1）熟悉产品装配图、工艺文件和技术要求，了解产品的结构、零件的作用以及相互连接关系。

2）检查装配用的资料与零件是否齐全。

3）确定正确的装配方法和顺序。

4）准备装配所需要的工具与设备。

5）整理装配的工作场地，对装配的零件、工具进行清洗，去掉零件上的毛刺、铁锈、切屑、油污，归类并放置好装配用零、部件，调整好装配平台基准。

6）采取安全措施。

（2）装配工作　在装配准备工作完成之后，才能开始进行正式装配。结构复杂的产品，其装配工作一般分为部件装配和总装配。

1）部件装配：指产品在进入总装配以前的装配工作。凡是将两个以上的零件组合在一起或将零件与几个组件结合在一起，成为一个装配单元的工作，均称为部件装配。

2）总装配：指将零件和部件组装成一台完整产品的过程。

在装配工作中需要注意的是，一定要先检查零件的尺寸是否符合图样的尺寸精度要求，只有合格的零件才能运用连接、校准、防松等技术进行装配。

（3）调整、精度检验和试车

1）调整工作是指调节零件或机构的相互位置、配合间隙、结合程度等，目的是使机构或机器工作协调，如轴承间隙、镶条位置、蜗轮轴向位置的调整等。

2）精度检验包括几何精度和工作精度检验等，以保证满足设计要求或产品说明书的要求。

3）试车是试验机构或机器运转的灵活性、振动、工作温升、噪声、转速、功率等性能是否符合要求。

（4）涂装、涂油、装箱　机器装配好之后，为了使其美观、防锈和便于运输，还要做好涂装、涂油、装箱工作。

2. 装配工艺规程

装配工艺规程是规定产品或零、部件装配工艺过程和操作方法等的工艺文件。执行工艺规程能使生产有条理地进行，能合理地使用劳动力和工艺设备，降低成本，提高劳动生产率。

（1）装配单元　为了便于组织装配流水线，使装配工作有秩序地进行，装配时，将产品分解成独立装配的组件或分组件。编制装配工艺规程时，为了便于分析研究，要将产品划分为若干个装配单元。装配单元是装配中可以进行独立装配的部件，任何一个产品都能分解成若干个装配单元。

（2）装配基准件　最先进入装配的零件称为装配基准件。它可以是一个零件，也可以是最低一级的装配单元。

（3）装配单元系统图　表示产品装配单元的划分及其装配顺序的图称为装配单元系统图。图1-50所示为锥齿轮轴组件装配图，它的装配顺序可按图1-51所示顺序来进行，而图1-52则为其装配单元系统图。

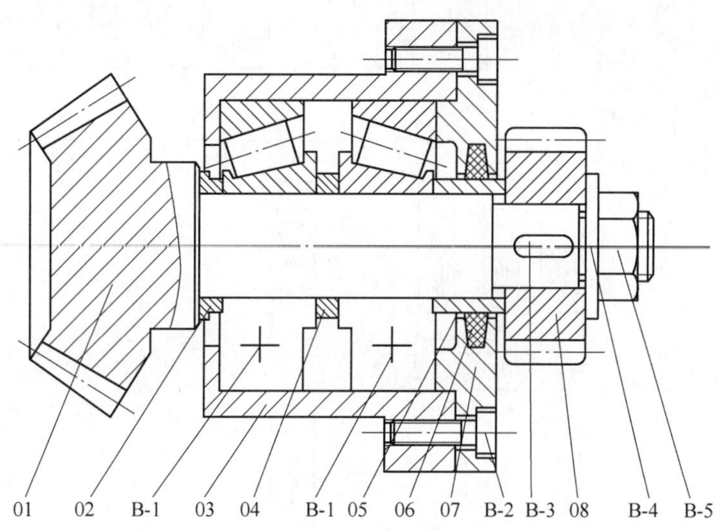

图1-50　锥齿轮轴组件装配图

01—锥齿轮轴　02—衬垫　03—轴承套　04—隔圈　05—套筒　06—毛毡圈　07—轴承盖
08—圆柱齿轮　B-1—轴承　B-2—螺钉　B-3—键　B-4—垫圈　B-5—螺母

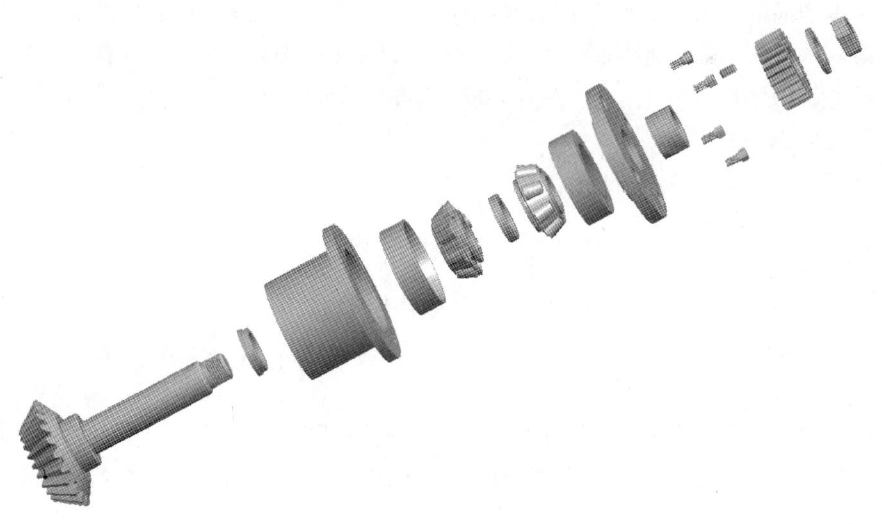

图1-51　锥齿轮轴组件装配顺序

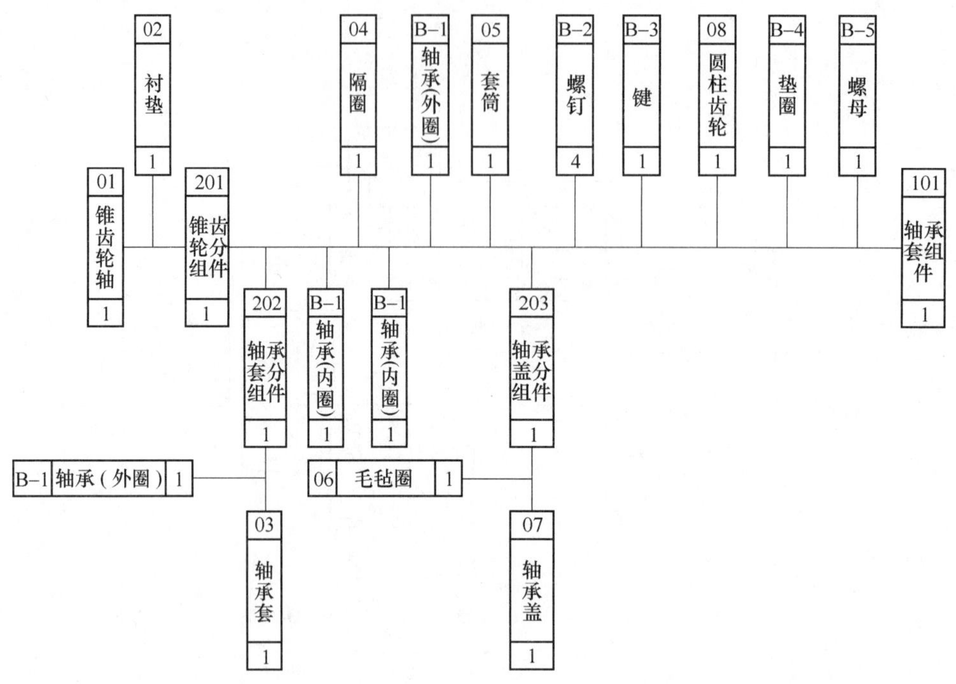

图 1-52 锥齿轮轴组件装配单元系统图

绘制装配单元系统图时，先画一条横线，在横线左端画出代表基准件的长方格，在横线右端画出代表产品的长方格。然后按装配顺序从左向右，将代表直接装到产品上的零件或组件的长方格从水平线引出，零件画在横线上面，组件画在横线下面。用同样方法可把每一组件及分组件的系统图展开画出。长方格内要注明零件或组件名称、编号和件数。

3. 装配工艺规程的制定

（1）制定装配工艺应具备的原始条件

1）产品的全套装配图样。

2）零件明细表。

3）装配技术要求、验收技术标准和产品说明书。

4）现有的生产条件及资料（包括工艺装备、车间面积、操作工人的技术水平等）。

（2）制定装配工艺规程的基本原则

1）保证并力求提高产品质量，而且要有一定的精度储备，以延长机器使用寿命。

2）合理安排装配工艺，尽量减少钳工装配（钻、刮、锉、研等）工作量，以提高装配效率，缩短装配周期。

3）所占车间生产面积尽可能小，以提高单位装配面积的生产率。

（3）制定装配工艺规程的步骤

1）研究产品的装配图及验收技术标准。

2）确定产品或部件的装配方法。

3）分解产品为装配单元，规定合理的装配顺序。

4）确定装配工序内容、装配规范及工夹具。

5）编制装配工艺系统图。装配工艺系统图就是在装配单元系统图上加注必要的工艺说明（如焊接、配钻、攻螺纹、铰孔及检验等），能较全面地反映装配单元的划分、装配顺序及方法。

6）确定工序的时间定额。

7）编制装配工艺过程卡片。

4. 锥齿轮轴组件的装配工艺规程举例

本书为学员设计了一个供装配训练用的装配工艺规程标准格式，该格式中对装配工艺描述清楚、易于操作，适于在装配操作训练中使用。该标准格式描述了装配训练的目标，以及训练所使用的工、量具，并给所选训练方法留有备注的地方。操作步骤栏用于表达装配操作的工序步骤，标准操作栏用于描述每一个装配工序所包含的工步，解释栏用于对每一个标准操作做详尽的说明。装配工艺规程训练项目中的锥齿轮轴组件的装配工艺规程以表格形式列于表1-33。

表1-33 锥齿轮轴组件的装配工艺规程

<table>
<tr><td colspan="2">装配目标：通过本实践操作后，应能够
1. 学会编制产品的装配工艺规程
2. 学会锥齿轮轴的装配方法</td><td rowspan="2">工具与量具：压力机、塞尺、塑料锤、开口扳手、内六角扳手</td></tr>
<tr><td colspan="2">备注：</td></tr>
<tr><td>操作步骤</td><td>标准操作</td><td>解释</td></tr>
<tr><td>工作准备</td><td>熟悉任务</td><td>图样和零件清单</td></tr>
<tr><td></td><td></td><td>装配任务</td></tr>
<tr><td></td><td>初检</td><td>检查文件和零件的完备情况</td></tr>
<tr><td></td><td>选择工、量具</td><td>见工、量具列表</td></tr>
<tr><td></td><td>整理工作场地</td><td>选择工作场地</td></tr>
<tr><td></td><td></td><td>备齐工具和材料</td></tr>
<tr><td></td><td>清洗</td><td>用清洁布清洗零件</td></tr>
<tr><td>装配衬垫（02）</td><td>定位</td><td>将衬垫套装在锥齿轮轴上</td></tr>
<tr><td>装配毛毡圈（06）</td><td>定位</td><td>将已剪好的毛毡圈塞入轴承盖槽内</td></tr>
<tr><td>装配轴承外圈（B-1）</td><td>润滑</td><td>在配合面上涂上润滑油</td></tr>
<tr><td></td><td>压入</td><td>以轴承套为基准，将轴承外圈压入孔内至底面</td></tr>
<tr><td>装配轴承套（03）</td><td>定位</td><td>以锥齿轮轴组件为基准，将轴承套分组件套装在轴上</td></tr>
<tr><td>装配轴承内圈（B-1）</td><td>润滑</td><td>在配合面上涂上润滑油</td></tr>
<tr><td></td><td>压入</td><td>将轴承内圈压装在轴上，并紧贴衬垫</td></tr>
<tr><td>装配隔圈（04）</td><td>定位</td><td>将隔圈装在轴上</td></tr>
<tr><td>装配轴承内圈（B-1）</td><td>润滑</td><td>在配合面上涂上润滑油</td></tr>
<tr><td></td><td>压入</td><td>将轴承内圈压装在轴上，直至与隔圈接触</td></tr>
<tr><td>装配轴承外圈（B-1）</td><td>润滑</td><td>在轴承外圈涂油</td></tr>
<tr><td></td><td>压入</td><td>将轴承外圈压至轴承套内</td></tr>
<tr><td>装配套筒（05）</td><td>定位</td><td>将套筒套装在轴上，并与轴承内圈接触</td></tr>
<tr><td>装配轴承盖（07）</td><td>定位</td><td>将轴承盖放置在轴承套上</td></tr>
<tr><td></td><td>紧固</td><td>用手旋紧4个螺钉（B-2）</td></tr>
<tr><td></td><td>调整</td><td>调整端面的宽度，使轴承间隙符合要求</td></tr>
<tr><td></td><td>固定</td><td>用内六角扳手旋紧4个螺钉</td></tr>
<tr><td>装配圆柱齿轮（08）</td><td>压入</td><td>将键（B-3）压入锥齿轮轴键槽内</td></tr>
<tr><td></td><td>压入</td><td>将圆柱齿轮压至与套筒接触</td></tr>
<tr><td></td><td>检查</td><td>用塞尺检查齿轮与套筒的接触情况</td></tr>
<tr><td></td><td>定位</td><td>套装垫圈（B-4）</td></tr>
<tr><td></td><td>紧固</td><td>用手旋紧螺母（B-5）</td></tr>
<tr><td></td><td>固定</td><td>用扳手旋紧螺母（B-5）</td></tr>
<tr><td>检查</td><td>最后检查</td><td>检查锥齿轮转动的灵活性及轴向窜动</td></tr>
</table>

（五）外圆表面加工

组成零件的表面主要有外圆面、孔面、平面、成形面、螺纹表面和齿轮齿面等。零件使用性能的发挥要求上述表面应具有一定的形状和尺寸，同时还要求达到一定的技术要求，如尺寸精度、形状精度、相互间位置与方向精度和表面质量等。

工件表面的加工过程就是获得符合要求的零件表面的过程。由于零件的结构特点、材料性能和加工要求的不同，所采用的加工方法也不一样。外圆面、孔面、平面加工的技术要求及主要加工方式见表1-34。

表1-34 外圆面、孔面、平面加工技术要求及主要加工方式

技术要求	外圆面	孔　面	平　面
尺寸精度	外圆直径和长度	孔直径和深度	与其他表面间尺寸
形状精度	圆度、圆柱度、轴线直线度	孔圆度、圆柱度及轴线直线度	平面直线度、平面度
位置与方向精度	外圆与其他表面间同轴度、垂直度及径向圆跳动等	孔面其他表面间同轴度、垂直度及径向圆跳动等	平面间平行度、垂直度
表面质量	表面粗糙度 表层硬度 表层残余应力 表层金相组织	表面粗糙度 表层硬度 表层残余应力 表层金相组织	表面粗糙度 表层硬度 表层残余应力 表层金相组织
主要加工方式	车削 磨削 研磨 抛光	钻孔　研孔 扩孔　珩孔 铰孔　镗孔 磨孔　拉孔	刨削　磨削 插削　刨削 铣削　研削 拉削　车削

在选择某一表面的加工方法时，应遵循表面加工要分阶段进行，所选加工方法与零件材料切削加工性及生产类型相适应，所选加工方法的经济精度及表面粗糙度与加工表面的要求相适应以及多种加工方法相配合等原则进行。

圆柱形表面是组成零件的基本表面，是轴类、盘套类零件的主要表面或辅助表面。外圆加工在零件加工中占有相当大的比例。车削、磨削及研磨、超精加工、抛光等光整加工是外圆的主要加工方法。

1. 车削外圆

车削是外圆加工的主要加工方法。车削时工件旋转为主运动，刀具直线移动为进给运动。

车外圆可在不同类型车床上进行。单件、小批生产中，各种轴、盘、套类的中小型零件，多在卧式车床上加工；生产率要求高、变更频繁的中小型零件，可选用数控车床加工；大型圆盘类零件（如火车轮、大型齿轮等），多用立式车床加工；成批或大批生产的中小型轴、套类件，则广泛使用转塔车床、多刀半自动车床及自动车床进行加工。

由于车刀的几何角度不同和切削用量不同，车削可以获得不同的精度和表面粗糙度，故车外圆可分为粗车、半精车、精车和精细车。

粗车以提高生产率为主要目的，对加工质量无太高要求，多使用切削部分强度高的外圆车刀，以较大的背吃刀量、较大的进给量和较低的切削速度尽快地从毛坯上切去大部分多余的金属层。粗车的尺寸精度可达 IT13 ~ IT11，表面粗糙度 Ra 值为 50 ~ 12.5μm。

半精车的目的是提高精度和降低表面粗糙度，可作为中等精度外圆的终加工，也可作为精加工外圆前的预加工。半精车的背吃刀量和进给量较粗车时小。半精车的尺寸精度可达 IT10 ~ IT9，表面粗糙度 Ra 值为 6.3 ~ 3.2μm。

精车的主要目的是保证零件所要求的精度和表面粗糙度。一般以较小的背吃刀量、较小的进给量高速或低速进行精车。精车的尺寸精度可达 IT8 ~ IT7，表面粗糙度 Ra 值为 1.6 ~ 0.8μm。

精细车一般适合技术要求高的有色金属零件的加工，是代替磨削的光整加工。精细车所用机床应有很高的精度和刚度，多使用切削部分经仔细刃磨的金刚石车刀。车削时采用小的背吃刀量（$a_p \leqslant 0.03 \sim 0.05$mm）、小的进给量（$f = 0.02 \sim 0.2$mm/r）和高的切削速度（$v_c \geqslant 2.6$m/s）。精细车的尺寸精度可达 IT6 ~ IT5，表面粗糙度 Ra 值为 0.4 ~ 0.1μm。

车削外圆的工艺特点为生产率高，刀具制造、刃磨、安装方便，生产成本低，一次装夹中可车出外圆、内孔、端平面、沟槽等，容易保证各加工面间的位置精度。

2. 磨削外圆

磨削是外圆精加工的主要方法，多作为半精车外圆后的精加工工序。模锻、精密冷轧的毛坯，因加工余量小，也可不经车削，直接磨削加工。

由于砂轮粒度及采用的磨削用量不同，磨削外圆的精度和表面粗糙度也不同。磨削可分为粗磨和精磨，粗磨外圆的尺寸精度可达 IT8 ~ IT7，表面粗糙度 Ra 值为 1.6 ~ 0.8μm；精磨外圆的尺寸精度可达 IT6，表面粗糙度 Ra 值为 0.4 ~ 0.2μm。

外圆磨削多在外圆磨床上进行，有轴向磨削法、径向磨削法和成形磨削法 3 种方式，此外，也可在无心磨床上进行无心磨削（见图 1-53、图 1-54、图 1-55、图 1-56）。

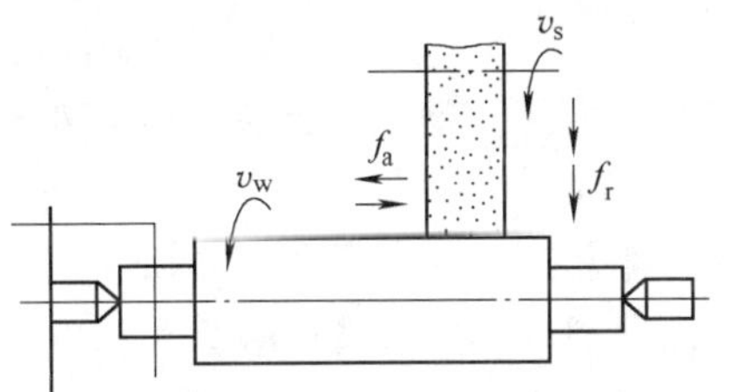

图 1-53　轴向磨削法磨削外圆

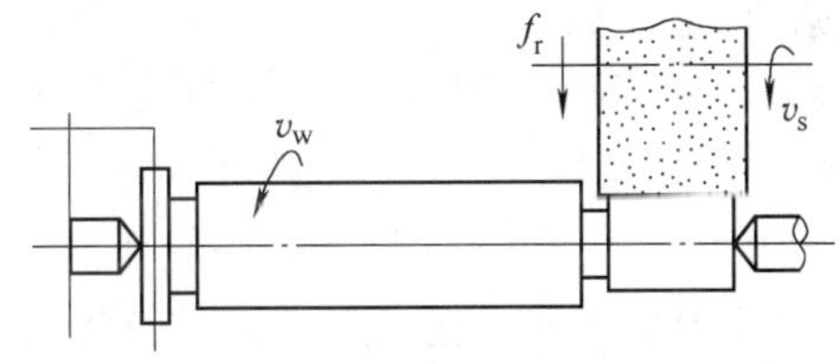

图 1-54　径向磨削法磨削外圆

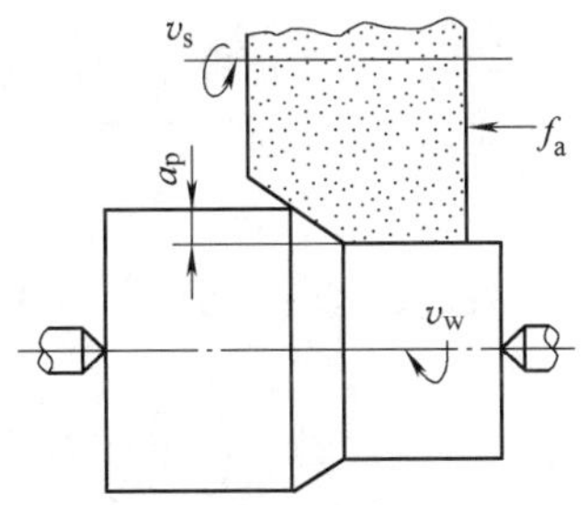

图 1-55　成形磨削法磨削外圆

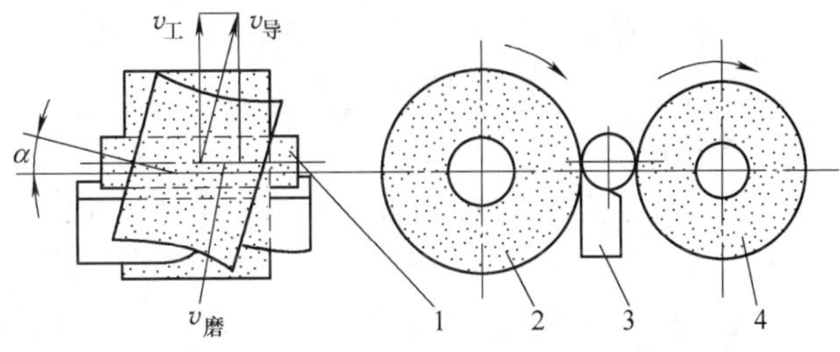

图 1-56　无心外圆磨削

1—工件　2—磨削轮　3—托架　4—导轮

随着科学技术的发展，许多先进的磨削形式如高速磨削、强力磨削、砂带磨削也在生产中得到应用和发展。

磨削外圆的工艺特点如下所述。

（1）精度高、表面粗糙度 Ra 小　磨床的精度高，刚性及稳定性好；磨床的精密进给机构可以把背吃刀量 a_p 控制得很小，从而实现微量切削。另外，砂轮工作表面随机分布着稠密而锐利的磨粒，当砂轮高速旋转时，每个磨粒仅从工件上切下一层细微的切屑，使工件表面残留面积很小。

（2）磨削温度高　一是因为砂轮工作表面带负前角的磨粒高速切削金属，切削挤压力增大，切削层变形速度很高；二是砂轮传热性差，致使磨削区温度高，瞬时温度高达 800 ~ 1000℃。磨削高温容易烧伤工件表面，不仅使金相组织变化，降低表面硬度，还会在工件表层产生残余应力及微细裂纹，降低零件的表面质量和使用寿命。

为减少磨削高温的影响，应向磨削区域加注大量的切削液。切削液的冷却、润滑作用，不仅可以降低磨削温度，还可以冲掉细碎的切屑和碎裂及脱落的磨粒，避免堵塞砂轮孔隙，提高砂轮的寿命。

（3）适宜加工高硬度材料　由于砂轮的磨粒具有很高的硬度、耐热性及一定的韧度，所以磨削不仅能加工钢件、铸铁件，还能加工淬硬钢件和硬质合金、宝石、玻璃等硬脆性材料。但对于塑性较大的某些铜、铝等有色金属，由于切屑易堵塞砂轮孔隙，一般不宜采用磨削加工。

（4）背向力（径向力）F_p 大　磨削时，砂轮与工件的接触宽度大，且磨粒多以负前角切削，致使背向力 F_p 较刀具切削时大。较大的背向力会使刚性差的工艺系统产生变形，影响加工精度。例如用纵磨法磨削细长轴的外圆时，较大的背向力会使工件翘曲而成腰鼓形，为此，需最后进行多次光磨，逐步消除变形。

3. 研磨外圆

研磨是用研磨工具和研磨剂从工件上研去一层极薄表面层的精加工方法。研磨外圆尺寸精度可达 IT6 ~ IT5，表面粗糙度 Ra 值可达 0.05 ~ 0.012μm。

研磨时，研具以一定的压力作用于工作表面，二者作复杂的相对运动，靠研磨剂的机械及化学作用从工件表面切除一层极微薄的金属层，从而获得高精度和低的表面粗糙度。

研具的材料应比工件材料软，以使磨料部分嵌入研具表面，对工件表面进行切削和挤压磨擦。研具材料还应组织均匀，具有耐磨性，以便其磨损均匀，保持原有几何形状精度。常用研具材料有铸铁、软钢、黄铜、塑料、硬木等。

研磨主要有手工和机械两种方法，具有方法简单，能提高形状、尺寸精度，降低表面粗糙度，加工范围广，金属切除率低等特点。

4. 抛光外圆

（1）抛光工艺　抛光是利用机械、化学或电化学的作用，使工件获得光亮、平整表面的加工方法。

抛光轮用棉织品、皮革、毛毡、橡胶或压制纸板等材料叠制而成，具有一定弹性。抛光膏由磨料和油脂（硬脂酸、石蜡、煤油）调制而成。

抛光时，由于工件表面与抛光膏的化学作用而形成一层极薄的软化氧化膜，其中的磨料一般比工件材料软，因此，工件表面不留划痕。另外，高速抛光产生的高温会使工件表面出现极薄的熔流层，工件表面的微观凹谷被其填平。

（2）抛光工艺特点

1）方法简便、成本低。抛光一般不用复杂、特殊设备，加工方法简单，成本低。

2）适宜曲面的加工。由于弹性的抛光轮压于工件曲面时能随工件曲面而变形，即与曲面相吻合，所以容易实现曲面的抛光。

3）不能提高加工精度。由于抛光轮与工件间无刚性的运动联系，又因抛光轮具有弹性，所以不能保证从工件表面去除均匀的材料，即抛光只能降低表面粗糙度，不能提高加工精度。因此，抛光仅限于某些制品表面的装饰加工，或者作为产品电镀前的预加工。

5. 外圆加工方案的分析及选择

外圆加工方法很多，应根据外圆的具体要求，把各种加工方法组合起来，从而制定合理的加工方案。

外圆的典型加工方案如图1-57所示。图中表面粗糙度 *Ra* 的单位为 μm。

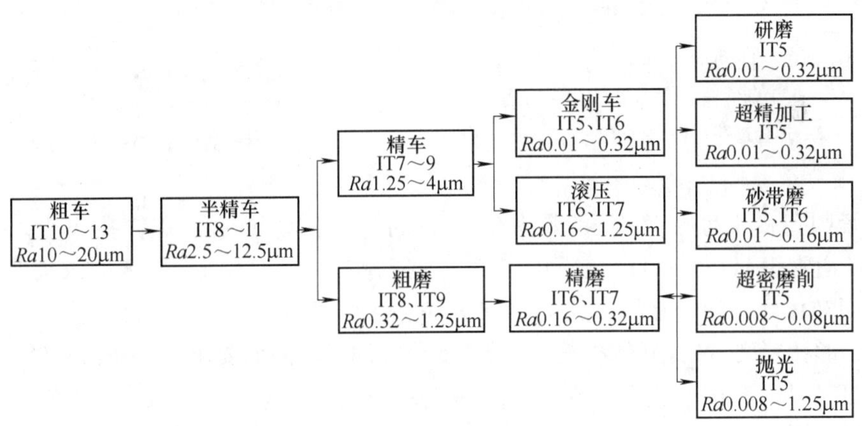

图1-57 外圆加工方案

（1）粗车 尺寸精度低于IT11、表面粗糙度 *Ra* 值大于12.5μm的各种材料的外圆仅粗车即可。

（2）粗车→半精车 此方案适合于尺寸精度为IT10～IT9、表面粗糙度 *Ra* 值为6.3～3.2μm、且表面未淬火的钢件及其他材料的外圆面的加工。

（3）粗车→半精车→精车 此方案比方案（2）提高了加工精度，降低了表面粗糙度。

（4）粗车→半精车→精车→精细车 此方案适宜尺寸精度为IT6、表面粗糙度 *Ra* 值为0.8～0.2μm的有色金属件外圆面的精加工。

（5）粗车→半精车→磨削 此方案除不宜加工有色金属件外，可加工淬火或未淬火钢件、铸铁件的外圆面。当尺寸精度为IT6、表面粗糙度 *Ra* 值为0.4～0.2μm时，可在半精车之后安排粗磨→精磨。一般在磨削前不安排外圆面的精车。若外圆面需淬火，淬火应安排在车削之后、磨削之前。当尺寸精度为IT6以上、表面粗糙度 *Ra* 值在0.1μm以下时，可在精磨后安排研磨或超精加工。

对于需电镀或有装饰要求的外圆面，可在精车及磨削后进行抛光。

（六）孔的加工

孔是组成零件的基本表面之一。在机械产品中，带孔零件一般要占零件总数的50% ~ 80%。根据孔的用途和所在零件上的位置，可分为以下几种（见图1-58、图1-59）。

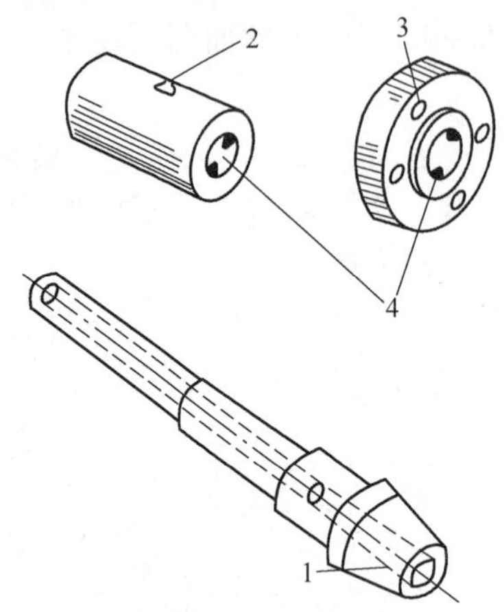

图1-58 回转体零件上的孔
1—主轴锥孔 2—油孔
3—螺栓过孔 4—轴心孔

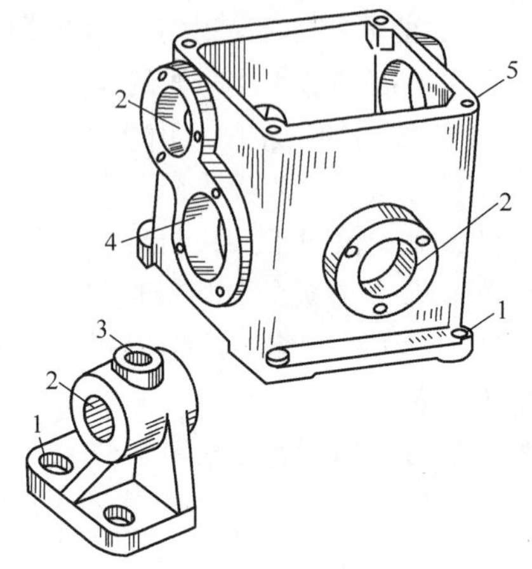

图1-59 箱体及支架上的孔
1—螺栓过孔 2—轴承孔 3—油孔
4—轴套孔 5—螺栓孔

（1）紧固孔和辅助孔　常见的紧固孔和辅助孔分别为螺栓孔、螺钉孔和油孔、通气孔，其尺寸精度通常为IT12 ~ IT11，表面粗糙度 Ra 值为12.5 ~ 6.3μm，技术要求较低。

（2）回转体零件的轴心孔　此类孔有套筒、法兰盘、齿轮上与轴配合的孔等。它们的尺寸精度、形状精度、位置精度、表面粗糙度一般都有较高的要求。例如齿轮轴心孔的尺寸精度多为IT8 ~ IT6，表面粗糙度 Ra 值为1.6 ~ 0.4μm。

（3）箱体及支架类零件的轴承孔　这类孔同样要求较高的尺寸精度、形状精度、位置精度和表面粗糙度。此外，箱体类零件往往有许多轴承孔（孔系），而这些孔的相互位置及方向精度均有相当严格的要求，例如机床主轴箱轴承孔之间的孔距公差一般为0.05 ~ 0.12mm，平行度公差要求小于孔距公差值。

（4）深孔　深孔是指 L/D(孔深与孔径之比)大于5的孔，如车床主轴上的轴向通孔等。

（5）圆锥孔　圆锥孔有车床主轴前端的锥孔及装配用的定位销孔等。

孔加工的方法较多，常用的有钻、扩、铰、镗、磨、拉、研磨和珩磨等。

1. 钻孔

钻孔是用钻头在实体材料上加工孔的方法，应用很广。钻孔多在钻床和车床上进行，也可在镗床或铣床上进行。

（1）钻孔的工艺特点

1）钻头引偏。钻头（如图1-60所示）细长，刚度差，刃带与孔壁的接触刚度和导向作用很差，易引起钻孔后孔径扩大、孔歪斜（如图1-61a所示）、孔不圆（如图1-61b所示）等缺陷，通常称为“引偏”。

钻头横刃处的前角为很大的负值，且横刃是一小段与钻头轴线近似垂直的直线刃，因此钻头切削时，横刃实际上不是在切削而是在挤刮金屑，导致横刃处的轴向分力很大。横刃稍有偏斜，将产生相当大的附加力矩，使钻头弯曲。工件材料组织不均匀、加工表面倾斜等也会导致切削时钻头“引偏”。

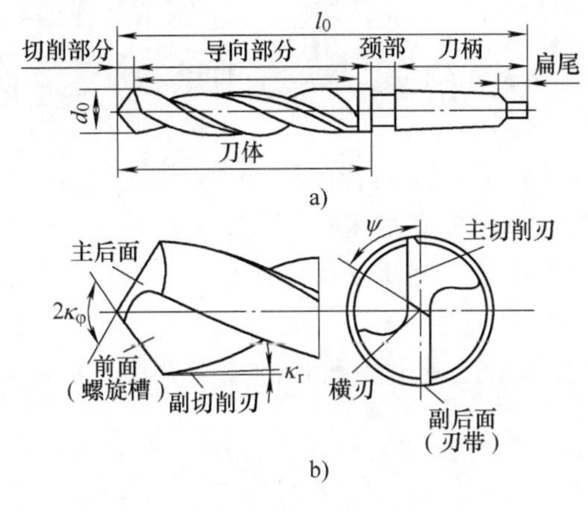

图1-60　钻头

a）钻头结构　b）切削部分

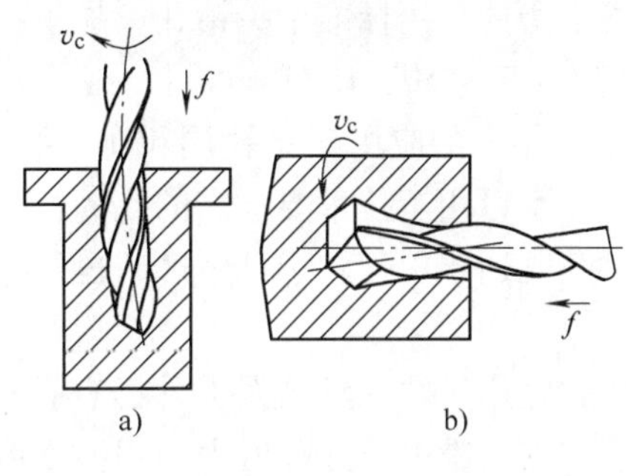

图1-61　钻头引偏

a）孔歪斜　b）孔不圆

此外，钻头的两条主切削刃在制造和刃磨时，很难做到完全一致和对称，导致钻削时作用在两条主切削刃上的径向分力大小不一，也易“引偏”。

钻头引偏是导致加工精度下降的重要原因之一，实践中常采用如下措施使之改善：

①预钻锥形定心坑，如图1-62a所示。用大直径、小顶角（90°～100°）短钻头预钻一个锥形坑起定心作用，然后再用所需钻头钻孔。

②用钻套为钻头导向，如图1-62b所示。这可减少钻孔开始时钻头引偏，在斜面或曲面上钻孔时尤为必要。

③刃磨时，尽量使两个主切削刃对称一致。

2）排屑困难。钻削时切屑较宽，螺旋槽的容屑空间不够且排屑不畅，因此，在排屑过程中，切屑会摩擦、挤压、刮伤已加工的孔壁，降低表面质量。有时切屑还会被阻塞在钻头螺旋槽内，卡住钻头，甚至将其扭断。

为解决排屑问题，较好的办法是在钻头上修磨出分屑槽，如图1-63所示，使宽的切屑分成窄条，以利排屑。

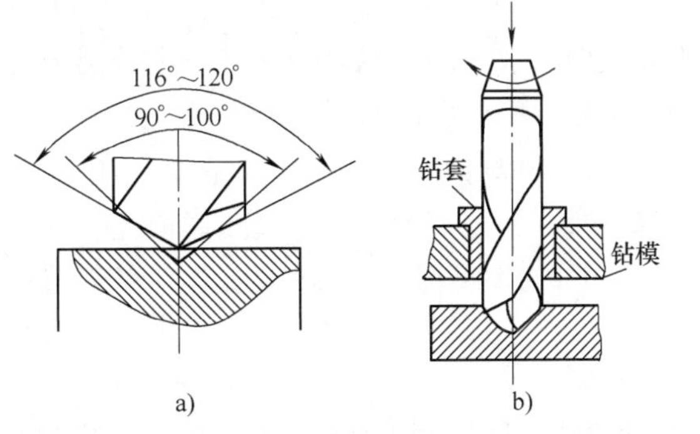

图1-62　减少引偏的措施

a）钻锥形坑　b）用钻模

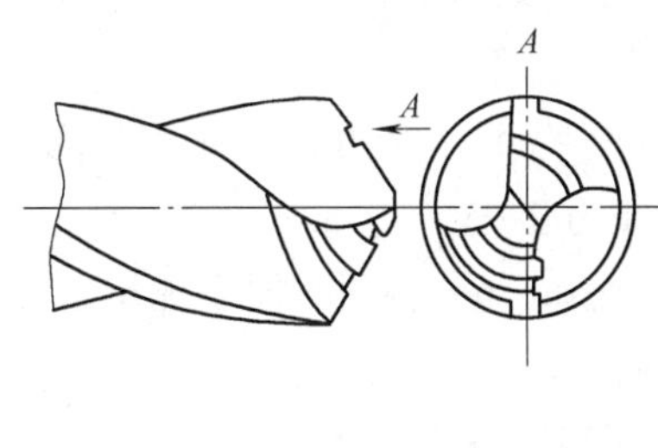

图1-63　分屑槽

3）冷却困难。与外圆车削不同，钻削属半封闭式切削，不仅切削液难以注入到切削区实施有效的冷却和润滑，而且切削热难以排散，因此，钻削的切削温度高，刀具磨损快，限制了钻削用量及生产率的提高。

综上所述，用标准钻头钻孔，加工精度和表面质量均不理想，精度为 IT13～IT11，表面粗糙度 Ra 值为 50～12.5μm。

（2）钻孔的应用　钻孔属粗加工，可用于质量要求不高的孔的终加工，如螺栓过孔、油孔等，也可用于技术要求高的孔的预加工或攻螺纹前的底孔加工。

钻孔既适于单件、小批生产，也适于成批、大量生产，在生产中应用很广。

2. 扩孔

扩孔是用扩孔工具扩大工件已有孔径（钻出、铸出或锻出的孔）的加工方法。扩孔能提高孔的加工精度，并降低表面粗糙度值。

扩孔钻和扩孔加工如图 1-64 和图 1-65 所示。

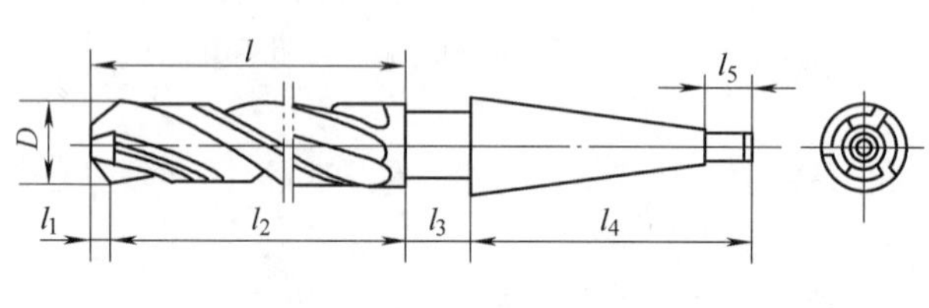

图 1-64　扩孔钻

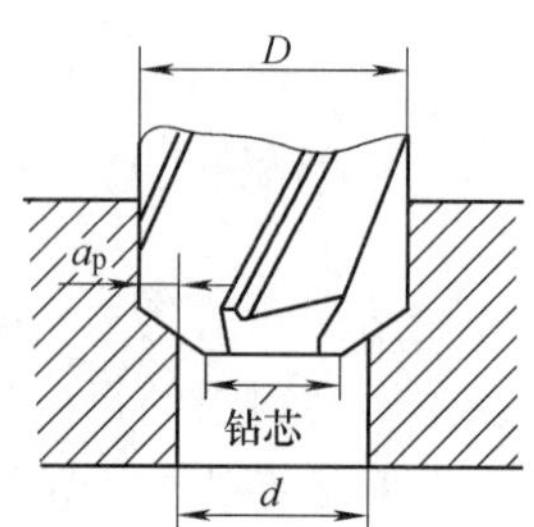

图 1-65　扩孔钻工作情况

3. 铰孔

铰孔是用铰刀（见图 1-66）从工件孔壁上切除微量金属层，以提高其尺寸精度和降低表面粗糙度的加工方法。一般铰孔的尺寸精度可达 IT9～IT7，表面粗糙度 Ra 值可达 0.4～1.6μm，应用很广，常用于扩孔或半精镗孔后的终加工。

铰刀分为手用铰刀和机用铰刀两种。机用铰刀有直柄、锥柄和套式三种，多为锥柄。

铰刀的刀体分为切削部分和修光部分。切削部分呈锥形，承担主要的切削工作。锥角 $2\kappa_r$（κ_r 为主偏角）的大小对铰削轴向力和定位精度有影响，κ_r 小，则铰刀切削部分增长，定位精度提高，轴向切削力减小，缺点是切屑变宽，不利排屑。一般手用铰刀 $\kappa_r=30'\sim1°30'$，机用铰刀 $\kappa_r=5°\sim15°$，铰削塑性材料时取大值，铰削脆性材料取小值。因铰削余量小，前角作用不大，一般取 $\gamma_o=0°$。为保证刀齿强度，一般取后角 $\alpha_o=5°\sim8°$。

修光部分（修光刃）的作用是修光孔壁、校正孔径和导向，起此作用的是 $\alpha_o=0°$、宽度很窄（为 0.05～0.3mm）的刃带。修光刃的前半部分为圆柱部分，是真正起修光、校正和导向作用的部分，同时便于测量铰刀直径；后半部分为倒锥部分，其目的是减少铰刀与孔壁的摩擦和减小孔径扩大量。

4. 镗孔（或在车床上车孔）

镗孔是用镗削方法扩大工件孔径的方法，是常用的孔加工方法之一。对孔内环槽等内成形表面和直径较大的孔（$D>80$ mm），镗削是唯一适宜的加工方法。一般镗孔的尺寸精度为 IT8～IT7，表面粗糙度 Ra 值为 1.6～0.8μm；精细镗时，尺寸精度为 IT7～IT6，表面粗糙

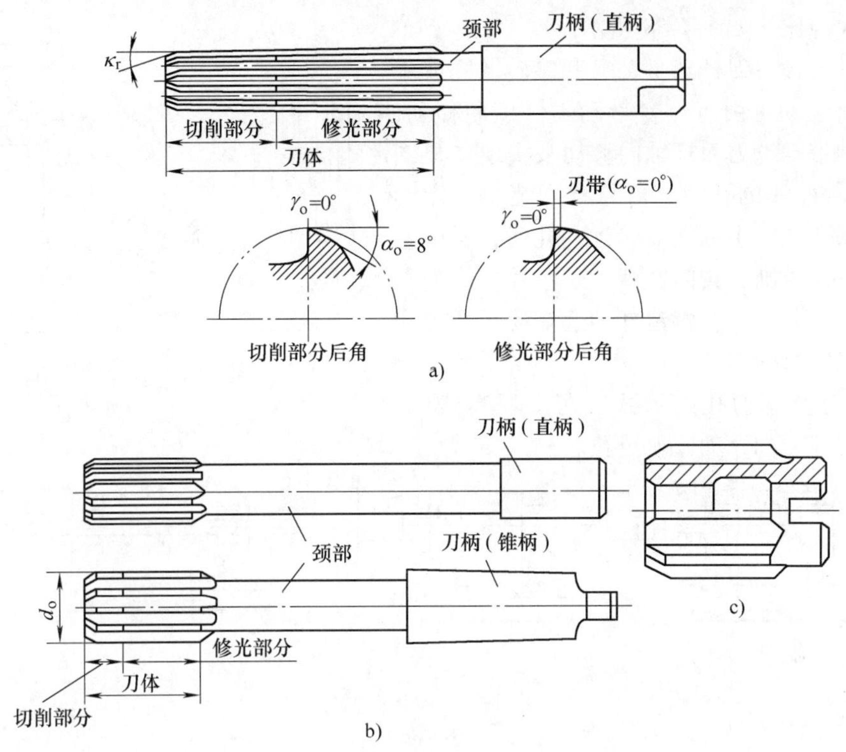

图1-66　铰刀

a）手用铰刀　b）直柄、锥柄机用铰刀　c）套式机用铰刀

度 Ra 值可达0.8～0.1μm。

镗孔多在车床或镗床上进行。

（1）在车床上车孔　回转体零件上的轴心孔适宜在车床上加工，如图1-67所示，主运动和进给运动分别是工件的回转和车刀的移动。

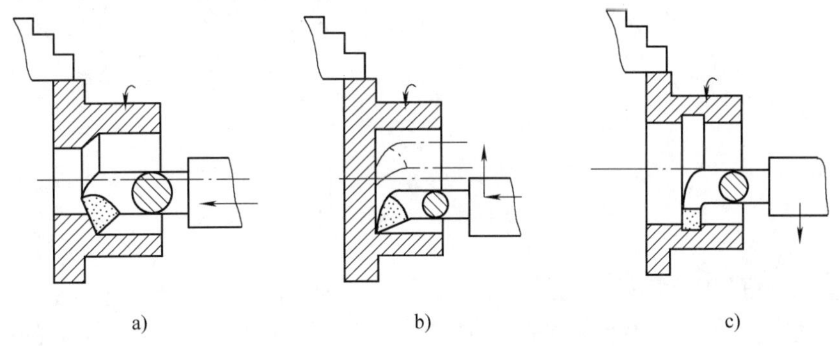

图1-67　车床上车孔

a）车通孔　b）车不通孔　c）车阶梯孔

（2）在镗床上镗孔　箱体类零件上的孔和孔系（有若干个相互间有平行度或垂直度要求的孔）适宜在镗床上加工。

1）镗床。根据结构和用途不同，镗床可分为卧式镗床、坐标镗床、精镗床等，应用最广的是卧式镗床，如图 1-68 所示。

镗孔时，镗刀刀杆随主轴一起旋转，完成主运动；进给运动可由工作台带动工件纵向移动，也可由主轴带动镗刀刀杆轴向移动来实现（见图 1-69）。镗大而浅的孔时，可悬臂安装粗而短的镗杆，镗深孔或距主轴端面较远的孔时，不能悬臂安装镗杆，否则，会因镗杆过长刚性差影响孔的加工精度。此时，应将镗杆的远端支承在镗床后立柱的尾座衬套内。

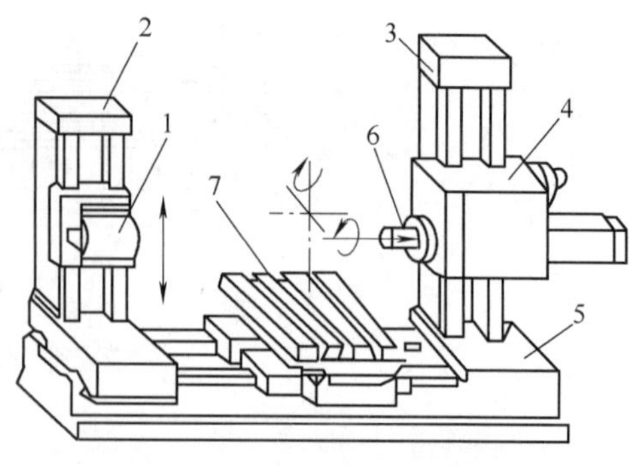

图 1-68 卧式镗床简图
1—尾座 2—后立柱 3—前立柱 4—主轴箱 5—床身 6—主轴 7—工作台

2）镗刀及其镗孔的形式。在工程实践中，常使用单刃镗刀和浮动镗刀镗孔。

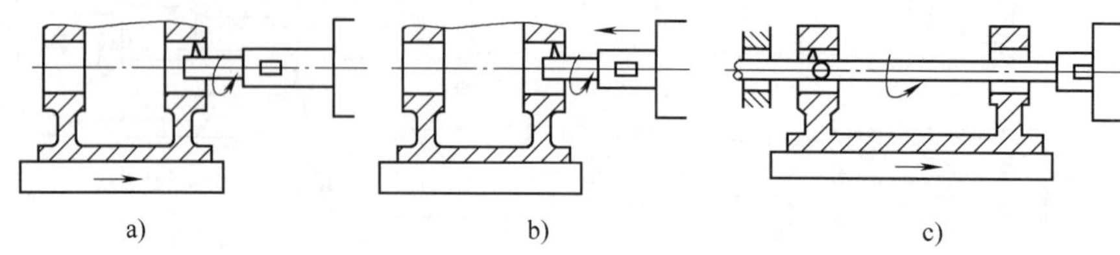

图 1-69 镗床上镗孔
a）单支承工件进给 b）单支承镗刀进给 c）双支承工件进给

①单刃镗刀镗孔。单刃镗刀的刀头结构与车刀类似。使用时，用紧固螺钉将其装夹在镗杆上，如图 1-70 所示。其中图 1-70a 为不通孔镗刀，刀头倾斜安装，图 1-70b 为通孔镗刀，刀头垂直于镗杆轴线安装。

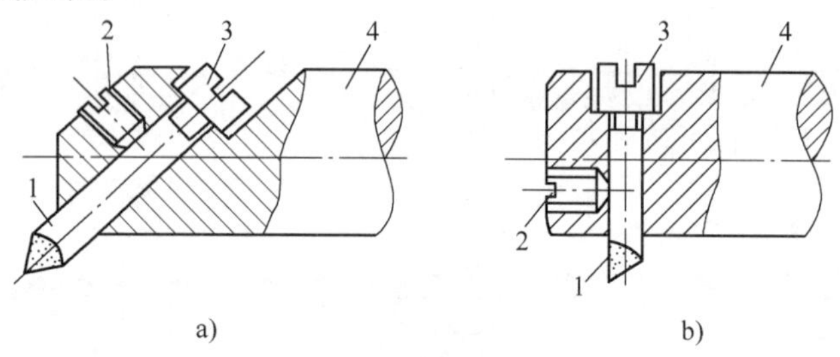

图 1-70 单刃镗刀
1—刀头 2—紧固螺钉 3—调节螺钉 4—镗杆

单刃镗刀镗孔的工艺特点（与钻—扩—铰相比）如下。

i）适应性广。单刃镗刀结构简单、使用方便，一把镗刀可加工直径不同的孔（调整刀头的伸出长度即可），粗加工、半精加工、精加工均可适应。

ii）可校正原有孔轴线的歪斜。镗床本身精度较高，镗杆直线性好，靠多次进给即可校正孔的轴线。

iii）制造、刃磨简单方便，费用较低。

iv）生产率低。镗杆受孔径（尤其是小孔径）的限制，一般刚度较差。为了减少镗孔时引起镗杆的振动，只能采用较小的切削用量；只一个切削刃参与切削；需花时间调节镗刀头的伸出长度来控制孔径尺寸精度。

②浮动镗刀镗孔。浮动镗刀（见图1-71a）在对角线的方位上有两个对称的切削刃（属多刃镗刀），两个切削刃间的尺寸 D 可以调整，以镗削不同直径的孔。调整时，先松开螺钉1，再旋动螺钉2以改变刀块3的径向位移尺寸，并用千分尺检验两切削刃间的尺寸，使之符合被镗孔的孔径尺寸，最后旋紧螺钉1即可。

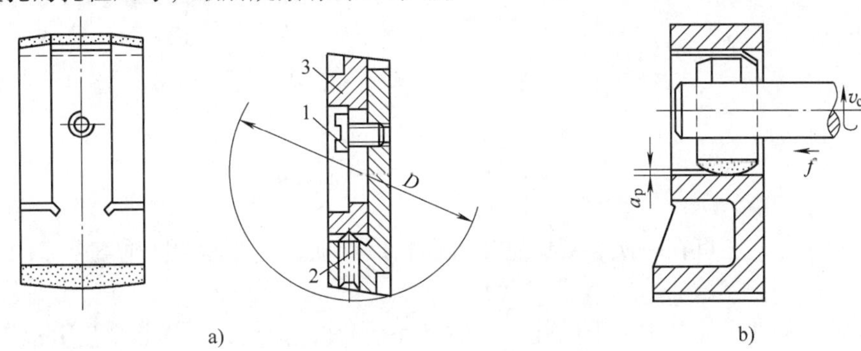

图1-71　浮动镗刀及工作示意图
a）可调节浮动镗刀　b）浮动镗刀镗孔
1，2—螺钉　3—刀块

镗孔时，浮动镗刀插在镗杆的长方孔中，但不紧固，因此，它能沿镗杆径向自由滑动，靠作用在两个对称切削刃上的径向切削力自动平衡其切削位置。

浮动镗刀镗孔的工艺特点如下。

i）加工质量较高。镗刀的浮动可自动补偿因刀具安装误差或镗杆偏摆所产生的不良影响，精度较高；较宽的修光刃可修光孔壁，降低表面粗糙度。

ii）生产率较高。有两个主切削刃参加切削，且操作简单，故生产率较高。

iii）刀具成本较单刃镗刀高。

iv）与铰孔相似，不能校正原有孔的轴线的歪斜。

镗床镗孔除适宜加工孔内环槽、大直径孔外，特别适于箱体类零件孔系的加工。镗床的主轴箱和尾座均能上、下移动，工作台能横向移动和转动，因此，放在工作台上的工件能在一次装夹中，把若干个孔依次加工出来，避免了因工件多次装夹产生的安装误差。

此外，装上不同的刀具，在卧式镗床上还可以完成钻孔、车端面、铣端面、车螺纹等多项工作。

5. 磨孔

磨孔是用高速旋转的砂轮精加工孔的方法，其尺寸精度可达IT7，表面粗糙度 Ra 值可达1.6～0.4μm。

磨孔是用磨削方法加工工件的孔。磨孔多在内圆磨床上进行，也可在外圆磨床上完成。

磨孔时砂轮旋转为主运动，工件低速旋转为圆周进给运动（其旋转方向与砂轮旋转方向相反），砂轮直线往复运动为轴向进给运动，切深运动为砂轮周期性的径向进给运动。磨孔加工示意图如图1-72所示。

在内圆磨床上，可磨通孔、不通孔（见图1-72a、b），还可在一次装夹中同时磨出孔内的端面（见图1-72c），以保证孔与端面的垂直度和端面圆跳动公差的要求。在外圆磨床上，

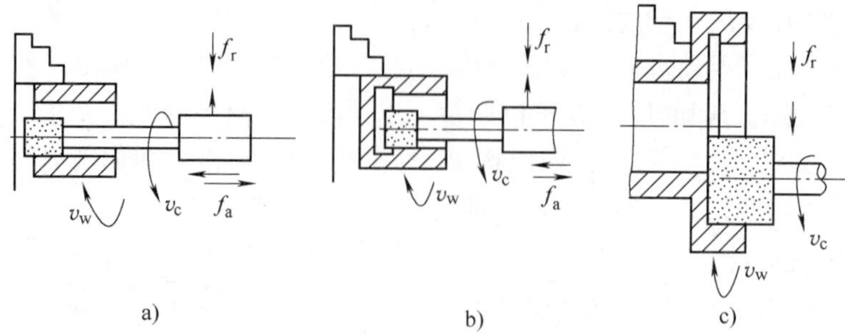

图 1-72　磨孔加工示意图

a）磨通孔　b）磨不通孔　c）磨孔及内端面

除可磨孔、端面外，还可在一次装夹中磨出外圆，以保证孔与外圆的同轴度公差的要求。

6. 拉孔

拉孔是用拉削方法加工工件上的孔，一般尺寸精度可达 IT7，表面粗糙度 Ra 值可达 0.8 ~0.4μm。

用拉刀可以拉削各种截面形状的通孔，如图 1-73 所示，也可以拉削平面、沟槽等。

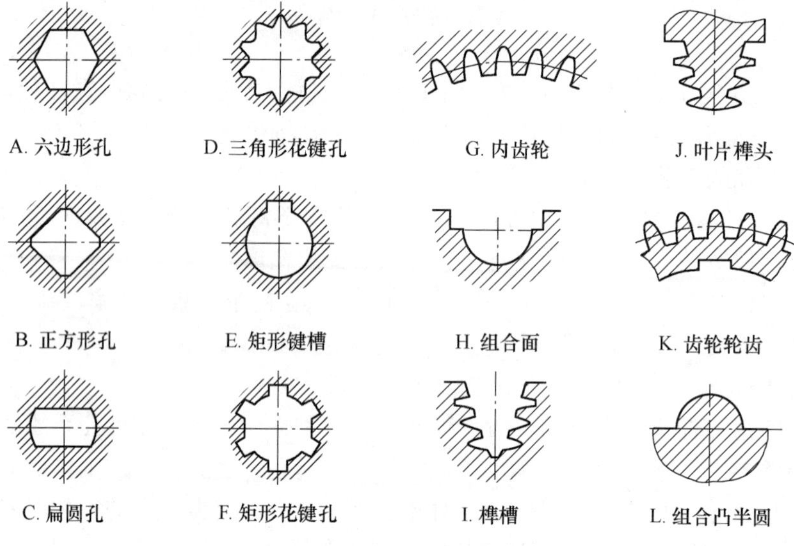

图 1-73　典型拉孔的截面形状

（1）拉刀　圆拉刀如图 1-74 所示，其各组成部分及其作用如下。

1）头部 l_1：拉刀的夹持部分，传递动力。

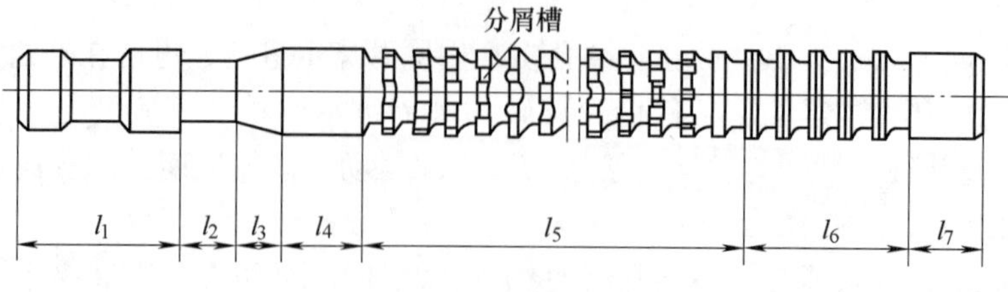

图 1-74　圆拉刀

2）颈部 l_2：头部与过渡锥的连接部分。颈部也是标记部位。

3）过渡锥 l_3：使拉刀前导部易引入工件孔中，起对准中心作用。

4）前导部 l_4：防止拉刀在孔中歪斜，起引导作用。

5）切削部 l_5：切除全部加工余量，分粗切齿、过渡齿和精切齿3部分。相邻两齿的齿升量 f_z 即是每齿的进给量。一般 $f_z=0.2\sim0.02\text{mm}$，粗切齿取较大值，精切齿取较小值。

6）校准部 l_6：校准齿无齿升量，起刮光孔壁和校准孔径的作用，以提高加工精度和表面质量。

7）后导部 l_7：保证拉刀最后一个刀齿与工件间的正确位置，防止孔壁被最后一齿刮伤或损坏刀齿。

（2）拉削过程和拉削方法　拉削时一般工件不动，拉刀做主运动（直线运动或直线运动和旋转运动）；进给运动由拉刀的齿升量实现，如图1-75所示。圆孔拉削如图1-76所示，工件的预制孔不必精加工（钻或粗镗后即可），工件也不需夹紧，只以工件端面作支承面，这就需要原孔轴线与端面间有垂直度要求。若孔的轴线与端面不垂直，应将工件端面贴在球面垫板上。这样，在拉削力作用下，工件连同球形垫板能略做转动，使工件孔的轴线自动调整到与拉刀轴线一致的方向。

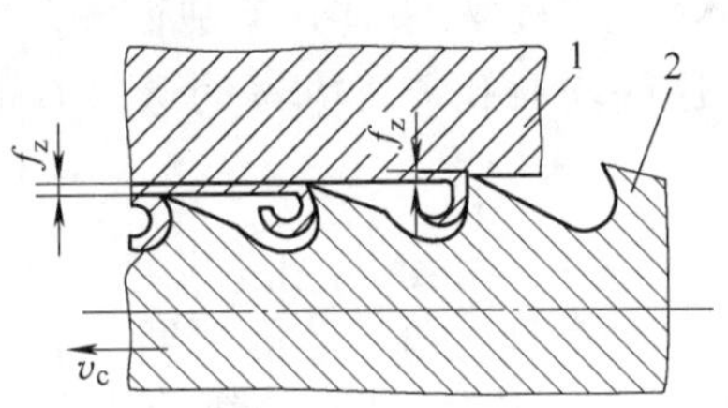

图1-75　拉削过程
1—工件　2—拉刀

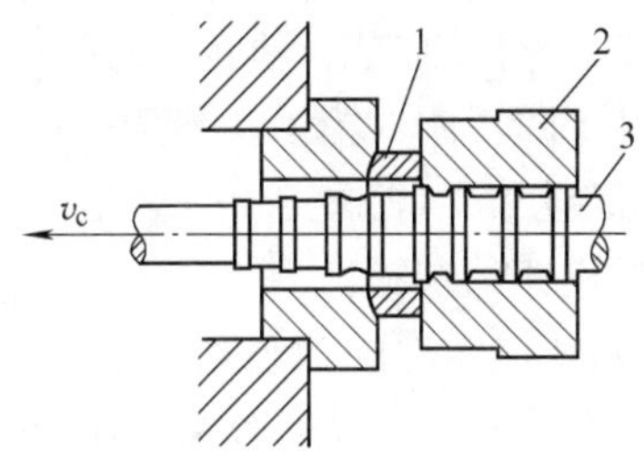

图1-76　圆孔拉削
1—球面垫板　2—工件　3—拉刀

7. 研孔

研孔是用研磨方法加工工件的孔，用于对精铰、精镗或精磨后的孔做进一步光整加工，其尺寸精度可达IT7～IT6，表面粗糙度 Ra 值可达0.1～0.008μm，形状精度也有所提高。

所用研磨材料、研磨余量以及研磨方法和特点等均与研磨外圆相似。

8. 珩孔

珩孔是用珩磨方法加工工件上的孔。珩磨时珩磨工具（珩磨头）对工件表面施加一定压力，同时作相对旋转和直线往复运动，以切除工件上极小的余量，如图1-77a所示。

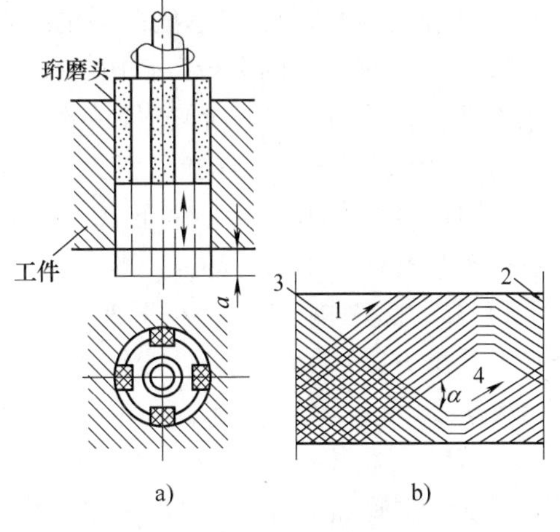

图1-77　珩磨加工
a）珩磨头　b）珩磨网纹

工作时，安装在机床工作台上的工件固定不动，珩磨头（由几条磨料粒度很细的磨条组成）下端插入精加工过的孔中，上端与机床主轴浮动连接，主轴带动珩磨头低速回转的同时，沿轴向作往复直线运动，速度一般为0.16～1.6往复行程/s。

磨条调节到以一定的压力与孔壁接触，可从工件表面上切去极薄的一层金属，并在孔壁上按图1-77b所示的1～4路线留下交叉而不重复的网纹磨痕。为保证孔的圆柱度，磨头行程应保证一定的越程量a。

珩磨孔时需施加切削液，以便润滑、冷却和冲除切屑及脱落的磨粒。加工钢和铸铁件时通常用煤油。

磨条材料依工件材料选择。加工钢件，一般选用氧化铝；加工铸铁、不锈钢和有色金属，一般选用碳化硅。

珩磨孔多在专用的珩磨机上进行。在单件、小批生产中，也可在改装的立式钻床上进行。珩磨余量一般为0.03～0.2mm。

9. 孔加工方案的分析及选择

孔加工方案的选择比外圆加工要复杂，方法有钻、扩、铰、镗、磨、拉、研磨、珩磨等多种。

此外，能加工孔的机床比加工外圆的机床种类多。例如，同一个孔如需钻—扩—铰，车床、钻床、镗床、铣床都能完成。

同时，因孔的功用不同，孔径、深径比及孔的技术要求等多种多样，差别很大，带孔零件的结构（回转体、箱体、支架……）也形态各异，这些均对孔加工方案的选择有很大影响，需综合分析才能选定。

（1）机床的选择

1）回转体零件的轴心孔。这些零件的轴心孔大多是基准面，与外圆、端面一般有同轴度、垂直度的要求，最适合在车床上装夹和加工，以保证轴心孔与外圆、端面的位置和方向精度要求。尺寸精度要求高的孔或淬火孔，可在磨床上精加工；生产批量大、适合拉削的孔可在拉床上加工。

2）箱体、支架类零件的轴承孔。这些零件的轴承孔也多是基准面，与零件上的其他孔和端面一般有同轴度、垂直度要求，最适合在卧式镗床上加工，以保证轴承孔与其他孔、端面的位置和方向精度要求。小型箱体和支架上的轴承孔也可在卧式铣床上加工。

3）紧固孔和辅助孔。这些孔因精度要求不高，可视零件大小在各类钻床上加工。

（2）孔加工方案的选择　常用的孔加工方案如图1-78所示。图中所列是指在一般的加工条件下，各种加工方法所能达到的经济精度和表面粗糙度。具体分析如下。

1）IT10级以下的实体孔（淬火钢除外）。此类精度的孔采用钻孔即可。

2）IT9级实体孔。孔径小于10 mm，可采用钻—铰；孔径小于30 mm，可用钻模钻孔，或钻—扩；孔径大于30 mm，一般采用钻—粗镗。

3）IT8级实体孔。孔径小于20 mm，可采用钻—铰。孔径大于20 mm，可视具体情况选择如下几个方案：①钻—扩（或镗）—铰，此方案适用于除淬火钢以外的各种金属，但孔径不得大于80 mm；②钻—粗镗—精镗；③钻—拉；④淬火钢的终加工采用磨削。

4）IT7级实体孔。孔径小于12mm，一般采用钻—粗铰—精铰。孔径大于12mm，可视具体情况，选择如下方案：①钻—扩（或镗）—粗铰—精铰；②钻—拉（普通拉刀）—精拉（校正拉刀）；③钻—扩（或镗）—粗磨—精磨。

5）IT6级实体孔。与IT7级孔的加工顺序大致相同，但最后工序要视具体情况分别采

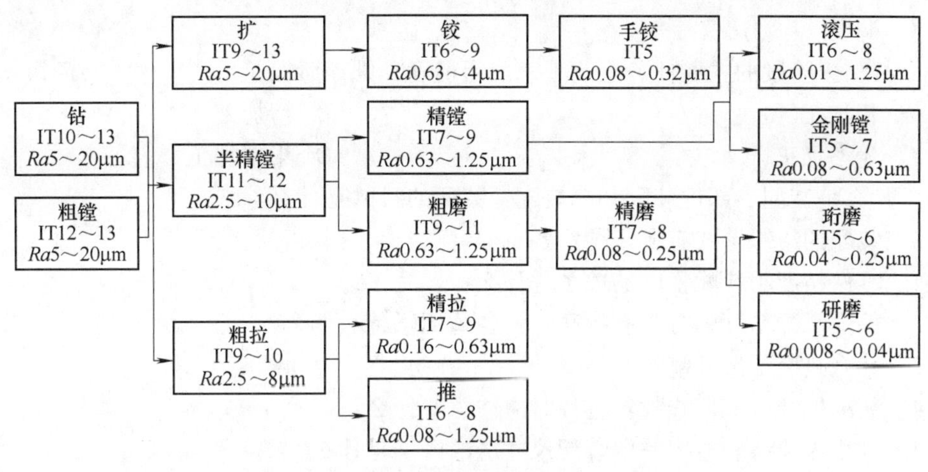

图1-78　孔加工方案

用精细镗、手铰、精磨、研磨、珩磨等精细加工方法。

6）铸（或锻）件上已铸出（或锻出）的孔。这些孔的孔径一般均大于30 mm，可直接扩孔或镗孔；孔径大于100 mm的孔，更适于直接镗孔。后续半精加工、精加工等工序，可参照上述方案选用。

1.1.4　习题

1-1　工艺基准包括__________。

A. 设计基准与定位基准　　B. 粗基准与精基准

C. 定位基准、装配基准、测量基准、工序基准

1-2　选择不加工表面为粗基准，其特点是__________。

A. 加工余量均匀　　B. 无定位误差

C. 不加工表面与加工表面壁厚均匀　　D. 金属切除量减少

1-3　基准统一原则的特点是__________。

A. 加工表面的相互位置精度高　　B. 夹具种类增加

C. 工艺过程复杂　　D. 加工余量均匀

1-4　精基准选择采用基准重合原则，其特点是__________。

A. 夹具设计简单　　B. 保证基准统一

C. 切除余量均匀　　D. 没有基准不重合误差

1-5　磨削主轴内孔时，以支承轴颈为定位基准，其目的是使其与__________重合。

A. 设计基准　　B. 装配基准

C. 测量基准

1-6　正火热处理可安排在__________。

A. 粗加工之后　　B. 精加工之前

C. 机械加工之前

1-7　轴类零件的半精加工应安排在__________之后。

A. 淬火　　B. 正火

C. 调质

1-8 某加工阶段的主要任务是改善表面粗糙度，则该阶段是__________阶段。

A. 粗加工　　　　B. 精加工

C. 光整加工　　　　D. 半精加工

1-9 什么是装配、部件装配和总装配？装配的目的是什么？

1-10 装配的组织形式有哪几种？各有何特点？

1-11 零件精度和装配精度的关系是什么？

1-12 保证装配精度的方法有哪几种？各适用于什么场合？

1-13 什么是装配尺寸链？

1-14 装配尺寸链如何查找？查找时应注意些什么？

1-15 利用极值法和概率法解装配尺寸链的区别是什么？

1-16 如图 1-79 所示的曲轴、连杆和衬套等零件的装配图，装配后要求间隙为 $N=0.1\sim0.2$mm，而图样设计的 $A_1=150^{+0.016}_{0}$mm，$A_2=A_3=75^{-0.02}_{-0.06}$mm。试验算设计图样给定的零件极限尺寸是否合理。

1-17 如图 1-80 所示的齿轮箱部件，根据使用要求，齿轮轴肩与轴承端面间的轴向间隙应在 $1\sim1.75$mm 范围内。若已知各零件的公称尺寸为 $A_1=101$mm，$A_2=50$mm，$A_3=A_5=5$mm，$A_4=140$mm，试确定这些尺寸的公差及极限偏差。

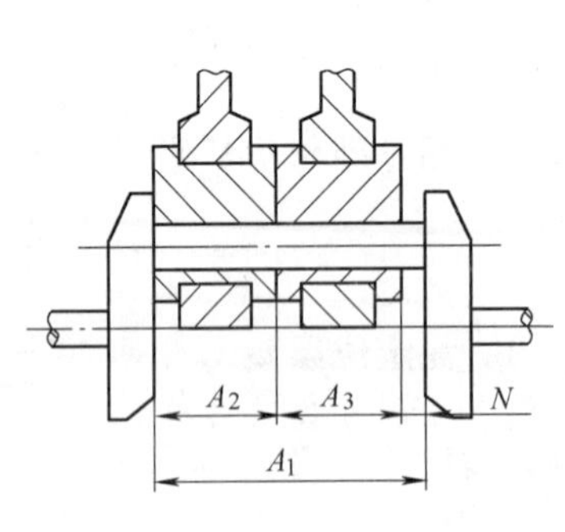

图 1-79 习题 1-16 图

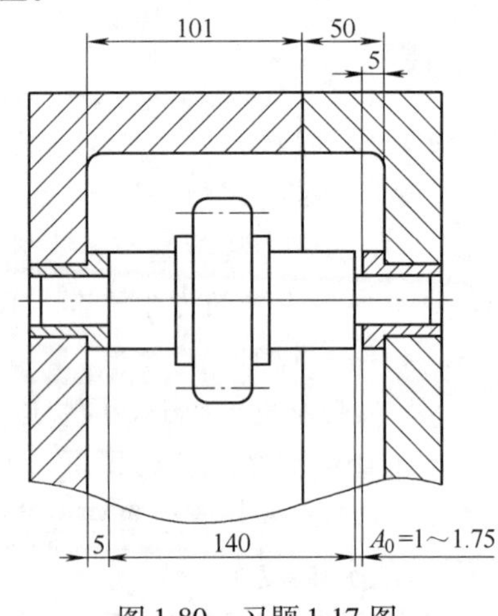

图 1-80 习题 1-17 图

1-18 装配前应做哪些准备工作？其意义何在？

1-19 机器装配工艺包括哪些工作？各自的工作内容是什么？

1.2 编制轴类零件的机械加工工艺

1.2.1 传动轴的机械加工工艺过程分析

图 1-1 所示零件是减速机中的传动轴，它属于台阶轴类零件，由圆柱面、轴肩、螺纹、螺纹退刀槽、砂轮越程槽和键槽等组成。轴肩一般用来确定安装在轴上的零件的轴向位置；

各环槽的作用是使零件装配时有一个正确的位置，并使加工中磨削外圆或车螺纹时退刀方便；键槽用于安装键，以传递转矩；螺纹用于安装各种锁紧螺母和调整螺母。

根据工作性能与条件，该传动轴零件图中规定了主要轴颈 ϕ（30 ±0.065）mm、ϕ（45 ±0.08）mm 和外圆 ϕ（35 ±0.08）mm 有较高的尺寸、位置精度和较小的表面粗糙度值，并有热处理要求。这些技术要求必须在加工中给予保证。因此，该传动轴的关键工序是轴颈 ϕ（30 ±0.065）mm、ϕ（45 ±0.08）mm 和外圆 ϕ（35 ±0.08）mm 的加工。

1. 确定毛坯

该传动轴材料为45 钢，因其属于一般传动轴，故选45 钢可满足要求。

本例传动轴属于中、小传动轴，并且各外圆直径尺寸相差不大，故选择 ϕ60mm 的热轧圆钢作毛坯。

2. 确定主要表面的加工方法

传动轴大都是回转表面，主要采用车削与外圆磨削成形。由于该传动轴的主要表面 ϕ(30 ±0.065)mm、ϕ(45 ±0.08)mm、ϕ(35 ±0.08)mm 的公差等级较高（IT6），表面粗糙度值较小（*Ra* 0.8μm），故车削后还需磨削。外圆表面的加工总体方案可定为：粗车→半精车→磨削。

3. 确定定位基准

合理地选择定位基准，对于保证零件的尺寸和位置精度有着决定性的作用。由于该传动轴的两个主要配合表面，即 ϕ（30 ±0.065）mm 和 ϕ（45 ±0.08）mm 对基准轴线均有径向圆跳动的要求，而且又是实心轴，所以应选择两端中心孔为基准，采用双顶尖装夹方法，以保证零件的技术要求。

粗基准采用热轧圆钢的毛坯外圆。中心孔加工采用自定心卡盘装夹热轧圆钢的毛坯外圆，车端面，钻中心孔。必须注意，一般不能用毛坯外圆装夹两次钻两端中心孔，而应该以毛坯外圆作粗基准，先加工一个端面，钻中心孔，车出一端外圆，然后以已车过的外圆作基准，用自定心卡盘装夹（有时在上工步已车外圆处搭中心架），车另一端面，钻中心孔。如此加工中心孔，才能保证两端中心孔同轴。

4. 划分加工阶段

对精度要求较高的零件，其粗、精加工应分开，以保证零件的质量。

该传动轴的加工划分为3 个阶段：粗车（粗车外圆、钻中心孔等），半精车（半精车各处外圆、台阶和修研中心孔及次要表面等），粗、精磨（粗、精磨各处外圆）。各阶段划分大致以热处理为界。

5. 热处理工序安排

轴的热处理要根据其材料和使用要求确定。对于传动轴，正火、调质和表面淬火用得较多。该轴要求调质处理，并安排在粗车各外圆之后、半精车各外圆之前。

综合上述分析，传动轴的工艺路线如下：

下料→车两端面，钻中心孔→粗车各外圆→调质→修研中心孔→半精车各外圆，车槽，倒角→车螺纹→划键槽加工线→铣键槽→修研中心孔→磨削→检验。

6. 加工尺寸和切削用量

传动轴磨削余量可取0.5mm，半精车余量可选用1.5mm，加工尺寸可由此而定，见该轴加工工艺过程卡片（表1-35）的工序内容。

单件、小批生产时，车削用量的选择可根据加工情况由工人确定，一般可从《机械加工工艺师手册》[2]或《切削用量简明手册》[3]中选取。

7. 拟定工艺路线

定位精基准面中心孔应在粗加工之前加工，在调质之后和磨削之前各需安排一次修研中心孔的工序。调质之后修研中心孔可消除中心孔的热处理变形和氧化皮，磨削之前修研中心孔是为提高定位精基准面的精度和减小定位锥面的表面粗糙度值。拟定传动轴的工艺路线时，在考虑主要表面加工的同时，还要考虑次要表面的加工。在半精加工 ϕ52mm、ϕ44mm 及 M24 时，应车到图样规定的尺寸，同时加工出各退刀槽、倒角和螺纹；3 个键槽应在半精车后以及磨削之前铣出，这样可保证铣键槽时有较精确的定位基准，又可避免在精磨后铣键槽破坏已精加工的外圆表面。

在拟定工艺路线时，还应考虑检验工序的安排、检查项目及检验方法的确定。综上所述，所确定的该传动轴的加工工艺过程见表 1-35。

这里要注意的是，这种轴类件的生产批量都不大，加工工艺是按中、小批生产编制的，车削工序较集中。如果是大批生产，则可考虑采用专用机床和专用夹具等，工序也可根据生产批量的增加适当分散。

传动轴的机械加工工艺过程卡片见表 1-35。

传动轴工序 9 的机械加工工序卡片见表 1-36。

1.2.2 相关理论知识

（一）车削用量的确定

1. 车削要素

a_p：背吃刀量，单位为 mm。

f：进给量，单位为 mm/r。

v：切削速度，单位为 m/s。

$$v = \frac{\pi dn}{1000}$$

式中 d——工件直径（mm）；

n——工件转速（r/s）。

车削用量的选择可参考表 1-37 ~ 表 1-41。

2. 车削用量选择举例

已知条件：工件材料 45 钢，锻件，正火，$R_m = 0.637$GPa。工件外圆尺寸由 60mm 车至 52mm，表面粗糙度 $Ra3.2\mu$m。使用机床 CA6140。采用刀具为可转位外圆车刀，刀杆尺寸 16mm × 25mm，几何参数粗精加工兼顾：

前角 $\gamma_o = 15°$，后角 $\alpha_o = 6°$，主偏角 $\kappa_r = 75°$，副偏角 $\kappa_r' = 15°$，刃倾角 $\lambda_s = 0°$，倒棱宽 $b_r = 0.3$mm，刀尖圆弧半径 $r_\varepsilon = 1$mm。

（1）确定粗车时的切削用量

1）确定背吃刀量 a_p：单边总余量 $= \frac{60-52}{2}$mm $=4$mm，留 1mm 作为半精车余量，取粗车背吃刀量 $a_p = 3$mm。

表 1-35　传动轴机械加工工艺过程卡片

机械加工工艺过程卡片	产品型号	JSX	零部件图号	JSX—006		
	产品名称	减速机	零部件名称	传动轴	共2页	第1页

材料牌号	45	毛坯种类	热轧圆钢	毛坯外形尺寸	$\phi60\times265$	每毛坯可制件数	1	每台件数	1	

工序	工序名称	工序内容	设备	工艺装备：夹具	工艺装备：刀具	工艺装备：量具	工时：准终	工时：单件
1	钳	$\phi60$mm×265mm	锯床			钢直尺		
2	车	（1）夹外圆，伸出长度30mm，车右端面见平，钻中心孔 （2）拉出，一夹一顶，粗车$\phi45$mm、$\phi35$mm、右端M24处外圆，留余量2mm （3）调头，夹$\phi45$mm并靠台肩，车另一端面，保证总长250 mm，钻中心孔 （4）一夹一顶，粗车左端$\phi52$mm、$\phi35$mm、$\phi30$mm、M24处外圆，各外圆留余量2mm	车床	自定心卡盘	车刀、 中心钻	游标卡尺 0～300mm		
3	热	调质处理220～240HBW						
4	钳	修研两端中心孔	车床					
5	车	（1）两顶尖装夹，半精车$\phi45$mm、$\phi35$mm、M24mm外圆，留余量0.5mm；半精车环槽3处，倒外角3处，车螺纹M24×1.5－6g （2）调头，两顶尖装夹，半精车$\phi35$mm、$\phi30$mm、M24mm外圆，留余量0.5mm；半精车环槽3处；倒外角4处；车螺纹M24×1.5－6g	车床	双顶尖	车刀， 螺纹车刀	游标卡尺 0～300mm， 螺纹环规		
6	钳	划两个键槽及一个止动垫圈槽加工线	钳工台		V形铁、划针	钢直尺		
7	铣	（1）铣键槽12mm×36mm，8mm×16mm，键槽深度要考虑磨削余量 （2）铣止动垫圈槽6mm×16mm，保证20.5mm至尺寸	铣床	分度头， 顶尖	铣刀	百分表，游标卡尺0～125mm		
8	钳	修研两端中心孔	车床	油石				
9	磨	（1）磨外圆$\phi(45\pm0.08)$mm、$\phi(35\pm0.08)$mm至尺寸 （2）调头，磨外圆$\phi(35\pm0.08)$mm、$\phi(30\pm0.065)$mm至尺寸	外圆磨床	双顶尖	砂轮	外径千分尺 25～50mm		
10	检验	检验轴的尺寸、位置、跳动、表面粗糙度等				百分表等		

编制	日期	编写	日期	校对	日期	审核	日期

表 1-36　传动轴的机械加工工序卡片

机械加工工序卡片	产品型号及规格	图号	名称	工序名称	工艺文件编号
	JSX 减速机	JSX—006	传动轴	磨外圆	

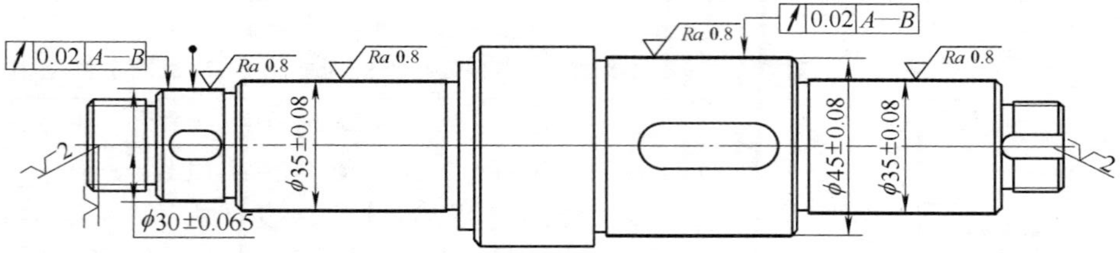

材料牌号及名称	毛坯外形尺寸	
45		
零件毛重	零件净重	硬度
设备型号	设备名称	
MW1420C	外圆磨床	
专用工艺装备		
名称	代号	
机动时间	单件工时定额	每台件数
15min	90min	
技术等级	切削液	
	乳化液	

工序号	工步号	工序及工步内容	刀具 名称规格	量检具 名称规格	切削速度 /(m/min)	背吃刀量 /mm	进给速度 /(mm/min)	转速 /(r/min)
9	1	磨外圆面 $\phi(45\pm0.08)$mm、$\phi(35\pm0.08)$mm(右侧)至尺寸	砂轮	外径千分尺 25～50mm	30	0.03	25	
	2	调头，磨外圆面 $\phi(35\pm0.08)$mm(左侧)、$\phi(30\pm0.065)$mm 至尺寸	砂轮		30	0.03	25	

修改标记	处数	文件号	签字	日期	修改标记	处数	文件号	签字	日期	编制	校对	会签	复制

2）确定进给量f：由表1-37可查$f=0.5\sim0.7$mm/r，根据机床说明书，初步选定$f=0.61$mm/r。

3）选择切削速度v：由表1-41查得$v=1.5\sim1.83$m/s。取$v=1.7$m/s。

4）确定主轴转速n：$n=\dfrac{1000v}{\pi d}=\dfrac{1000\times1.7}{3.14\times60}\text{r/s}=9.02\text{r/s}$。

根据机床说明书，取$n=9.17$r/s（550r/min），此时切削速度为

$$v=\frac{\pi dn}{1000}=\frac{3.14\times60\times9.17}{1000}\text{m/s}=1.73\text{m/s}$$

5）校核机床功率：由表1-42可求得切削力的公式及有关数据。

主切削力为

$$\begin{aligned}F_c&=9.81\times60^{Z_{FZ}}C_{FZ}a_P^{X_{FZ}}f^{Y_{FZ}}v^{Z_{FZ}}K_{KF}K_{\Gamma F}K_{\Lambda F}\\&=(9.81\times60^{-0.15}\times270\times3^1\times0.61^{0.75}\times1.65^{-0.15}\times0.92\times0.95\times1)\ \text{N}=2406\text{N}\end{aligned}$$

切削功率为

$$P_c=F_c\times v\times10^{-8}=(2406\times1.65\times10^{-8})\text{kW}=3.97\text{kW}$$

由机床说明书查得：机床电动机功率为$P_E=7.5$kW，取机床传动效率$\eta=0.8$，有

$$P_c=3.97<P_E\eta=(7.5\times0.8)\text{kW}=6\text{kW}$$

所以，机床功率足够。

最后选定粗车的切削用量为

$$a_p=3\text{mm},f=0.61\text{mm/r},v=1.73\text{m/s}$$

（2）确定半精车时的切削用量

1）确定背吃刀量a_p：$a_p=1$mm。

2）确定进给量f：按表1-38，预估切削速度$v>1.66$m/s，查得$f=0.35\sim0.40$mm/r。根据机床说明书，取$f=0.36$mm/r

3）确定切削速度v与机床主轴转速：按表1-41查得$v=2.17\sim2.667$m/s。考虑到进给量取得较大，故取$v=2$m/s。按公式得主轴转速为

$$n=\frac{1000v}{\pi d}=\frac{1000\times2}{3.14\times54}\text{r/s}=11.8\text{r/s}$$

根据机床说明书，取$n=13.3$r/s（800r/min）。按公式算得实际切削速度为

$$v=\frac{\pi dn}{1000}=\frac{3.14\times54\times13.3}{1000}\text{m/s}=2.26\text{m/s}$$

此速度大于预估切削速度，故可用。由于半精车切削力较小，故一般不需验算。最后选定半精车切削用量为

$$a_p=1\text{mm},\ f=0.36\text{mm/r},\ v=2.26\text{m/s},\ n=13.3\text{r/s}$$

（3）车削用量标准　车削用量选择可参考下列标准：粗车外圆和端面时的进给量见表1-37；半精车与精车外圆和端面时的进给量见表1-38；车孔时的进给量见表1-39；切断和车槽时的进给量见表1-40；车削外圆时的切削速度见表1-41。

（4）车削时切削力及切削功率的计算　车削时切削力及切削功率的计算可参照表1-42中的公式及数据。加工条件改变时，切削力的修正系数见表1-43。

表1-37 粗车外圆和端面时的进给量（硬质合金车刀和高速钢车刀）

加工材料	车刀刀杆尺寸 (B/mm)×(H/mm)	工件直径 d/mm	a_p/mm				
			3	5	8	12	12以上
			进给量f/(mm/r)				
碳素结构钢和合金结构钢	16×25	20	0.3~0.4				
		40	0.4~0.5	0.3~0.4			
		60	0.5~0.7	0.4~0.6	0.3~0.5		
		100	0.6~0.9	0.5~0.7	0.5~0.6	0.4~0.5	
		400	0.8~1.2	0.7~1.0	0.6~0.8	0.5~0.6	
	16×25 25×25	20	0.3~0.4				
		40	0.4~0.5	0.3~0.4			
		60	0.6~0.7	0.5~0.7	0.4~0.6		
		100	0.8~1.0	0.7~0.9	0.5~0.7	0.4~0.7	
		600	1.2~1.4	1.0~1.2	0.8~1.0	0.6~0.9	0.4~0.6
	25×40	60	0.6~0.9	0.5~0.8	0.4~0.7		
		100	0.8~1.2	0.7~1.1	0.6~0.9	0.5~0.8	
		1000	1.2~1.5	1.1~1.5	0.9~1.2	0.8~1.0	0.7~0.8
	30×45 40×60	500	1.1~1.4	1.1~1.4	1.0~1.2	0.8~1.2	0.7~1.1
		2500	1.3~2.0	1.3~1.8	1.2~1.6	1.1~1.5	1.0~1.5

注：1. 加工断续表面及有冲击加工时，表内进给量应乘以系数0.75~0.85。

2. 加工耐热钢及其合金时，不采用大于1.0mm/r的进给量。

3. 在无外皮加工时，表内进给量应乘以系数1.1。

表1-38 半精车与精车外圆和端面时的进给量（硬质合金车刀和高速钢车刀）

表面粗糙度 Ra/μm	加工材料	副偏角 κ_r'(°)	切削速度范围 v/(m/s)	刀尖半径 r_ε/mm		
				0.5	1.0	2.0
				进给量f/(mm/r)		
12.5	钢和铸铁	5 10 15	不限制		1.0~1.1 0.8~0.9 0.7~0.8	1.3~1.5 1.0~1.1 0.9~1.0
6.3	钢和铸铁	5 10~15	不限制		0.55~0.7 0.45~0.6	0.7~0.85 0.6~0.7

（续）

表面粗糙度 $Ra/\mu m$	加工材料	副偏角 $\kappa_r'(°)$	切削速度范围 $v/(m/s)$	刀尖半径 r_ε/mm 0.5	1.0	2.0
				进给量 $f/(mm/r)$		
3.2	钢	5	<0.83 0.833～1.666 >1.666	0.2～0.3 0.28～0.35 0.35～0.4	0.25～0.35 0.35～0.4 0.4～0.5	0.3～0.45 0.4～0.55 0.5～0.6
		10～15	<0.83 0.833～1.666 >1.666	0.18～0.25 0.25～0.3 0.3～0.35	0.25～0.3 0.3～0.35 0.35～0.4	0.3～0.45 0.35～0.5 0.5～0.55
	铸铁	5 10～15	不限制		0.3～0.5 0.25～0.4	0.45～0.65 0.4～0.6
1.6	钢	≥5	0.5～0.833 0.833～1.333 1.333～1.666 1.666～2.166 >2.166		0.11～0.15 0.14～0.20 0.156～0.25 0.2～0.3 0.25～0.3	0.14～0.22 0.17～0.25 0.23～0.35 0.25～0.39 0.35～0.39
	铸铁	≥5	不限制		0.15～0.25	0.2～0.35
0.8	钢	≥5	1.666～1.833 1.833～2.166 >2.166		0.12～0.15 0.13～0.18 0.17～0.20	0.14～0.17 0.17～0.23 0.21～0.27

加工材料强度不同时进给量的修正系数

材料强度 R_m/GPa	<0.122	0.122～0.686	0.686～0.882	0.882～1.078
修正系数 $K_{料\sigma}$	0.7	0.75	1.0	1.25

表1-39　车孔进给量（硬质合金和高速钢车刀）

车刀或镗杆		工件材料							
刀杆圆截面直径或矩形截面尺寸/mm	车刀刀杆伸出量/mm	碳素结构钢，合金结构钢和耐热钢				铸铁和铜合金			
		背吃刀量 a_p/mm							
		2	3	5	8	2	3	5	8
		进给量 $f/(mm/r)$							
10	50	0.08				0.12～0.16			
12	60	0.10	0.08			0.12～0.20	0.12～0.18		
16	80	0.10～0.20	0.15	0.10		0.20～0.30	0.15～0.25	0.10～0.18	
20	100	0.15～0.30	0.15～0.25	0.12		0.30～0.40	0.25～0.35	0.12～0.25	
25	125	0.25～0.50	0.15～0.40	0.12～0.20		0.40～0.60	0.30～0.50	0.25～0.35	
30	150	0.40～0.70	0.20～0.50	0.12～0.30		0.50～0.80	0.40～0.60	0.25～0.45	
40	200		0.25～0.60	0.15～0.40			0.60～0.80	0.30～0.60	

（续）

车刀或镗杆		工件材料							
刀杆圆截面直径或矩形截面尺寸/mm	车刀刀杆伸出量/mm	碳素结构钢，合金结构钢和耐热钢				铸铁和铜合金			
		背吃刀量 a_p/mm							
		2	3	5	8	2	3	5	8
		进给量 f/(mm/r)							
40×40	150		0.60	0.5~0.7			0.7~1.2	0.5~0.9	0.4~0.5
	300		0.4~0.7	0.3~0.6			0.6~0.9	0.4~0.7	0.3~0.4
60×60	150		0.9~1.2	0.8~1.0	0.6~0.8		1.0~1.5	0.8~1.2	0.6~0.9
	300		0.7~1.0	0.5~0.8	0.4~0.7		0.9~1.2	0.7~0.9	0.5~0.7
75×75	300		0.9~1.3	0.8~1.1	0.7~0.9		1.1~1.6	0.9~1.3	0.7~1.0
	500		0.7~1.0	0.6~0.9	0.5~0.7			0.7~1.1	0.6~0.8
	800			0.4~0.7				0.6~0.8	

注：1. 在加工材料强度低，背吃刀量小的情况下取进给量较大值，反之取进给量较小值。

2. 在加工断续表面和有冲击的情况下，进给量数值乘以系数0.75~0.85。

3. 加工耐热钢与合金钢时，进给量数值最大不超过1.0mm/r。

4. 加工淬火钢时，进给量应减小，当钢的硬度为44~56HRC时表中数值乘以系数0.6；当钢的硬度为57~62HRC时表中数值乘以系数0.5。

表1-40 切断及车槽的进给量（硬质合金车刀和高速钢车刀）

切断刀				车槽刀				
切断刀宽度 B/mm	刀头长度 L/mm	工件材料		车槽刀的宽度 B/mm	刀头长度 L/mm	刀杆截面/(mm×mm)	工件材料	
		钢	灰铸铁				钢	灰铸铁
		进给量 f/(mm/r)					进给量 f/(mm/r)	
2	15	0.07~0.09	0.10~0.13	6	16	10×16	0.17~0.22	0.24~0.32
3	20	0.10~0.14	0.15~0.20	10	20		0.10~0.14	0.15~0.21
5	35	0.19~0.25	0.27~0.37	6	20	12×20	0.19~0.25	0.27~0.36
	65	0.10~0.13	0.12~0.16	8	25		0.16~0.21	0.22~0.30
				12	30		0.14~0.18	0.20~0.26
6	45	0.20~0.26	0.28~0.37	10	30	16×25	0.21~0.28	0.30~0.40
	75	0.11~0.15	0.16~0.22	14	30		0.20~0.27	0.29~0.39
8	50	0.27~0.36	0.39~0.52	16	40		0.16~0.21	0.23~0.31
	100	0.13~0.18	0.20~0.26	18	30	20×30	0.34~0.44	0.48~0.64
				20	50		0.18~0.24	0.26~0.35

注：加工 $R_m \leqslant 0.588$GPa的钢及硬度小于180HBW的铸铁时取进给量较大值；加工 $R_m > 0.588$GPa的钢及硬度大于180HBW的铸铁时取进给量较小值。

表1-41　外圆车削切削速度

工件材料	热处理状态	硬度HBW	硬质合金车刀			高速钢车刀
			$a_p=0.3\sim2$mm $f=0.08\sim0.3$mm/r	$a_p=2\sim6$mm $f=0.3\sim0.6$mm/r	$a_p=6\sim10$mm $f=0.6\sim1$mm/r	
			切削速度v/(m/s)			
低碳钢 易切钢	热轧	143～207	2.333～3.0	1.667～2.0	1.167～1.50	0.417～0.750
中碳钢	热轧 调质 淬火	179～255 200～250 347～547	2.17～2.667 1.667～2.17 1.0～1.333	1.5～1.83 1.167～1.5 0.667～1.0	1.0～1.333 0.833～1.167	0.333～0.5 0.25～0.417
合金结构钢	热轧 调质	212～269 200～293	1.667～2.17 1.333～1.83	1.167～1.5 0.833～1.167	0.833～1.167 0.667～1.0	0.33～0.5 0.167～0.333
工具钢	退火		1.50～2.0	1.0～1.333	0.833～1.1637	0.333～0.50
不锈钢			1.167～1.333	1.0～1.167	0.833～1.0	0.250～0.417
灰铸铁		<190 190～225	1.50～2.0 1.333～1.833	1.0～1.333 0.833～1.167	0.833～1.167 0.67～1.0	0.333～0.50 0.25～0.417
高锰钢 (13% Mn)				0.167～0.333		
铜及铜合金			3.333～4.167	2.0～3.0	1.5～2.0	0.833～1.167
铝及铝合金			5.0～10.0	3.333～6.667	2.5～5.0	1.667～4.167
铸铝合金 (7%～13% Si)			1.667～3.0	1.333～2.5	1.0～1.67	0.667～1.333

注：切削钢及灰铸铁时刀具寿命约为3600～5400s。

表1-42　车削时切削力及切削功率的计算公式

计算公式	
主切削力F_c/N	$F_c=9.81\times60^{Z_{FZ}}C_{FZ}a_p^{X_{FZ}}f^{Y_{FZ}}v^{Z_{FZ}}K_{KF}K_{\Gamma F}K_{\Lambda F}$
切削功率P_c/kW	$P_c=F_Zv\times10^{-3}$

公式中的系数及指数

加工材料	刀具材料	加工形式	公式中的系数及指数			
			C_{FZ}	X_{FZ}	Y_{FZ}	Z_{FZ}
结构钢及铸钢 $R_m=0.637$GPa	硬质合金	外圆纵车、横车及车孔	270	1.0	0.75	-0.15
		切槽及切断	367	0.72	0.8	0
	高速钢	外圆纵车、横车及车孔	180	1.0	0.75	0
		切槽及切断	222	1.0	1.0	0
		成形车削	191	1.0	0.75	0

注：1. 公式中切削速度v的单位为m/s。

2. 结构钢及铸钢的强度单位为GPa。

表 1-43 加工钢及铸铁时切削力的修正系数

刀具角度(°)		刀具材料	修正系数	
名　称	数　值			
主偏角 κ_r	30	硬质合金	K_{KF}	1.08
	45			1.0
	60			0.94
	75			0.92
	90			0.89
前角 γ_o	-15	硬质合金	$K_{\Gamma F}$	1.25
	-10			1.2
	0			1.1
	10			1.0
	20			0.9
刃倾角 λ_s	5	硬质合金	$K_{\Lambda F}$	0.75
	0			1.0
	-5			1.25
	-10			1.5
	-15			1.7

（二）钻、扩、铰切削用量的确定

1. 钻孔的切削用量

（1）钻削要素

a_p：背吃刀量，单位为 mm，$a_p=\frac{d_0}{2}$。

d_0：钻头直径，单位为 mm。

f：进给量，单位为 mm/r。

v：切削速度，单位为 m/s。

$$v=\frac{\pi d_0 n}{1000}$$

式中　n——钻头（或工件）的转速（r/s）。

（2）钻削用量选择举例　已知工件材料：45 钢（$R_m=0.628$GPa），热轧；钻孔直径 $d_0=20$mm；孔深 $l=100$mm，通孔，孔的公差等级为 H13；采用乳化液冷却。

1）选择钻头及机床。选用高速钢麻花钻，直径 $d_0=20$mm，机床选用 Z525 钻床。

2）选择切削用量。高速钢钻头钻孔时的切削用量可参考表 1-44 ~ 表 1-46。

背吃刀量：
$$a_p=\frac{d_0}{2}=\frac{20}{2}=10\text{mm}$$

进给量：根据表 1-44 查得　$f=0.35\sim0.43$，由于 $l/d=100/20=5$，故允许进给量乘以修正系数 $K_{lf}=0.9$，故 $f=0.32\sim0.39$。

表1-44　高速钢钻头钻孔时的进给量

钻头直径/mm	钢 R_m/GPa			铸铁、钢及铝合金硬度　HBW	
	<0.784	0.784~0.981	>0.981	≤200	>200
进给量 f/(mm/r)					
≤2	0.05~0.06	0.04~0.05	0.03~0.04	0.02~0.11	0.05~0.07
>2~4	0.08~0.10	0.06~0.08	0.04~0.06	0.08~0.22	0.11~0.13
>4~6	0.14~0.18	0.10~0.12	0.08~0.10	0.27~0.33	0.18~0.22
>6~8	0.18~0.22	0.12~0.15	0.11~0.13	0.36~0.44	0.22~0.26
>8~10	0.22~0.28	0.17~0.21	0.13~0.17	0.47~0.57	0.28~0.34
>10~13	0.25~0.31	0.19~0.23	0.15~0.19	0.52~0.64	0.31~0.39
>13~16	0.31~0.37	0.22~0.28	0.18~0.22	0.61~0.75	0.37~0.45
>16~20	0.35~0.43	0.26~0.32	0.21~0.25	0.70~0.86	0.43~0.53
>20~25	0.39~0.47	0.29~0.35	0.23~0.29	0.78~0.96	0.47~0.57
>25~30	0.45~0.55	0.32~0.40	0.27~0.33	0.9~1.1	0.54~0.66
>30~60	0.60~0.70	0.40~0.50	0.30~0.40	1.0~1.2	0.7~0.8

表1-45　孔深度修正系数

钻孔深度（孔深以直径的倍数表示）	$3d$	$5d$	$7d$	$10d$
修正系数 K_{lf}	1.0	0.9	0.8	0.75

表1-46　高速钢钻头钻孔时的切削速度

加工材料	布氏硬度　HBW	切削速度/(m/s)	加工材料	布氏硬度　HBW	切削速度/(m/s)
低碳钢	100~125 125~175 175~225	0.45 0.40 0.35	灰铸铁	100~140 140~190 190~220 220~260 260~320	0.55 0.45 0.35 0.25 0.15
中高碳钢	125~175 175~225 225~275 275~325	0.37 0.33 0.25 0.20	球墨铸铁	140~190 190~225 225~260 260~300	0.50 0.35 0.28 0.20
合金钢	175~225 225~275 275~325 325~375	0.30 0.25 0.20 0.17	铸钢	低碳 中碳 高碳	0.40 0.30~0.40 0.25

按机床说明书，取 $f=0.36$mm/r。

切削速度：由表1-46查得 $v=0.33$m/s，按公式计算主轴转速为

$$n=\frac{1000v}{\pi d_0}=\frac{1000\times 0.33}{3.14\times 20}\text{r/s}=5.25\text{r/s}$$

根据机床说明书，取 $n=4.53$r/s，故实际切削速度为

$$v=\frac{3.14\times 20\times 4.53}{1000}\text{m/s}=0.28\text{m/s}$$

表1-44 的数据适用于在大刚度零件上钻孔，公差等级在IT12 级以下（或自由公差），钻孔后还需用钻头、锪钻或镗刀加工的情况。在下列条件下需乘以修正系数：

1）在低刚度零件上钻孔（箱体形状的薄壁零件、零件上薄的突出部分）时，乘以系数0.75。

2）用铰刀加工的精确孔，低刚度零件上钻孔，斜面上钻孔，钻孔后用丝锥攻螺纹，乘以系数0.50。

孔深度大于3 倍直径时应乘以修正系数。孔深度修正系数见表1-45。

为避免钻头损坏，当刚要钻穿时应停止自动进给而改用手进给。

2. 扩钻、扩孔及锪孔的切削用量

扩钻和扩孔的切削用量见表1-47。用麻花钻扩孔称为扩钻，用扩孔钻扩孔称为扩孔。锪沉头孔及孔口端面时，切削速度约为钻孔切削速度的1/2 ~ 1/3。

表1-47 扩钻和扩孔的切削用量

加工方法	背吃刀量 a_p	进给量 f	切削速度 v
扩钻	(0.15 ~ 0.25) D①	(1.2 ~ 1.8) $f_{钻}$②	(1/2 ~ 1/3) $v_{钻}$③
扩孔	0.05D	(2.2 ~ 2.4) $f_{钻}$	(1/2 ~ 1/3) $v_{钻}$

① D 为加工孔径。

② $f_{钻}$ 为钻孔进给量。

③ v 为钻孔切削速度。

3. 铰削的切削用量

用机铰刀铰孔时的进给量见表1-48。高速钢铰刀铰碳钢及合金钢时的进给量及切削速度见表1-49。金属材料的加工性等级见表1-50。高速钢铰刀铰灰铸铁时的切削速度见表1-51。硬质合金铰刀铰孔时的切削用量见表1-52。

表1-48 机铰刀铰孔时的进给量 （单位：mm/r）

铰刀直径/mm	工具钢铰刀				硬质合金铰刀			
	钢		铸铁		钢		铸铁	
	R_m ≤0.880/GPa	R_m >0.880/GPa	硬度不大于170HBW 的铸铁、铜及铝合金	硬度大于170HBW	未淬火钢	淬火钢	硬度不大于170HBW	硬度大于170HBW
≤5	0.2 ~ 0.5	0.15 ~ 0.35	0.6 ~ 1.2	0.4 ~ 0.8				
>5 ~ 10	0.4 ~ 0.9	0.35 ~ 0.7	1.0 ~ 2.0	0.65 ~ 1.3	0.35 ~ 0.5	0.25 ~ 0.35	0.9 ~ 1.4	0.7 ~ 1.1
>10 ~ 20	0.65 ~ 1.4	0.55 ~ 1.2	1.5 ~ 3.0	1.0 ~ 2.0	0.4 ~ 0.6	0.30 ~ 0.40	1.0 ~ 1.5	0.8 ~ 1.2
>20 ~ 30	0.8 ~ 1.8	0.65 ~ 1.5	2.0 ~ 4.0	1.2 ~ 2.6	0.5 ~ 0.7	0.35 ~ 0.45	1.2 ~ 1.8	0.9 ~ 1.4
>30 ~ 40	0.95 ~ 2.1	0.8 ~ 1.8	2.5 ~ 5.0	1.6 ~ 3.2	0.6 ~ 0.8	0.4 ~ 0.5	1.3 ~ 2.0	1.0 ~ 1.5
>40 ~ 60	1.3 ~ 2.8	1.0 ~ 2.3	3.2 ~ 6.4	2.1 ~ 4.2	0.7 ~ 0.9		1.6 ~ 2.4	1.25 ~ 1.8
>60 ~ 80	1.5 ~ 3.2	1.2 ~ 2.6	3.75 ~ 7.5	2.6 ~ 5.0	0.9 ~ 1.2		2.0 ~ 3.0	1.5 ~ 2.2

注：1. 表内进给量用于加工通孔，加工不通孔时进给量应取0.2 ~ 0.5mm/r。

2. 最大进给量用于在钻或扩孔之后，精铰孔之前的粗铰孔。

3. 中等进给量用于粗铰之后精铰IT7 级的孔；精镗之后精铰IT7 级的孔。硬质合金铰刀用于精铰IT9 级、Ra 0.8 ~ 0.4μm 粗糙度的孔。

4. 最小进给量用于抛光或珩磨之前的精铰孔；用一把铰刀铰IT9 级的孔。硬质合金铰刀用于精铰IT7 级、Ra 0.4 ~ 0.2μm 的孔。

表 1-49　高速钢铰刀铰碳钢及合金钢时的进给量及切削速度（用切削液）

粗铰													
钢的加工性等级	进给量 f/(mm/r)												
1	1.3	1.6	2.0	2.5	3.2	4.0	5.0						
2	1.0	1.3	1.6	2.0	2.5	3.2	4.0	5.0					
3	0.8	1.0	1.3	1.6	2.0	2.5	3.2	4.0	5.0				
4	0.63	0.8	1.0	1.3	1.6	2.0	2.5	3.2	4.0	5.0			
5	0.50	0.63	0.8	1.0	1.3	1.6	2.0	2.5	3.2	4.0	5.0		
6		0.5	0.63	0.8	1.0	1.3	1.6	2.0	2.5	3.2	4.0	5.0	
7			0.5	0.63	0.8	1.0	1.3	1.6	2.0	2.5	3.2	4.0	5.0
8				0.5	0.63	0.8	1.0	1.3	1.6	2.0	2.5	3.2	4.0
9					0.5	0.63	0.8	1.0	1.3	1.6	2.0	2.5	3.2
10						0.5	0.63	0.8	1.0	1.3	1.6	2.0	2.5
11							0.5	0.63	0.8	1.0	1.3	1.6	2.0
铰刀直径/mm	切削速度/(m/s)												
10～20	0.275	0.238	0.216	0.176	0.153	0.131	0.113	0.098	0.085	0.073	0.063	0.055	0.04
21～80	0.238	0.216	0.176	0.153	0.131	0.113	0.098	0.085	0.073	0.063	0.055	0.046	0.04

精铰		
公差等级	加工表面粗糙度 Ra/μm	切削速度/(m/s)
IT6～IT7	0.2～0.1	0.033～0.05
	0.4～0.2	0.066～0.083

注：1. 粗铰切削用量可得到 IT8～IT11 级和粗糙度 Ra 3.2μm 的孔。

2. 精铰时，切削速度上限用于铰正火钢，下限用于铰韧性钢。

3. 粗铰的切削速度是根据加工余量（直径上）为 0.2～0.4mm 计算的，当加工余量变动 1.5～2 倍时，切削速度的变动为 8%～12%。

4. 钢的加工性等级见表 1-50。

5. 当铰刀材料为 9SiCr 时，切削速度应乘以修正系数 0.85。

表 1-50　金属材料的加工性等级

加工性等级	名称及种类		相对加工性	代表性材料
1	很容易切削材料	一般有色金属	3.0 以上	ZCuSn5Pb5Zn5 锡青铜，ZCuAl10Fe3 铝铜合金，铝镁合金
2	容易切削材料	易切削钢	2.5～3.0	退火 15Cr 钢（R_m = 0.372～0.441GPa） 自动机钢（R_m = 0.392～0.490GPa）
3	容易切削材料	较易切削钢	1.6～2.5	正火 30 钢（R_m = 0.441～0.549GPa）
4	普通材料	一般钢及铸铁	1.0～1.6	45 钢、灰铸铁、结构钢
5	普通材料	稍难切削材料	0.65～1.0	20Cr13 调质（R_m = 0.833GPa） 85 号轧制结构钢（R_m = 0.882GPa）
6	难加工材料	较难切削材料	0.5～0.65	45Cr 调质（R_m = 1.030GPa） 60Mn 调质（R_m = 0.931～0.981GPa）
7	难加工材料	难切削材料	0.15～0.5	50CrV 调质，06Cr19Ni10 不锈钢，某些钛合金
8	难加工材料	很难切削材料	0.15 以下	某些钛合金、耐热钢

表 1-51 高速钢铰刀铰灰铸铁时的切削速度

铸铁硬度 HBW	进给量 $f/(\mathrm{mm/r})$													
140 ~ 152	0.79	1.0	1.3	1.6	2.0	2.6	3.3	4.1	5.2					
153 ~ 166	0.62	0.79	1.0	1.3	1.6	2.0	2.6	3.3	4.1	5.2				
167 ~ 181		0.62	0.79	1.0	1.3	1.6	2.0	2.6	3.3	4.1	5.2			
182 ~ 199			0.62	0.79	1.0	1.3	1.6	2.0	2.6	3.3	4.1	5.2		
200 ~ 217				0.62	0.79	1.0	1.3	1.6	2.0	2.6	3.3	4.1	5.2	
218 ~ 250					0.62	0.79	1.0	1.3	1.6	2.0	2.6	3.3	4.1	5.2
铰刀直径 d_0/mm	切削速度 $v/(\mathrm{m/s})$													
10 ~ 20	0.278	0.25	0.22	0.195	0.173	0.155	0.136	0.121	0.108	0.096	0.085	0.076	0.068	0.06
21 ~ 80	0.25	0.22	0.195	0.173	0.155	0.136	0.121	0.108	0.096	0.085	0.076	0.068	0.06	0.053

注：1. 上列切削用量可得到 IT7 ~ IT9 级和表面粗糙度为 $Ra1.6 \sim 0.8\mu m$ 的孔，如达不到要求，可将切削速度降至 0.066m/s。

2. 切削速度是根据加工余量（直径上）为 0.2 ~ 0.4mm 计算的。当加工余量变动 1.5 ~ 2 倍时，切削速度的变动为 5% ~ 7%。

3. 当铰刀材料为 9SiCr 时，切削速度应乘以修正系数 0.6。

表 1-52 硬质合金铰刀铰孔时的切削用量

加工材料	材料的机械性能	铰刀直径/mm	进给量 $f/(\mathrm{mm/r})$	粗铰		精铰	
				硬质合金牌号	切削速度 $v/(\mathrm{m/s})$	硬质合金牌号	切削速度 $v/(\mathrm{m/s})$
碳素结构钢及合金结构钢	$R_m = 0.539\mathrm{GPa}$	10 ~ 25 25 ~ 50 50 ~ 80	0.3 ~ 0.65 0.45 ~ 0.9 0.7 ~ 1.2	P10	0.966 ~ 0.433 0.6 ~ 0.283 0.366 ~ 0.2	P01	1.35 ~ 0.6 0.833 ~ 0.4 0.516 ~ 0.283
	$R_m = 0.63\mathrm{GPa}$	10 ~ 25 25 ~ 50 50 ~ 80	0.3 ~ 0.65 0.45 ~ 0.9 0.7 ~ 1.2	P10	0.833 ~ 0.383 0.516 ~ 0.25 0.316 ~ 0.160	P01	1.166 ~ 0.33 0.733 ~ 0.35 0.45 ~ 0.233
	$R_m = 0.735\mathrm{GPa}$	10 ~ 25 25 ~ 50 50 ~ 80	0.3 ~ 0.65 0.45 ~ 0.9 0.7 ~ 1.2	P10	0.733 ~ 0.332 0.45 ~ 0.216 0.283 ~ 0.15	P01	1.033 ~ 0.466 0.633 ~ 0.3 0.4 ~ 0.216
	$R_m = 0.833\mathrm{GPa}$	10 ~ 25 25 ~ 50 50 ~ 80	0.3 ~ 0.65 0.45 ~ 0.9 0.7 ~ 1.2	P10	0.65 ~ 0.3 0.4 ~ 0.2 0.25 ~ 0.133	P01	0.916 ~ 0.416 0.566 ~ 0.283 0.35 ~ 0.183
淬火钢	$R_m = 1.569 \sim 1.765\mathrm{GPa}$	10 ~ 25 25 ~ 50 50 ~ 80	0.2 ~ 0.33 0.25 ~ 0.43 0.35 ~ 0.5	P10	0.916 ~ 0.366 0.533 ~ 0.216 0.283 ~ 0.166	P01	1.166 ~ 0.516 0.75 ~ 0.3 0.4 ~ 0.233
灰铸铁	170HBW	10 ~ 25 25 ~ 50 50 ~ 80	0.8 ~ 1.6 1.1 ~ 2.2 1.5 ~ 3.0	K01	1.15 ~ 0.633 0.733 ~ 0.466 0.516 ~ 0.35	K01	1.233 ~ 0.683 0.783 ~ 0.5 0.5 ~ 0.383
	190HBW	10 ~ 25 25 ~ 50 50 ~ 80	0.8 ~ 1.6 1.1 ~ 2.2 1.5 ~ 3.0	K01	1.05 ~ 0.633 0.766 ~ 0.466 0.533 ~ 0.366	K01	1.133 ~ 0.683 0.816 ~ 0.5 0.566 ~ 0.4
	210HBW	10 ~ 25 25 ~ 50 50 ~ 80	0.6 ~ 1.3 0.9 ~ 1.8 1.1 ~ 2.2	K01	0.933 ~ 0.566 0.666 ~ 0.416 0.466 ~ 0.333	K01	1 ~ 0.6 0.716 ~ 0.45 0.5 ~ 0.366
	230HBW	10 ~ 25 25 ~ 50 50 ~ 80	0.6 ~ 1.3 0.9 ~ 1.8 1.1 ~ 2.2	K01	0.833 ~ 0.483 0.6 ~ 0.366 0.416 ~ 0.283	K01	0.9 ~ 0.516 0.65 ~ 0.4 0.45 ~ 0.3

1.2.3 习题

1-20 试论述切削用量的选择原则。

1-21 选择车削用量的次序如何？为什么？

1-22 试述粗加工与精加工时如何选择切削用量。两者有何不同？

1-23 在CA6140型车床上车削外圆，已知：工件材料为灰铸铁，牌号为HT200；刀具材料为硬质合金，牌号为K20；刀具几何参数为$\gamma_o=10°$，$\alpha_o=\alpha_o'=8°$，$\kappa_r=45°$，$\kappa_r'=10°$，$\lambda_s=-10°$，$r_\varepsilon=0.5mm$；切削用量为$a_p=3mm$，$f=0.4mm/r$，$v_c=80m/min$。试求主切削力F_c及切削功率P_c。

1-24 在CA6140型车床上车削外圆，已知：工件毛坯直径为ϕ70mm，加工长度为400mm；加工后工件尺寸为$\phi60_{-0.1}^{0}$mm，表面粗糙度值为Ra 3.2μm；工件材料为40Cr（$R_m=700MPa$）；采用焊接式硬质合金外圆车刀（牌号为P10），刀杆截面尺寸为16mm×25mm，刀具切削部分几何参数为：$\gamma_o=10°$，$\alpha_o=6°$，$\kappa_r=45°$，$\kappa_r'=10°$，$\lambda_s=0°$，$r_\varepsilon=0.5mm$，$b_r=0.2mm$。试为该工序确定切削用量（CA6140型车床纵向进给机构允许的最大作用力为3500N）。

项目 2　套筒类零件的机械加工工艺

【教学目标】

终极目标：会编制套筒类零件的机械加工工艺。

项目 2 目标：

1. 会分析套筒类零件的工艺性能，并选定机械加工内容。
2. 会选用套筒类零件的毛坯，并确定加工方案。
3. 会确定套筒类零件的加工顺序及工艺路线。
4. 会确定套筒类零件的切削用量。
5. 会编制套筒类零件的机械加工工艺。

【工作任务】

1. 连接套的机械加工工艺分析。
2. 编制连接套的机械加工工艺。

连接套零件图如图 2-1 所示。

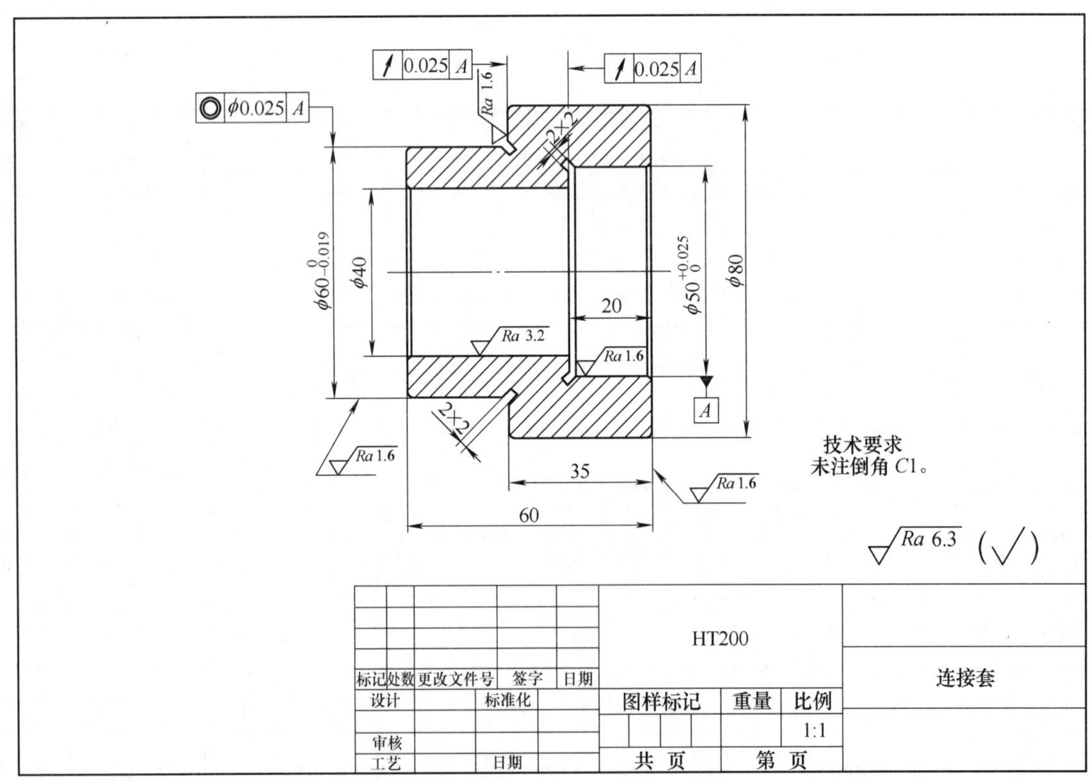

图 2-1　连接套零件图

2.1　套筒类零件机械加工工艺的相关知识

2.1.1　相关实践知识

（一）套筒类零件概述

1. 套筒类零件的结构特点

机器中套筒类零件的应用非常广泛，主要起着支承和导向作用，如支承回转轴的各种形式的滑动轴承，夹具中的钻套，内燃机上的气缸套，液压系统的液压缸及一般用途的套筒等都属于套筒类零件。套筒类零件的结构形式如图2-2所示。

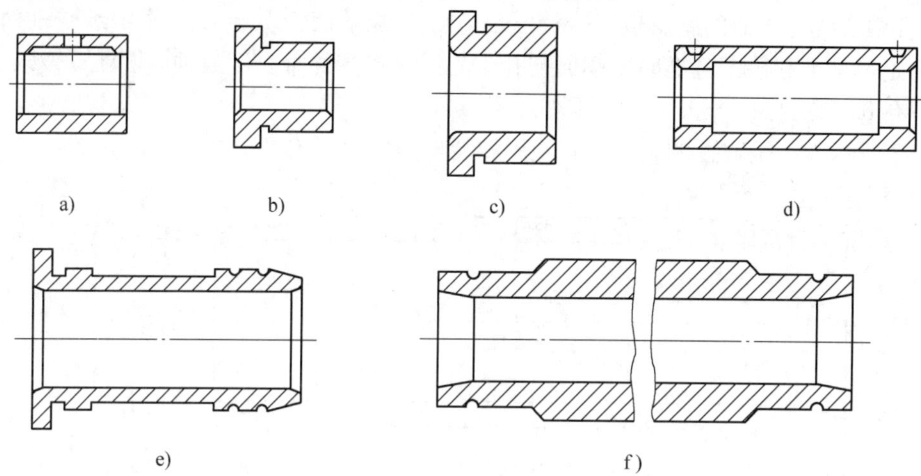

图2-2　套筒类零件的结构形式

a)、b）滑动轴承　c）钻套　d）轴承衬套　e）气缸套　f）液压缸

套筒类零件的结构因用途不同而异，但一般都具有以下特点：

1）零件壁薄，易变形。

2）零件结构简单，主要表面为同轴度要求较高的内外圆表面。

3）外圆直径一般小于零件的长度。长径比大于5时为长套筒。

2. 套筒类零件的主要技术要求

套筒类零件的主要表面是内孔和外圆，它们在机器中所起的作用不同，技术要求差别也较大。

（1）内孔的技术要求　套筒内孔主要起支承或导向作用，通常与运动着的轴、刀具或活塞配合。

1）尺寸精度。内孔的直径尺寸公差等级一般为IT7，精密轴套为IT6。气缸和液压缸由于在与其相配的活塞上有密封圈，因此要求较低，通常为IT9。

2）形状精度。内孔的形状误差应控制在孔径公差以内，一些精密套筒控制在孔径公差的1/2～1/3，甚至更严。对于较长的套筒，除了有圆度要求外，还应有孔的圆柱度要求。

3）表面质量。为了保证零件的功用和提高其耐磨性，孔的表面粗糙度值要求为 *Ra* 2.5

~0. 16μm，某些精密套筒要求更高，可达 *Ra* 0. 04μm。

（2）外圆的技术要求　套筒类零件的外圆表面多以过盈或过渡配合与机架或箱体孔相配合起支承作用。

1）外径尺寸公差等级通常为 IT7 ~ IT6。

2）形状精度控制在外径公差以内。

3）表面粗糙度值为 *Ra* 3. 2 ~0. 63μm。

（3）各主要表面间的位置与方向精度要求

1）内外圆之间的同轴度。内外圆的同轴度一般要根据加工与装配要求而定。若套筒内孔是装入机座之后再进行最终加工的，对套筒内外圆间的同轴度要求较低；若内孔是在装配前进行最终加工的，则同轴度要求较高，一般为 0. 01 ~0. 05mm。

2）孔中心线与端面的垂直度。套筒端面（或凸缘端面）如果在工作中承受轴向载荷，或是作为定位基准和装配基准时，端面与孔中心线有较高的垂直度或轴向圆跳动要求，一般为 0. 02 ~0. 05mm。

图 2-3 所示为液压缸缸体，根据其使用和装配要求，提出主要技术要求如下：

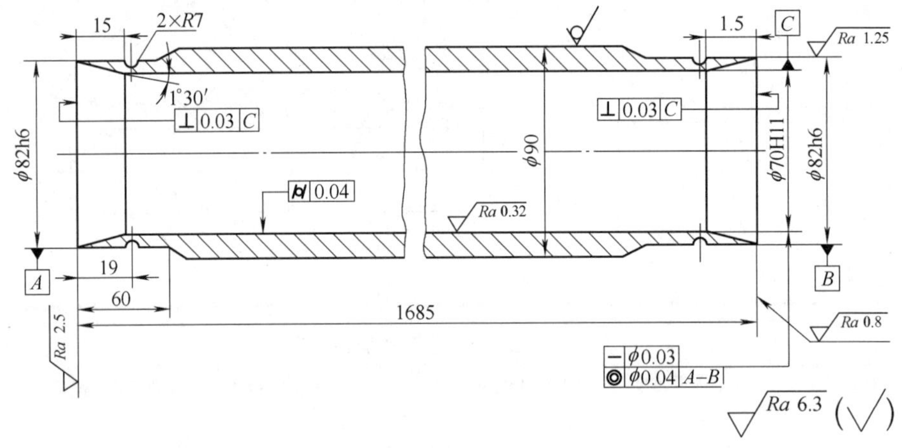

图 2-3　液压缸缸体

①若为铸件，组织应紧密，不得有砂眼、针孔及疏松，必要时用泵验漏。

②内孔光洁无纵向刻痕。

③两端面对内孔中心线的垂直度公差为 0. 03mm。

④内孔圆柱度公差为 0. 04mm。

⑤内孔中心线的直线度公差为 0. 03mm。

⑥内孔对两端支承外圆（ϕ82h6）的同轴度公差为 0. 04mm。

3. 防止套筒产生变形的工艺措施

套筒零件的工艺特点是壁薄，切削加工时常因夹紧力、切削力、内应力和切削热等因素的影响而产生变形，为此应注意以下几点：

1）为减少切削力和切削热的影响，粗、精加工应分开进行。

2）为减少夹紧力的影响，可将径向夹紧（图 2-4a）改为轴向夹紧（图 2-4b、c）。当需径向夹紧时，应尽量使径向夹紧力沿圆周均匀分布，或用弹性套来满足要求，如图 2-5 所示。

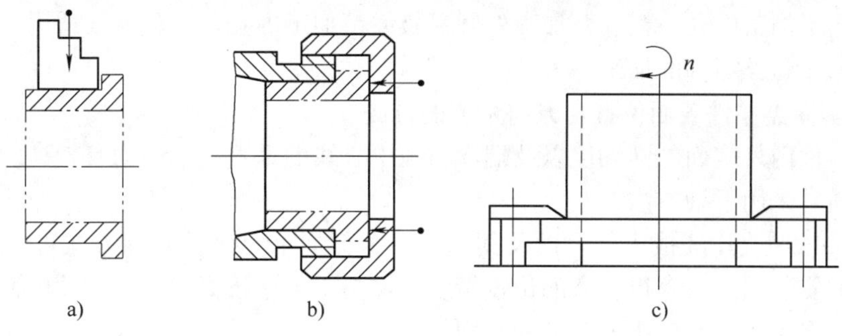

图 2-4　套筒的夹紧方式

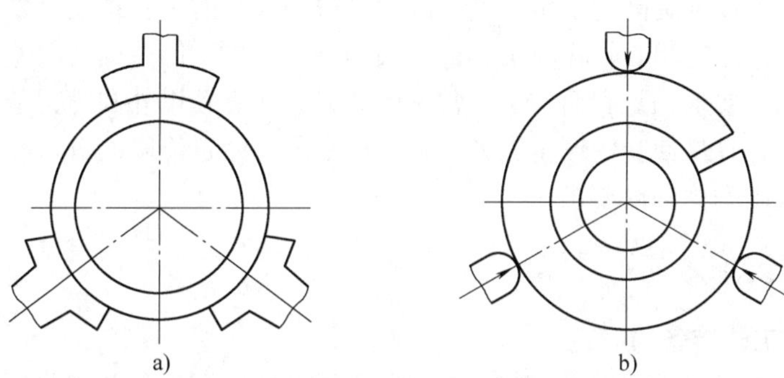

图 2-5　套筒的径向夹紧方式

a）采用专用卡爪夹紧　b）采用弹性套夹紧

3）为减小热处理变形的影响，将热处理工序安排在粗加工后、精加工前进行，并适当放大精加工余量，以便使热处理引起的变形在精加工中得以纠正。

4. 套筒类零件的材料及毛坯

套筒类零件一般用钢、铸铁、青铜或黄铜等材料制成。有些滑动轴承为了节省贵重金属，提高轴承的使用寿命，常采用双金属结构，以离心铸造法在钢或铸铁套内壁上浇注巴氏合金等轴承合金材料。有些强度和硬度要求较高的套，如镗床主轴套筒等，可选用优质合金钢，如 18Cr2Ni4WA、38CrMoAlA 等。

套筒类零件的毛坯选择与其材料和结构尺寸有关。孔径较大（如 $d>20$mm）时，一般选用带孔的铸件、锻件或无缝钢管；孔径较小（如 $d\leqslant20$mm）时，可采用实心铸件或热轧、冷拉棒料。大批生产时可采用冷挤压和粉末冶金等先进的毛坯制造工艺，既提高了生产率，又节约了金属材料。

（二）套筒类零件的机械加工工艺过程

1. 加工方法的选择

大多数套筒类零件加工的关键，主要是围绕如何保证内孔与外圆表面的同轴度，端面与中心线的垂直度，相应的尺寸精度、形状精度和套筒零件的易变形的工艺特点来进行的。在零件的加工顺序上，常采用两种方案。

方案一：粗加工外圆→粗、精加工内孔→最终精加工外圆。这种方案适用于外圆表面是最重要表面的套筒类零件的加工。

方案二：粗加工内孔→粗、精加工外圆→最终精加工内孔。这种方案适用于内孔表面是最重要表面的套筒类零件的加工。

2. 保证套筒类零件表面位置与方向精度的方法

套筒类零件内外表面的同轴度以及端面与孔中心线的垂直度一般均有较高的要求，为保证这些要求通常采用下列方法：

（1）在一次装夹中完成内外表面及其端面的全部加工　这种安装方式可消除由于多次安装而带来的安装误差，获得较高的位置精度。但由于工序较集中，对尺寸较大的长套筒装夹不方便，故多用于尺寸较小的轴套的车削加工。

（2）主要表面的加工在几次装夹中完成　内孔与外圆互为基准，反复加工，每一工序都为下一工序准备了精度更高的定位基准，因而可得到较高的位置精度。以精加工好的内孔作为定位基准时，往往选用心轴作定位元件。心轴结构简单，制造安装误差较小，可保证内外表面较高的同轴度要求，是套筒加工中常见的装夹方法。若以外圆为精基准加工内孔，因卡盘定心精度不高，且易使套筒产生夹紧变形，故常采用经过修磨的自定心卡盘或弹性膜片卡盘等，以获得较高的同轴度要求。

2.1.2　相关理论知识

（一）机床和工艺装备的确定

在拟定工艺路线时，必须同时确定各工序所采用的机床、设备及工艺装备。机床和工艺装备的选择应尽量做到合理、经济，使之与被加工零件的生产类型、加工精度和零件的形状尺寸相适应。

1. 机床的选择

1）机床的加工规格范围应与零件的外部形状、尺寸相适应。

2）机床的精度应与工序要求的加工精度相适应。

3）机床的生产率应与被加工零件的生产类型相适应。单件小批生产宜选通用机床；大批大量生产宜选高生产率的专用机床、组合机床或自动机床。

4）机床的选择应与现有条件相适应，做到尽量发挥现有设备的作用，并尽量做到设备负荷平衡。

2. 刀具的选择

刀具的选择包括刀具的类型、构造和材料的选择。主要应根据加工方法，工序应达到的加工精度、表面粗糙度，工件的材料，以及生产率和经济性等因素加以考虑。原则上尽量选用标准刀具，必要时选用各种高生产率的复合刀具。

3. 量具的选择

1）量具的精度应与零件的加工精度相适应。

2）量具的量程应与被测零件的尺寸相适应。

3）量具的类型应与被测表面的性质（孔或外圆尺寸值还是形状位置值）相适应。

4）量具的选择应与零件的生产类型和生产方式相适应。

按量具的极限尺寸选择量具时，应保证

$$TK \geqslant \delta$$

式中　T——被测尺寸的公差值（mm）；

K——测量精度系数（表2-1）；

δ——测量工具和测量方法的最大允许误差（表2-2）。

例如：为测量尺寸 $\phi80f7\left(^{-0.03}_{-0.06}\right)$ mm 的外圆选用测量工具。

尺寸 $\phi80f7\left(^{-0.03}_{-0.06}\right)$ mm，公差值 $T=0.03$mm，在表2-1中查得 $K=0.3$，则允许的测量误差为 $TK=0.03\times0.3\text{mm}=0.009\text{mm}$。

查表2-2可知这一尺寸可用50～100mm的外径千分尺测量。

部分通用量具的技术特性见表2-3。

表2-1　测量精度系数 *K*

被测尺寸的公差等级	IT5	IT6	IT7	IT8	IT9	IT10	IT11～16
测量精度系数 K	0.325	0.30	0.275	0.25	0.20	0.15	0.10

表2-2　千分尺和游标卡尺的最大允许误差

测量工具名称	被测尺寸分段/mm		
	0～50	>50～100	>100～150
	最大允许误差/μm		
外径千分尺	4	5	6
内径千分尺	4	5	6
测量工具名称	被测尺寸分段/mm		
	0～70	0～150	0～200
	最大允许误差/mm		
用分度值为0.02mm的游标卡尺 测量外尺寸 测量内尺寸	±0.02 $^{+0.02}_{0}$	±0.03 $^{+0.02}_{0}$	±0.03 $^{+0.02}_{0}$
用分度值为0.05mm的游标卡尺 测量外尺寸 测量内尺寸	±0.05 $^{+0.04}_{0}$	±0.05 $^{+0.04}_{0}$	±0.05 $^{+0.04}_{0}$

表2-3　部分通用量具的技术特性　　（单位：mm）

量具名称	用途	测量范围	分度值			
游标卡尺（GB/T 21389—2008）	用于测量工件的内径、深度、外径、长度、高度	0～70	0.01	0.02	0.05	0.10
		0～150	0.01	0.02	0.05	0.10
		0～200	0.01	0.02	0.05	0.10
		0～300	0.01	0.02	0.05	0.10
游标深度卡尺（GB/T 21388—2008）	用于测量工件的沟槽深、孔深、台阶高度及类似尺寸	0～100	0.01	0.02	0.05	0.10
		0～150	0.01	0.02	0.05	0.10
		0～200	0.01	0.02	0.05	0.10
		0～300	0.01	0.02	0.05	0.10
游标高度卡尺（GB/T 21390—2008）	用于测量工件的高度和进行精密划线	0～150	0.01	0.02	0.05	0.10
		150～400	0.01	0.02	0.05	0.10
		400～600	0.01	0.02	0.05	0.10

（续）

量具名称	用途	测量范围	分度值			
指示表（GB/T 1219—2008）	用于测量工件的几何形状和相互位置的正确性及位移量，并可用比较法测量工件的长、宽、高	≤5	0.001			
		≤10	0.002			
		≤100		0.01		0.10
内径指示表（GB/T 8122—2004）	采用比较法测量工件的内径及其几何形状的正确性和位移量	6～450	0.001	0.01		
游标万能角度尺（GB/T 6315—2008）	用于测量工件或样板的内、外角度	0°～320°	2′	5′		
		0°～360°	2′	5′		
各种标准或专用的极限验规（塞规、量规、卡规、环规）	检验相应的孔径、外径、槽宽、螺钉及螺纹孔等	用于成批以上生产				
检验样板	检验相应的曲线、曲面或组合表面	用于成批以上生产				

（二）时间定额与经济分析

1. 时间定额

（1）定义　时间定额是指在一定生产条件（生产规模、生产技术和生产组织）下规定生产一件产品或完成一道工序所需消耗的时间。时间定额是安排作业计划、进行成本核算、确定设备数量和人员编制等的重要依据。

（2）时间定额的组成　时间定额由基本时间（T_b）、辅助时间（T_a）、布置工作地时间（T_s）、休息与生理需要时间（T_r）和准备与终结时间（T_e）组成。

1）基本时间 T_b：直接改变生产对象的尺寸、形状、相对位置以及表面状态等工艺过程所消耗的时间，称为基本时间。对机械加工而言，基本时间就是切去金属所消耗的时间。

2）辅助时间 T_a：各种辅助动作所消耗的时间，称为辅助时间。主要指装卸工件、开停机床、改变切削用量、测量工件尺寸、进退刀等动作所消耗的时间。辅助时间可查表确定。

3）作业时间 T_B：T_B = 基本时间 T_b + 辅助时间 T_a。

4）布置工作地时间 T_s：布置工作地时间为正常操作服务所消耗的时间，主要指换刀、修整刀具、润滑机床、清理切屑、收拾工具等所消耗的时间。计算方法一般按操作时间的2%～7%进行计算。

5）休息与生理需要时间 T_r：为恢复休力和满足生理卫生需要所消耗的时间，称为休息与生理需要时间。计算方法一般按操作时间的2%～4%进行计算。

6）准备与终结时间 T_e：为生产一批零件进行准备和结束工作所消耗的时间，称为准备与终结时间。主要指熟悉工艺文件、领取毛坯、安装夹具、调整机床、拆卸夹具等所消耗的时间。计算方法根据经验进行估算。

单件计算时间 T_c

$$T_c = T_b + T_a + T_s + T_r + T_e/n$$

式中　n——一批工件的数量。

2. 工艺方案的经济分析

经济分析是研究如何用最少的社会消耗、最低的成本生产出合格的产品，即通过比较各种不同工艺方案的生产成本，选出其中最为经济的工艺方案。

（1）生产成本　生产成本是指制造一个零件或产品所必需的一切费用的总和。生产成本包括两部分费用。

1）工艺成本（第一类费用）：与完成工序直接有关的费用称为第一类费用，也称工艺成本。工艺成本约占零件生产成本的70%～75%。工艺成本可分为可变费用和不变费用。

①可变费用 V（元/件）：可变费用是与零件年产量直接有关的费用。它随产量的增长而增长，如材料和制造费、生产用电费等。

②不变费用 C（元）：不变费用是与产品年产量无直接关系的费用。它不随产量的变化而变化，如设备的折旧费。

2）第二类费用：与完成工序无关而与整个车间的全部生产条件有关的费用，称为第二类费用。这类费用包括非生产人员开支、厂房折旧，以及维护、照明、取暖、通风和运输费等。

（2）工艺方案的工艺成本分析　对各种工艺方案进行经济分析时，只需分析工艺成本（第一类费用）即可，因为在同一生产条件下第二类费用基本上是相等的。工艺成本与年产量的关系如图2-6所示。

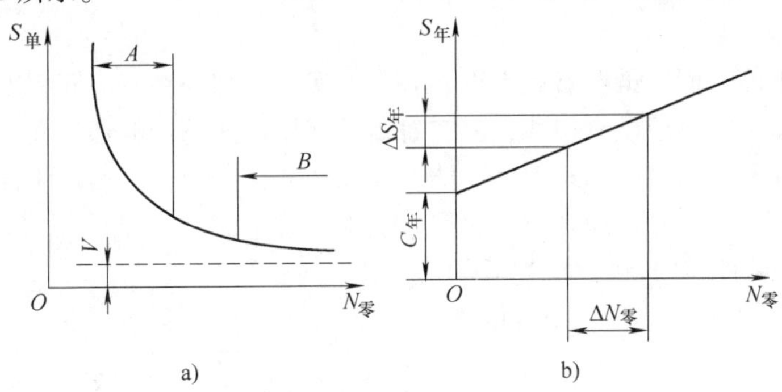

图2-6　工艺成本与年产量的关系

年度工艺成本 $S_{年}$ 与零件的年生产纲领 $N_{零}$ 成线性关系，如图2-6b所示。

1）单件工艺成本 $S_{单}$

$$S_{单} = V + C_{年}/N_{零}$$

单件工艺成本 $S_{单}$ 与零件的年生产纲领 $N_{零}$ 成双曲线关系，如图2-6a所示。

2）年度工艺成本 $S_{年}$

$$S_{年} = N_{零}V + C_{年}$$

式中　$N_{零}$——零件的年生产纲领。

（3）分析比较　图2-7所示为两种工艺方案的经济分析。其中，方案Ⅰ采用通用机床加工；方案Ⅱ采用数控机床加工。由年度工艺成本 $S_{年} = N_{零}V + C_{年}$ 的分析可知：

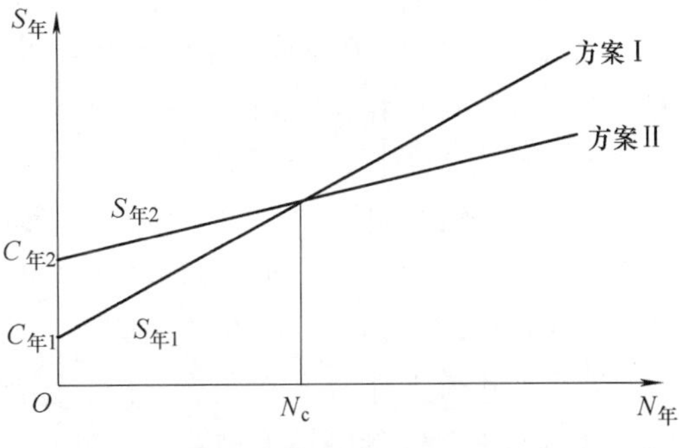

图2-7　两种工艺方案的经济分析

1）年度不变费用 $C_{年2} > C_{年1}$。

2）每件可变费用 $V_2 < V_1$。

比较选择：

①当 $N < N_c$ 时，宜采用方案Ⅰ通用机床。

②当 $N > N_c$ 时，宜采用方案Ⅱ专用机床。

③当 $N = N_c$ 时，两种加工方案经济性相同。

（三）加工精度和表面质量的概念

零件的加工质量包括两个方面的指标：加工精度和表面质量。

1. 加工精度

在机械加工过程中，由于各种因素的影响，刀具相对于工件的正确位置产生偏移，因而加工出的零件不可能与理想的要求完全符合。加工精度就是指零件经过加工后，在形状、尺寸、表面相互位置等几何参数上与理想零件的相符合程度。加工精度由尺寸精度与几何精度组成。

零件加工后的实际尺寸、几何参数与理想零件尺寸、几何参数的不符合程度称为加工误差。显然，加工误差大，则加工精度低；反之，加工误差小，则加工精度高。在实际生产中，加工精度的高低是用加工误差的大小来衡量的。

2. 表面质量

经过机械加工的表面，虽然看起来很光亮，但实际上都存在着不同程度的凹凸不平和内部组织缺陷层。这个缺陷层虽然很薄，但它对零件使用性能的影响却很大。表面质量是指零件表面的几何特征和表面层的物理力学性能。表面的几何特征包括表面粗糙度和波纹度；物理力学性能包括塑性变形、组织变化和表层金属中的残余应力。

（1）加工表面的几何形状　加工后的表面几何形状总是以“峰”“谷”交替的形式出现，如图 2-8 所示。

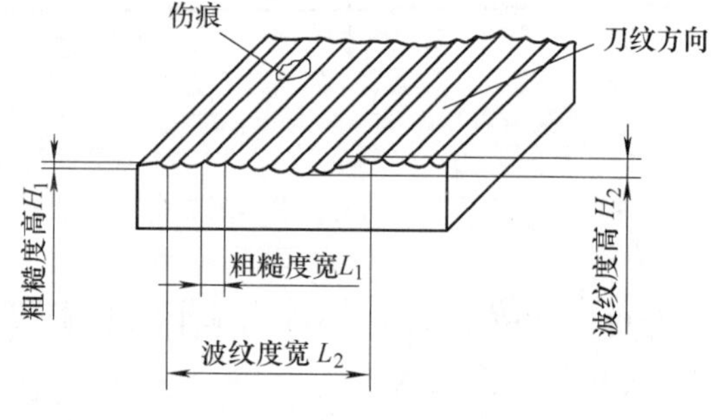

图 2-8　加工后的表面几何形状

1）表面粗糙度：它是指加工表面的微观几何形状误差，$L/H < 50$ 属于微观几何形状偏差，称为表面粗糙度。国家标准规定，表面粗糙度用在一定长度内（称为基本长度）轮廓的算术平均偏差值 Ra 或轮廓最大高度 Rz 作为评定指标。

2）表面波纹度：它是介于宏观几何形状误差与微观几何形状误差（即表面粗糙度）之间的周期性几何形状误差。$L/H = 50 \sim 1000$ 称为表面波纹度。表面波纹度通常是由于加工过程中工艺系统的低频振动造成的。

（2）加工表面层的物理力学性能　表面层的材料在加工时会产生物理、力学和化学性质的变化，图 2-9a 所示为加工表面层沿深度的变化。在最外层生成氧化膜或其他化合物，并吸收、渗进了气体粒子，故称为吸附层。在加工过程中由切削力造成的表面塑性变形区称为压缩区，厚度在几十至几百微米之内，随加工方法的不同而变化，其上部为纤维层，它由被加工材料与刀具间的摩擦力造成。另外，切削热也会使表面层产生各种变化，如同淬火、回火一样，使材料产生相变以及晶粒大小的变化等。表面层的物理力学性能不同于基体，它包括如下3方面：

1）表面层的加工硬化：工件在机械加工过程中，表面层产生的塑性变形使晶体间发生剪切滑移，晶格被扭曲，晶粒被拉长并产生破碎和纤维化，引起材料的强化，使表面层的强度和硬度都有所提高，这种现象称为表面加工硬化，如图2-9b所示。

2）表面层残余应力的形成：在切削或磨削加工过程中，由于切削变形和切削热的影响，加工表面层会产生残余应力，即在加工后表面层与基体材料间产生的互相平衡的弹性应力，如图2-9c所示。

3）表面层的金相组织变化　机械加工特别是磨削加工中，工件表面在切削热产生的高温作用下，常会发生不同程度的金相组织的变化。

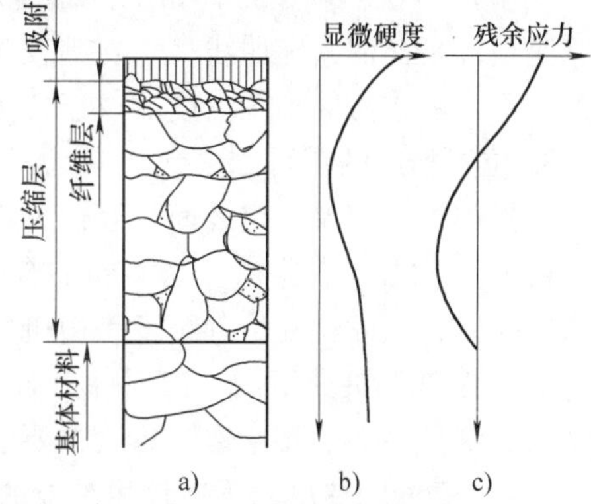

图2-9　加工表面层沿深度的变化

（四）加工精度的获得方法

1. 尺寸精度的获得方法

机械加工中获得规定尺寸的方法有试切法、定尺寸刀具法、调整法和自动控制法。

（1）试切法　先试切出很小一部分加工表面，测量试切所得尺寸，根据测量结果重新调整刀具位置，再试切，再测量，如此反复，直至测得的尺寸合格为止。这种方法获得的尺寸精度取决于测量精度，机床进给机构的工作精度，刀具的切削性能，工艺系统的刚性以及操作工人的技术水平。此法的生产率比较低，一般只适用于单件小批生产。

（2）定尺寸刀具法　利用刀具的相应尺寸来保证被加工表面的尺寸。例如，用一定尺寸的钻头和铰刀来加工孔，用铣刀铣键槽，用丝锥加工螺纹等。用这种方法获得的尺寸精度取决于刀具本身的尺寸精度和一系列其他的因素，如刀具和工件的安装，机床运动的准确性和稳定性，工件材料的性质和冷却润滑条件等。

（3）调整法　根据要求的工件尺寸，利用机床上的定程装置或对刀装置预先调整好机床、刀具和工件的相对位置，再进行加工。采用这种加工方法得到的加工精度除了受调整精度的影响之外，还受诸如工艺系统弹性变形之类的一些因素的影响。和试切法相比，由于省去了重复多次的试切和测量工作，因而生产率比较高，适用于成批大量生产。

（4）自动控制法　采用自动控制系统对加工过程中的刀具进给、工件测量和切削运动等进行自动控制，从而获得所要求的工件尺寸。这种加工方法生产率高，能够加工形状复杂的表面，且适应性好，已获得了日益广泛的应用。采用这种加工方法得到的工件尺寸精度取决于控制系统中各元件的灵敏度、系统的稳定性以及机械装置的工作精度。

2. 形状精度的获得方法

机械加工中获得一定形状表面的方法可以归纳为如下3种：

（1）轨迹法　利用刀具的运动轨迹形成所要求的表面几何形状。刀尖的运动轨迹取决于刀具与工件的相对运动（成形运动）。例如，刨刀的直线运动和工件垂直于刀具运动方向的间断直线运动形成平面；工件的回转运动和车刀的直线运动可以形成圆柱面或圆锥面；工件的回转运动和车刀沿靠模所做的曲线运动可以形成特殊形状的回转表面等。用这种方法得到的形状精度取决于刀具与工件成形运动的精度。

（2）成形法　利用成形刀具代替普通刀具来获得要求的表面几何形状。机床的某些成形运动被成形刀具的切削刃所取代，从而简化了机床的结构，提高了劳动生产率。例如，用成形车刀加工曲面、用成形铣刀铣削成形表面等。用这种方法获得的表面形状精度，既取决于切削刃的形状精度，又有赖于机床成形运动的精度。

(3) 展成法　利用刀具和工件做展成切削运动来获得加工表面。展成法中，切削刃的形状是被加工面的共轭曲线，它在啮合运动中的包络面就是被加工面，如在滚齿机上加工齿轮的齿面。展成法的加工精度取决于切削刃的几何形状精度和啮合运动的准确程度。

3. 位置精度的获得方法

机械加工中获得一定表面相互位置精度的方法主要有下面 2 种：

(1) 一次装夹获得法　当零件上有相互位置精度要求的各表面是在同一次装夹中加工出来的时候，表面相互位置精度是由机床有关部分的相互位置精度来保证的。

(2) 多次装夹获得法　当零件上有相互位置精度要求的各表面被安排在不同的装夹中加工时，零件表面的相互位置精度主要取决于装夹精度。

(五) 表面粗糙度对零件使用性能的影响

1. 对零件耐磨性的影响

零件表面越粗糙，两相接触表面间的实际有效接触面积越小，单位面积压力越大，表面越易磨损。但过于光滑的表面不利于润滑油的储存，还会增加两表面的分子吸附作用，磨损也会加剧。

具有一定表面粗糙度的两表面相贴合时，往往是凸峰顶部先接触。因此，实际接触面积远小于理论接触面积，表面越粗糙，实际接触面积越小。在初期磨损阶段，因实际接触面积极小，所以磨损较快。随着磨损的加大，实际接触面积逐渐增大，单位面积载荷逐渐下降，磨损过程减缓而趋向稳定，进入正常磨损阶段。最后磨损继续发展，实际接触面积越来越大，产生了金属分子间的亲和力，使表面容易咬焊，从而进入了急剧磨损阶段。

表面粗糙度与初期磨损量的关系如图 2-10 所示。在一定工作情况下，摩擦副表面有一个最佳表面粗糙度值，过大或过小的表面粗糙度值会使初期磨损量增大，使总的耐磨时间缩短。

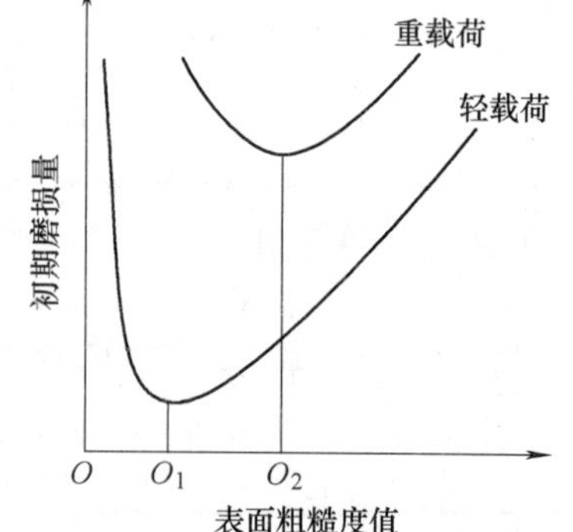

图 2-10　表面粗糙度与初期磨损量的关系

2. 对零件配合性能的影响

在间隙配合中，如果配合表面粗糙度值较大，则在初期磨损阶段磨损量就大，造成零件的尺寸发生变化，使配合间隙量增大，改变了配合性质。

在过盈配合中，如果配合表面粗糙，则装配后表面的凸峰将被挤压平整，从而使实际过盈量减小，减弱了过盈配合的结合强度。因此，在设计零件时，对于配合精度要求高的零件应该规定较小的表面粗糙度值。

3. 对零件疲劳强度的影响

在交变载荷作用下，零件上的应力集中区容易产生和发展成疲劳裂纹，导致疲劳损坏。由于表面粗糙度的凸峰部在交变载荷作用下容易形成应力集中，因此表面粗糙度对零件疲劳强度有较大的影响。表面粗糙度值大（特别是在零件上的应力集中区）将降低零件的疲劳强度。

4. 对零件耐蚀性的影响

零件的表面粗糙度对耐蚀性也有影响，当零件在潮湿的空气中或在腐蚀性介质中工作时，会发生化学腐蚀或电化学腐蚀。由于粗糙表面的凹谷处容易积聚腐蚀性介质而发生化学腐蚀，而且在两种材料表面粗糙度的凸峰间容易产生电化学作用而引起电化学腐蚀，所以，减小表面粗糙度可以提高零件的耐蚀性。

5. 对零件接触刚度的影响

表面粗糙度对零件的接触刚度有很大的影响。表面粗糙度值越小，则接触刚度越高，故减小表面粗糙度值是提高接触刚度的一个最有效的措施。

另外，表面粗糙度对零件间的密封性和摩擦因数也有很大的影响，表面粗糙度值小，则密封件好、摩擦因数小；反之，则密封性差、摩擦因数大。

2.1.3 拓展性知识

（一）影响表面粗糙度的因素及其控制

影响加工表面粗糙度的因素主要有几何因素、物理因素和机械加工振动因素。

1. 切削加工的表面粗糙度

切削加工的表面粗糙度主要取决于切削残留波纹的高度，并与切削表面塑性变形及积屑瘤的产生有关。

（1）影响切削残留波纹高度的因素　车削、刨削加工时残留波纹的高度计算如图2-11所示。如果使用直线切削刃切削，切削残留波纹高度为

$$H = \frac{f}{\cot\kappa_r + \cot\kappa_r'}$$

如果使用圆弧切削刃切削，其残留波纹的高度为

$$H = \frac{f^2}{8r_\varepsilon}$$

可见，减小主偏角 κ_r、副偏角 κ_r' 及进给量 f，增大刀尖圆弧半径 r_ε，能够降低切削残留波纹高度。

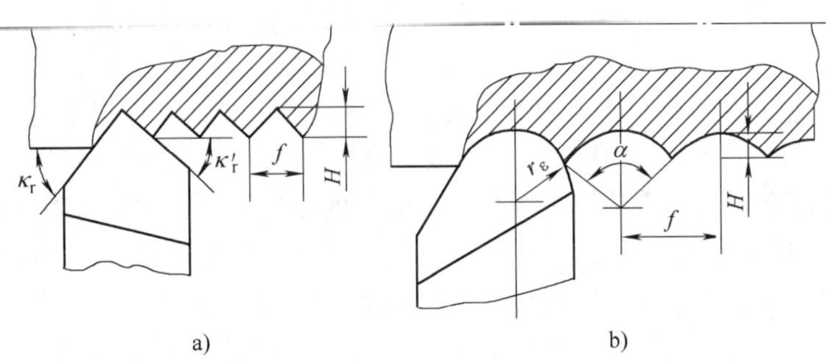

图2-11　车削、刨削时残留波纹的高度计算

a）直线切削刃　b）圆弧切削刃

（2）影响切削表面积屑瘤和鳞刺的因素　加工塑性材料时，切削速度对表面粗糙度的影响较大。切削速度 v 为20～50m/min时，表面粗糙度值最大，这是由于产生积屑瘤或鳞刺所致。当切削速度超过100m/min时，表面粗糙度值下降，并趋于稳定。在实际切削低碳钢、低合金钢等塑性金属时，选择低速宽刀精切和高速精切，往往可以得到较小的表面粗糙

度值。

一般说来，材料韧性越大或塑性变形趋势越大，被加工表面粗糙度值就越大。切削脆性材料比切削塑性材料更容易达到表面粗糙度的要求。对于同样的材料，金相组织越粗大，切削加工后的表面粗糙度值就越大。为减小切削加工后的表面粗糙度值，常在精加工前进行调质等处理，目的在于得到均匀细密的晶粒组织和较高的硬度。

此外，合理选择切削液，适当增大刀具法前角，提高刀具的刃磨质量等，均能有效地减小加工表面粗糙度值。

2. 磨削加工的表面粗糙度

影响磨削加工表面粗糙度的因素主要包括与磨削过程和砂轮结构有关的几何因素，与磨削过程和工件的塑性变形有关的物理因素以及工艺系统的振动因素等。

（1）砂轮对表面粗糙度的影响

1）砂轮粒度。仅从几何因素考虑，砂轮粒度越细，磨削的表面粗糙度值越小。但磨粒太细时，砂轮易被磨屑堵塞，使加工表面塑性变形增大，表面粗糙度值增大；若导热情况不好，还容易在加工表面产生烧伤。

2）砂轮硬度。砂轮的硬度是指磨粒在磨削力的作用下从砂轮上脱落的难易程度。砂轮太硬，磨粒不易脱落，磨钝了的磨粒不能及时被新磨粒替代，使表面粗糙度值增大；砂轮太软，磨粒易脱落，磨削作用减弱，也会使表面粗糙度值增大。

3）砂轮组织。砂轮组织是指磨粒、结合剂和气孔的比例关系。紧密组织中的磨粒比例大，气孔小，在成形磨削和精密磨削时，能获得高精度和较小的表面粗糙度值。疏松组织的砂轮不易堵塞，适于磨削软金属、非金属软材料和热敏性材料（不锈钢、耐热钢等），可获得较小的表面粗糙度值。

4）砂轮磨粒材料。砂轮磨粒材料选择适当，可获得满意的表面粗糙度。氧化物（刚玉）砂轮适用于磨削钢类零件；碳化物（碳化硅、碳化硼）砂轮适于磨削铸铁、硬质合金等材料。

5）砂轮修整。砂轮修整对表面粗糙度也有重要影响。修整砂轮时，金刚石笔的纵向进给量越小，砂轮表面磨粒的等高性越好，被磨工件的表面粗糙度值就越小。

另外，采用超硬磨料（人造金刚石、立方氮化硼和陶瓷）砂轮进行磨削，可以获得很小的表面粗糙度值，这是目前精密和超精密磨削的主要方法。这类砂轮的修整方法也不同于普通砂轮，如采用金刚石超声波修整等。经过修整的砂轮，其磨粒具有很高的微刃性、等高性和自锐性，能切除极薄的被加工工件材料，甚至是在工件晶粒内进行切削，可以对各种高硬度、高脆性材料（如硬质合金、陶瓷、玻璃等）和高温合金材料进行精密及超精密加工，在航空、航天、汽车、刀具等行业中应用广泛。采用超硬磨料砂轮顺应了磨削加工向高精度、高效率和高硬度方向发展的趋势。

超硬磨料磨削与普通磨削的最大区别在于超微量切除，可能还伴有塑性流动和弹性破坏等作用，其磨削机理目前还处于探索过程中，本节主要介绍普通磨削对表面质量的影响及其控制。

（2）磨削用量对表面粗糙度的影响　砂轮的速度越高，单位时间内通过被磨表面的磨粒数就越多，因而工件表面粗糙度值就越小。而且砂轮速度越高，就有可能使表面金属塑性变形的传播速度小于切削速度，工件材料来不及变形，致使表层金属的塑性变形减小，表面粗糙度值也减小。工件速度对表面粗糙度的影响则与砂轮速度的影响相反，增大工件速度时，单位时间内通过被磨表面的磨粒数减少，表面粗糙度值将增大。

砂轮的纵向进给量减小，工件表面的每个部位被砂轮重复磨削的次数增加，被磨表面的粗糙度值将减小。背吃刀量增大，表层塑性变形将随之增大，被磨表面粗糙度值也会增大。

此外，工件材料的性质、切削液的选用等对磨削表面粗糙度也有明显的影响。

（二）影响表面层物理力学性能的因素及其控制

1. 表面层的加工硬化

（1）影响切削加工表面加工硬化的因素

1）切削用量的影响。切削用量中以进给量和切削速度的影响最大。加大进给量时，切削力增大，表层金属的塑性变形加剧，加工硬化程度增大，表层金属的显微硬度将随之增大。但这种情况只是在进给量比较大时出现，如果进给量很小，如背吃刀量为 0.05～0.06mm 时，继续减小进给量，表层金属的加工硬化程度不仅不会减小，反而会增大。

切削速度对加工硬化程度的影响是力因素和热因素综合作用的结果。当切削速度增大时，刀具与工件的作用时间减少，使塑性变形的扩展深度减小，因而有减小加工硬化程度的趋势。但切削速度增大时，切削热在工件表面层上的作用时间也缩短了，又有使加工硬化程度增加的趋势。背吃刀量对表层金属加工硬化的影响不大。

2）刀具几何形状的影响。切削刃钝圆半径的大小对切屑形成过程有较大的影响。实验证明，已加工表面的显微硬度随着切削刃钝圆半径的加大而明显增大。这是因为切削刃钝圆半径增大，径向切削分力也将随之加大，表层金属的塑性变形程度加剧，导致加工硬化加剧。

前角在 ±20°范围内变化时，对表层金属的加工硬化没有显著的影响。后角和主偏角、副偏角等对表层金属的加工硬化影响不大。

刀具磨损对表层金属的加工硬化影响很大，这是由于磨损宽度加大后，刀具后刀面与被加工工件的摩擦加剧，塑性变形增大，导致表面加工硬化增大。

3）工件材料的影响。工件材料的塑性越大，加工硬化倾向越大，加工硬化程度也越严重。碳钢中含碳量越大，强度越高，其塑性越小，因而加工硬化程度越小。有色合金材料的熔点低，易回复，加工硬化现象比钢材少得多。

（2）影响磨削加工表面加工硬化的因素

1）工件材料的影响。磨削加工中，工件材料主要从塑性和导热性两个方面影响表面加工硬化。磨削高碳工具钢 T8 时，加工表面加工硬化程度平均为 160%～165%，个别可达 200%；而磨削纯铁时，加工表面加工硬化程度可达 175%～180%，有时甚至可达 240%～250%，其原因是纯铁的塑性好，磨削时的塑性变形大，强化倾向大。此外，纯铁的导热性比高碳工具钢高，热不容易集中于表面层，弱化倾向小。

2）磨削用量的影响。背吃刀量增大，磨削力随之增大，磨削过程的塑性变形加剧，表面加工硬化倾向增加。加大纵向进给速度，每颗磨粒的切削厚度随之增大，磨削力加大，加工硬化增大。但提高纵向进给速度，有时又会使磨削区产生较大的热量而使加工硬化减弱。因此，加工表面的加工硬化状况取决于上述两种因素综合作用的结果。

提高工件转速，会缩短砂轮对工件热作用的时间，使软化倾向减弱，因而表面层的加工硬化增大。提高磨削速度，每颗磨粒切除的切削厚度变小，减弱了塑性变形程度，而且磨削区的温度增高，弱化倾向增大。所以，高速磨削时加工表面的加工硬化程度总比普通磨削时低。

3）砂轮的影响。砂轮粒度越大，每颗磨粒的载荷越小，加工硬化程度也越小。砂轮磨钝修整不良，热回复作用加大，表面硬化现象减弱。

2. 表层的残余应力

（1）影响表层残余应力的因素

1）切削用量的影响。切削速度增加，使表面沿速度方向的塑性变形减少，工件表层产生的残余拉应力随速度的提高而下降。但加工 20CrNiMo 钢时，如果再提高切削速度，表层温度逐渐增高至淬火温度，表层金属产生局部淬火，因而会在表层金属中产生压缩残余应力。加大进给量，会使表层金属塑性变形增加，切削区产生的热量也增加，其结果会使残余应力的数值及扩展深度相应增大。

2）刀具角度的影响。前角对表层金属残余应力的影响很大。前角的变化不仅影响残余应力的数值和符号，而且在很大程度上影响残余应力的扩展深度。切削 45 钢的实验表明，当前角由正值变为负值或继续增大负前角，拉伸残余应力的数值减小。刀具负前角很大（如 $\gamma_o = -30°$）时，表层金属发生淬火反应，使表层金属产生压缩残余应力。此外，刀具切削刃钝圆半径、刀具磨损状态等都对表层金属残余应力的性质及分布有影响。

3）工件材料的影响。塑性大的材料，切削加工后表层一般会产生拉伸残余应力；脆性材料如铸铁，切削时由于后刀面的挤压与摩擦，表层会产生压缩残余应力。

（2）影响磨削表层残余应力的因素　磨削加工中，热因素和塑性变形对磨削表层残余应力的影响都很大。在一般磨削过程中，若热因素起主导作用，工件表层将产生拉伸残余应力；若塑性变形起主导作用，工件表层将产生压缩残余应力。当工件表面温度超过相变温度且又冷却充分时，工件表层出现淬火烧伤，此时，金相组织变化因素起主导作用，工件表层将产生压缩残余应力。

1）磨削用量的影响。背吃刀量对表层残余应力的性质、数值有很大影响。例如磨削低碳钢时，当背吃刀量很小（如 $a_p = 0.005$mm）时，塑性变形起主要作用，因此磨削表层形成压缩残余应力。继续加大背吃刀量，塑性变形加剧，磨削热随之增大，热因素的作用逐渐占主导地位，在表层产生拉伸残余应力，且随着背吃刀量的增大，拉伸残余应力的数值将逐渐增大。当 $a_p > 0.025$mm 时，尽管磨削温度很高，但因低碳钢的含碳量极低，不可能出现淬火现象，此时塑性变形因素逐渐起主导作用，表层金属的拉伸残余应力逐渐减小。当 a_p 值很大时，表层金属呈现压缩残余应力状况。

提高砂轮速度，磨削区温度增高，而每颗磨粒所切除的金属厚度减小，此时热因素的作用增大，塑性变形因素的影响减小。因此，提高砂轮速度将使表层金属产生拉伸残余应力的倾向增大。

加大工件的圆周速度和进给速度，将使砂轮与工件的热作用时间缩短，热因素的影响逐渐减小，塑性变形因素的影响逐渐加大。这样，表层金属中产生拉伸残余应力的趋势逐渐减小，而产生压缩残余应力的趋势逐渐增大。

2）工件材料的影响。一般来说，工件材料的强度越高、导热性越差、塑性越低，在磨削时表层金属产生拉伸残余应力的倾向就越大。

3. 表层金属金相组织的变化

机械加工过程中，在工件的加工区及其邻近的区域，温度会急剧升高，当温度升高到超过工件材料金相组织变化的临界点时，就会发生金相组织变化，特别是在磨削加工中，由于磨削比压大，磨削速度高，切除金属所产生的热大部分（约80%）将传给加工表面，使工件表面达到很高的温度。高温使表层金属的金相组织产生变化，造成表层金属硬度下降，工件表面呈现氧化膜颜色，这种现象称为磨削烧伤。磨削烧伤将会严重影响零件的使用性能。

发生磨削烧伤的根本原因是磨削温度过高，因此，避免和减轻磨削烧伤的基本途径是减少热量的产生和加速热量的散失，具体措施如下：

（1）正确选择砂轮　为避免产生烧伤，应选择较软的砂轮。选择具有一定弹性的结合剂（如橡胶结合剂、树脂结合剂），也有助于避免烧伤现象的产生。

（2）合理选择磨削用量　背吃刀量 a_p 对磨削温度影响最大，从减轻烧伤的角度考虑，a_p 不宜过大。磨平面时，加大切向进给量 f_t 有助于减轻烧伤。加大工件圆周速度 v_w，磨削表面的温度升高，但其增长速度与背吃刀量 a_p 的影响相比小得多，且 v_w 越大，热量越不容易传入工件内层，具有减小烧伤层深度的作用。但增大工件圆周速度 v_w 会使表面粗糙度值增大，为了弥补这一缺陷，可以相应提高砂轮圆周速度 v_s。实践证明，同时提高砂轮圆周速度 v_s 和工件圆周速度 v_w，可以避免烧伤。

从减轻烧伤而同时又尽可能地保持较高的生产率考虑，在选择磨削用量时，应选用较大的工件圆周速度 v_w 和较小的背吃刀量 a_p。

（3）改善冷却条件　改善冷却条件的方法如图2-12所示。内冷却是一种较为有效的冷却方法，其工作原理是：经过严格过滤的切削液通过中空主轴法兰套引入砂轮中心腔内，由于离心力的作用，这些切削液就会通过砂轮内部的孔隙向砂轮四周的边缘洒出，这样切削液就有可能直接进入磨削区，如图2-12a所示。

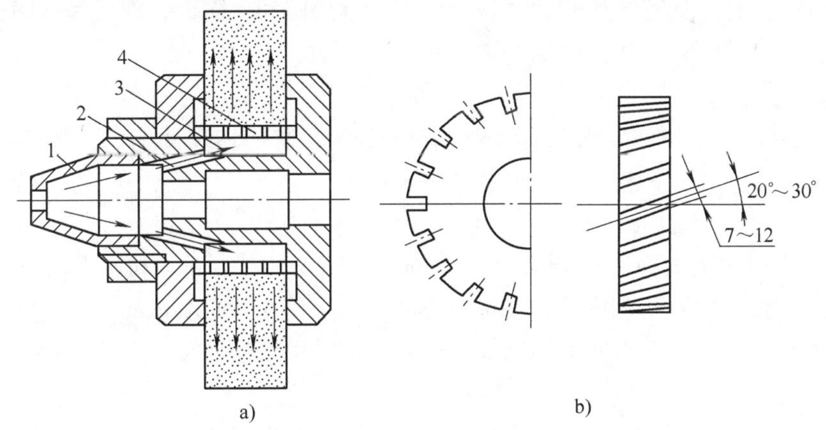

图2-12　改善冷却条件的方法

a）内冷却砂轮　b）开槽砂轮

1—锥形盖　2—切削液通孔　3—砂轮中心腔　4—开孔薄壁套

采用开槽砂轮也是改善冷却条件的一种有效方法，如图2-12b所示。在砂轮的四周上开一些横槽，能使砂轮将切削液带入磨削区，从而提高冷却效果；砂轮开槽同时形成间断磨削，工件受热时间短，金相组织来不及转变；砂轮开槽还能起风扇作用，可改善散热条件，因此，开槽砂轮可有效地防止烧伤现象的发生。

2.1.4 习题

2-1 试述加工表面产生压缩残余应力和拉伸残余应力的原因。

2-2 什么叫时间定额？单件时间定额包括哪些方面？

2-3 什么叫工艺成本？工艺成本由哪些部分组成？如何对不同工艺方案进行技术经济分析？

2-4 提高机械加工生产率的工艺措施有哪些？

2-5 零件的表面质量包括哪几方面内容？为什么说零件的表面质量与加工精度对保证机器的工作性能来说具有同等重要意义？

2.2 编制套筒类零件的机械加工工艺

2.2.1 连接套的机械加工工艺过程分析

如图2-1所示的连接套，其主要加工表面外圆 $\phi60_{-0.019}^{0}$mm 与孔 $\phi50_{0}^{+0.025}$mm 有较高的尺寸精度（分别为IT6级和IT7级）和同轴度要求，内外台阶端面对 $\phi50_{0}^{+0.025}$mm 内孔的中心线有较高的轴向圆跳动要求，并且表面粗糙度值较小。上述4个面不可能在一次装夹中加工完成，而 $\phi50_{0}^{+0.025}$mm 内孔的深度较短，又有台阶，不便采用可涨心轴装夹加工其他表面。因此，可将设计中的 $\phi40$mm、Ra 3.2μm 的内孔改为 $\phi40_{0}^{+0.025}$mm、Ra 1.6μm 以满足工艺要求，并与 $\phi50_{0}^{+0.025}$mm 内孔和台阶面在一次装夹中车削，并最终一起磨削出来。再以 $\phi40_{0}^{+0.025}$mm 内孔定位安装在心轴上磨削 $\phi60_{-0.019}^{0}$mm 外圆和台阶面，即可保证图样要求。这个 $\phi40_{0}^{+0.025}$mm、Ra 1.6μm 的内孔称为工艺孔。

1. 确定毛坯

连接套为中批量生产，要求采用铸铁材料HT200，其毛坯尺寸确定为 $\phi85$mm×65mm。零件上的内孔较大，可在铸件上预制通孔 $\phi30$mm。

2. 确定主要表面的加工方法

该零件的主要加工表面为外圆 $\phi60_{-0.019}^{0}$mm、内孔 $\phi50_{0}^{+0.025}$mm 和两个端面及 $\phi40_{0}^{+0.025}$mm 工艺孔。其中，内孔、外圆精度较高，表面粗糙度值为 Ra 1.6μm，批量生产时，车削加工很难达到该尺寸精度等级和表面粗糙度要求，需采用磨削加工。内孔的加工方案为：粗镗→半精镗→磨削。

因外圆 $\phi60_{-0.019}^{0}$mm 和孔有同轴度要求，表面粗糙度值为 Ra 1.6μm，最终加工需要以孔定位磨削。外圆表面的加工方案为：粗车→半精车→磨削。

两个端面对 $\phi50_{0}^{+0.025}$mm 内孔的中心线有较高的轴向圆跳动要求，需在加工相应的外圆和内孔时一起加工出来（车削和磨削）。

3. 确定定位基准

$\phi60_{-0.019}^{0}$mm 外圆及其台阶半精加工后采用自定心卡盘进行定位，粗车及半精车内孔，以保证在车削时就有一定的位置精度。上磨床后，再以该外圆及其台阶定位磨削加工两内孔及台阶，再用可涨心轴以 $\phi40_{0}^{+0.025}$mm 孔定位磨削加工 $\phi60_{-0.019}^{0}$mm 外圆及其台阶面。在车削和磨削工序中，充分应用基准统一和互为基准的原则，逐步提高几何精度（同轴度和轴向圆跳动）。

4. 划分加工阶段

对精度要求较高的零件，其粗、精加工应分开，以保证零件的质量。根据以上的加工方法，车和磨分别为两道工序，粗、精已经分开。车削加工时为简化操作，内孔和外圆的粗、半精加工可在一次装夹中完成。

5. 加工尺寸和切削用量

磨削加工的磨削余量可取 0.5mm，半精车余量可取 1.5mm。具体加工尺寸参见该零件加工工艺过程卡片的工序内容。

车削用量的选择可根据加工情况由工人确定，一般可从《机械加工工艺师手册》[2] 或《切削用量简明手册》[3] 中选取。

6. 拟定工艺路线

综上所述，连接套的加工工艺路线为：

粗车、半精车外圆→粗车、半精车内孔→磨削内孔→磨削外圆→检验。

连接套的机械加工工艺过程卡片见表 2-4。

表 2-4　连接套机械加工工艺过程卡片

<table>
<tr><td colspan="3" rowspan="2">机械加工工艺过程卡片</td><td>产品型号</td><td>CQJ</td><td>零部件图号</td><td>CQJ-002</td><td colspan="2"></td></tr>
<tr><td>产品名称</td><td>花边裁切机</td><td>零部件名称</td><td>连接套</td><td>共 1 页</td><td>第 1 页</td></tr>
<tr><td>材料牌号</td><td>HT200</td><td>毛坯种类</td><td>铸铁</td><td>毛坯外形尺寸</td><td>φ85mm ×65mm</td><td>每毛坯可制件数</td><td>1</td><td>每台件数</td><td>2</td><td></td></tr>
<tr><td rowspan="2">工序</td><td rowspan="2">工序名称</td><td rowspan="2">工 序 内 容</td><td rowspan="2">设备</td><td colspan="3">工 艺 装 备</td><td colspan="2">工时</td></tr>
<tr><td>夹具</td><td>刀具</td><td>量具</td><td>准终</td><td>单件</td></tr>
<tr><td>1</td><td>铸</td><td>φ85mm × 65mm</td><td></td><td></td><td></td><td></td><td></td><td></td></tr>
<tr><td>2</td><td>车</td><td>（1）夹外圆 φ80mm（长 20mm），车平左端面；粗车、半精车外圆 φ60mm 至 φ60.5mm，长 24.8mm，长度余量为 0.2mm；割槽、倒角 2 处
（2）调头夹 φ60mm，靠台阶，车平右端面，保证总长 60mm；粗、精车外圆 φ80mm 至尺寸；粗镗、半精镗孔 φ40mm 及沉孔 φ50mm，内孔留余量 0.5mm；割槽，倒角</td><td>车床</td><td>自定心卡盘</td><td>车刀</td><td>游标卡尺 0 ~ 125mm</td><td></td><td></td></tr>
<tr><td>3</td><td>磨</td><td>夹 φ60mm 外圆，靠台阶，磨 $\phi40^{+0.025}_{0}$ mm（工艺要求）、$\phi50^{+0.025}_{0}$ mm，带磨出内台阶面</td><td>磨床</td><td>自定心卡盘</td><td>砂轮</td><td>内径千分尺 0 ~ 50mm，百分表</td><td></td><td></td></tr>
<tr><td>4</td><td>磨</td><td>以 $\phi40^{+0.025}_{0}$ mm 内孔定位，磨削另一端外圆 $\phi60^{+0.025}_{0}$ mm，长 25mm，带磨出台阶面</td><td>磨床</td><td>心轴</td><td>砂轮</td><td>外径千分尺 0 ~ 100mm，百分表</td><td></td><td></td></tr>
<tr><td>编　制</td><td>日　期</td><td>编　写</td><td>日　期</td><td>校　对</td><td>日　期</td><td>审　核</td><td>日　期</td></tr>
<tr><td></td><td></td><td></td><td></td><td></td><td></td><td></td><td></td></tr>
</table>

连接套工序 2 的机械加工工序卡片见表 2-5。

表 2-5 连接套机械加工工序卡片

机械加工工序卡片	产品型号及规格	图号	名称	工序名称	工艺文件编号
	CQJ 花边裁切机	CQJ-002	连接套	车	

材料牌号及名称	毛坯外形尺寸	
HT200	ϕ85mm×65mm	
零件毛重	零件净重	硬度

设备型号	设备名称
CA6140	卧式车床

专用工艺装备	
名称	代号

机动时间	单件工时定额	每台件数
5min	25min	

技术等级	切削液
	煤油

未注倒角$C1.5$

Ra 6.3 (√)

工序号	工步号	工序及工步内容	刀具 名称规格	量检具 名称规格	切削用量 切削速度/(m/min)	背吃刀量/mm	进给量/(mm/r)	转速/(r/min)
2	1	夹外圆 ϕ80mm(长 20mm),车平左端面	45°外圆车刀	内、外卡钳 钢直尺 游标卡尺 0~125mm 样板规		实测	手动	520
	2	粗车、半精车外圆 ϕ60mm 至 $\phi60.5_{-0.1}^{0}$mm,长 $24.8_{0}^{+0.1}$mm	90°外圆车刀			实测、3 刀	0.41	520
	3	割槽	外圆割槽成形车刀				手动	730
	4	倒角外圆 2 处	45°外圆车刀				手动	520
	5	镗内孔 ϕ40mm 至尺寸,长度为全长并倒角	45°内孔车刀			实测、2 刀	0.2	730
	6	调头夹 ϕ60mm 外圆面(长 20mm),车平右端面,总长 $60.2_{-0.1}^{0}$mm	45°外圆车刀			实测	手动	520
	7	车外圆 ϕ80mm 至尺寸	90°外圆车刀			实测、2 刀	0.41	400
	8	再次装夹 ϕ60mm 外圆面,靠台阶,半精镗 ϕ50mm 孔至尺寸 $\phi49.5_{0}^{+0.1}$mm,长 20mm	90°内孔车刀			实测、2 刀	0.2	730
	9	割槽	内孔割槽成形车刀				手动	730
	10	倒角内、外圆各 1 处	45°内、外圆车刀				手动	520

										编制	校对	会签	复制
修改标记	处数	文件号	签字	日期	修改标记	处数	文件号	签字	日期				

2.2.2　台阶套的机械加工工艺示例

编制如图2-13所示的花边裁切机的台阶套的机械加工工艺。生产类型为中批生产。

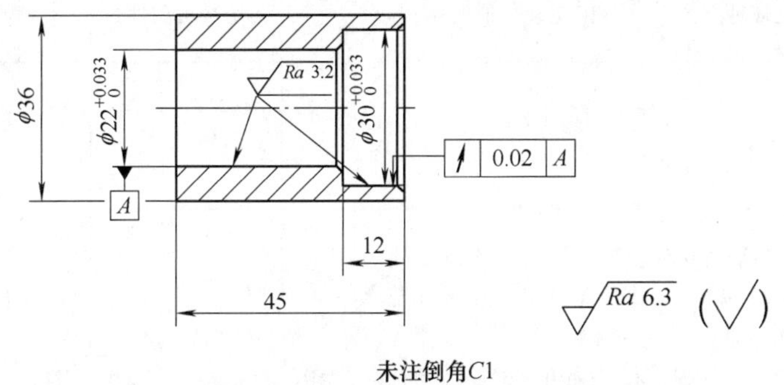

图2-13　花边裁切机的台阶套

（一）零件图分析

图2-13所示的花边裁切机的台阶套属于套筒类零件，由外圆柱面、内孔面和端面组成。该零件的 $\phi30^{+0.033}_{0}$mm 和 $\phi22^{+0.033}_{0}$mm 两内圆柱面有尺寸精度要求和表面粗糙度要求，且 $\phi30^{+0.033}_{0}$mm 内圆柱面相对于 $\phi22^{+0.033}_{0}$mm 内圆柱面中心线有0.02mm的径向圆跳动要求，因此 $\phi30^{+0.033}_{0}$mm 和 $\phi22^{+0.033}_{0}$mm 两内圆柱面为主要加工表面。

（二）确定毛坯

该零件尺寸较小，且各部分直径相差不大，故毛坯可选用热轧圆钢 $\phi40\text{mm}\times50\text{mm}$。

（三）确定主要表面的加工方法

该零件的主要加工表面为 $\phi30^{+0.033}_{0}$mm 和 $\phi22^{+0.033}_{0}$mm 两内圆柱面，公差均为0.033mm，为IT8级，可以采用钻削、车削方法进行加工。加工方案可为：钻孔→粗车→精车。

（四）确定定位基准

采用自定心卡盘夹 $\phi36$mm 外圆定位来加工两内孔，调头后，通过接刀使外圆表面质量达到要求。

（五）划分加工阶段

该零件结构简单，精度要求一般，只要划分为粗加工和精加工两阶段即可。

（六）加工尺寸和切削用量

车削加工的精车余量可取0.5mm，粗车余量可取1.5mm。具体加工尺寸参见该零件的加工工艺过程卡片的工序内容（表2-6）。

车削用量的选择，可根据加工情况由工人确定，一般可从《机械加工工艺师手册》[2]或《切削用量简明手册》[3]中选取。

（七）拟定机械加工工艺过程

综上所述，台阶套的加工路线为下料→粗车→精车→检验。

表2-6为台阶套零件的加工工艺过程卡片。

表 2-6 台阶套机械加工工艺过程卡片

<table>
<tr><td colspan="5" rowspan="2">机械加工工艺过程卡片</td><td>产品型号</td><td>CQJ</td><td>零部件图号</td><td>CQJ-001</td><td colspan="2"></td></tr>
<tr><td>产品名称</td><td>花边裁切机</td><td>零部件名称</td><td>台阶套</td><td>共 1 页</td><td>第 1 页</td></tr>
<tr><td>材料牌号</td><td>45</td><td>毛坯种类</td><td>热轧圆钢</td><td>毛坯外形尺寸</td><td>ϕ40mm ×50mm</td><td>每毛坯可制件数</td><td>1</td><td>每台件数</td><td>2</td><td></td></tr>
<tr><td rowspan="2">工序</td><td rowspan="2">工序名称</td><td colspan="3" rowspan="2">工 序 内 容</td><td rowspan="2">设备</td><td colspan="3">工 艺 装 备</td><td colspan="2">工时</td></tr>
<tr><td>夹具</td><td>刀具</td><td>量具</td><td>准终</td><td>单件</td></tr>
<tr><td>1</td><td>钳</td><td colspan="3">ϕ40mm×50mm</td><td>锯床</td><td></td><td></td><td>钢直尺</td><td></td><td></td></tr>
<tr><td>2</td><td>车</td><td colspan="3">（1）夹外圆长 20mm，车平右端面，钻中心孔
（2）钻通孔 ϕ20mm，粗、精车外圆 ϕ36mm 至尺寸，长度取 20mm
（3）粗车通孔 ϕ22mm，及沉孔 ϕ30mm，留余量 0.5mm
（4）精车两孔 $\phi 22^{+0.033}_{0}$ mm、$\phi 30^{+0.033}_{0}$ mm 至尺寸，保证长度 12mm；孔口倒角 2 处</td><td>车床</td><td>自定心卡盘，尾座</td><td>车刀，麻花钻</td><td>游标卡尺 0～125mm 内径千分尺 0～50mm 百分表</td><td></td><td></td></tr>
<tr><td>3</td><td>车</td><td colspan="3">调头夹已加工过的外圆（长 15mm），校正后
（1）车左端面，保证总长 45mm
（2）粗、精车外圆 ϕ36mm 至尺寸，注意保证无接刀痕迹</td><td>车床</td><td>自定心卡盘</td><td>车刀</td><td>游标卡尺 0～125mm</td><td></td><td></td></tr>
<tr><td>4</td><td>检验</td><td colspan="3">检验</td><td></td><td></td><td></td><td></td><td></td><td></td></tr>
<tr><td colspan="2">编 制</td><td>日 期</td><td>编写</td><td>日 期</td><td colspan="2">校 对</td><td>日 期</td><td colspan="2">审 核</td><td>日 期</td></tr>
<tr><td colspan="2"></td><td></td><td></td><td></td><td colspan="2"></td><td></td><td colspan="2"></td><td></td></tr>
</table>

2.2.3 相关理论知识

（一）材料及成形方法选用

在机械产品的设计及制造过程中，都会遇到材料与成形工艺的选择问题。在生产实践中，往往由于材料的选择和加工工艺路线不当，造成机械零件在使用过程中发生早期失效，给生产带来了重大的损失。因此，在机械制造工业中，正确地选择机械零件材料和成形工艺方法，对于保证零件的使用性能要求，降低成本，提高生产率和经济效益，有着重要的意义。

1. 选材的一般原则

在机械产品的生产中，如何合理地选用金属材料是一项十分重要的工作，不仅要考虑材料的性能能够适应零件的工作条件，使零件经久耐用，而且要求材料有较好的加工工艺性能和经济性，以便提高零件的生产率，降低成本，减少消耗等。本节仅就一般结构零件的选材原则做简要介绍。

（1）零件失效的类型、原因及分析方法

1）零件失效的类型、原因。各种机械零件都具有一定的功能，当它不能按要求的效率完成预定的功能时，则称该零件已失效。零件失效的具体表现：①零件完全破坏，不能继续工作；②严重损伤，不能再安全工作；③虽仍能安全工作，但不能完成规定的功能。这3种情况中只要有一种情况发生，即可认为零件已经失效，特别是没有明显征兆的失效，可能会造成严重的事故。因此，对零件的失效进行分析，找出失效的原因，提出防止或推迟失效的措施是非常重要的。

根据零件损坏的特点、所受载荷的类型及外在条件，零件的失效可归纳为3种类型：①变形失效（弹性变形失效或塑性变形失效）；②断裂失效（塑性断裂、低应力脆性断裂、疲劳断裂、蠕变断裂）；③表面损伤失效（磨损、表面疲劳、腐蚀）。

引起失效的具体原因大体可以分为4个方面：①设计（工况条件估计不确切，结构外形不合理，计算错误）；②材料（选材不当或材质低劣）；③加工（毛坯缺陷，冷加工缺陷，热加工缺陷）；④安装使用（安装不良，维护不善，过载使用，操作失误等）。

2）零件失效分析方法。零件失效的原因往往是相当复杂的。例如一根轴断裂，就要分析是属于哪一种断裂，原因是什么，是设计有误，还是材料选用或加工工艺不当等。又如一个零件磨损，应分析是属于哪一种磨损，是材料问题还是使用问题。因为失效分析是一个涉及面很广的复杂问题，所以零件的失效分析必须要有一个科学的方法，其工作程序大体如下：

①尽可能仔细地收集失效零件的残体，拍照留据，确定重点分析的对象和部位，并在零件失效的发源部位切取样品。

②应详细整理失效零件的有关资料，如设计资料、加工工艺文件及使用记录等。

③将所选样品进行宏观及微观的断口分析，以及必要的金相剖面分析，确定失效的发源地及失效的方式。

④测定样品的必要数据，包括设计所依据的性能指标及与失效有关的性能数据，所用材料的组织及化学成分，分析在失效零件上收集到的腐蚀产物的成分、磨屑的成分等。必要时还要进行无损检测、断裂力学分析等，考查有无裂纹或其他缺陷。

综合诸多方面的分析资料做出判断，确定失效的原因，提出改进措施，写出分析报告。

零件失效的原因是多方面的。就材料而言，通过对零件工作条件和失效形式的分析，确定零件对使用性能的要求，将使用性能具体转化为相应的力学性能指标，根据这些指标来选用材料。

（2）材料的选用　选用材料应考虑的一般原则是：使用性原则，工艺性原则，经济性原则。

1）使用性与选材。在设计零件并进行选材时，应根据零件的工作条件和损坏形式找出所选材料的主要力学性能指标，这是保证零件经久耐用的先决条件。

如汽车、拖拉机发动机或工业柴油机上的连杆螺栓，在工作时整个截面不仅承受均匀分布的拉应力，而且拉应力是周期变动的，其损坏形式除了由于强度不足引起过量塑性变形而失效外，多数情况下是由于疲劳破坏而造成断裂。因此，对连杆螺栓材料的力学性能除了要求有高的屈服强度外，还要求有高的疲劳强度。由于是整个截面均匀受力，故材料的淬透性也需考虑。表2-7列举了一些零件的工作条件、主要损坏形式及主要力学性能指标。

由表2-7可见，零件实际受力条件是较复杂的，而且还应考虑到短时过载、润滑不良、材料内部缺陷等影响因素，因此力学性能指标成为选材的主要依据。力学性能指标可分为设计指标和安全指标两类。前者有屈服强度 σ_s、抗拉强度 R_m、疲劳强度 σ_{-1}、弹性模量 E、断裂韧度 K_c 等，用于设计计算；后者有伸长率 A、断面收缩率 Z、冲击韧度 a_K（或冲击吸收能量 KV）等，不直接用于计算，作为安全储备，其作用是增加零件的抗过载能力和安全性。生产上还习惯在图样上标注硬度值来说明对力学性能的要求。这是因为硬度值和许多力学性能指标间存在一定的对应关系，如低碳钢的 $R_m \approx 3.6\text{HBW}$（$R_m$ 单位为 MPa），并且不需破坏零件或制作专门试样就可测定硬度，测定方法简便、迅速。尽管这种传统的硬度标注方法为生产所接受，并成功地应用于许多机械产品的设计和制造中，但仍应指出这种方法的局限性。对同样硬度的材料，由于处理状态不同，其力学性能相应也不同。例如，45 钢经正火处理后，$\sigma_s = 355\text{MPa}$，但经调质处理达到同样硬度时，$\sigma_s = 490\text{MPa}$，故在标注硬度值的同时，应注明材料的处理状态，对重要零件则应标注更严格的技术要求。

表 2-7　一些零件的工作条件、主要损坏形式及主要力学性能指标

零件名称	工作条件	损坏形式	主要力学性能指标
钢丝绳	静拉应力，偶有冲击	脆性断裂，磨损	抗拉强度，硬度
连杆螺栓	交变拉应力	塑性变形，疲劳断裂	屈服极限，疲劳强度
传动轴	交变弯曲载荷，扭转载荷，轴颈磨擦	疲劳断裂，磨损	疲劳强度，硬度
齿轮	交变弯曲载荷，交变接触应力，冲击载荷，齿面摩擦	轮齿折断，接触疲劳，齿面磨损，塑性变形	抗弯强度，疲劳强度，硬度
弹簧	交变应力，振动	塑性变形，疲劳断裂	弹性模量，疲劳强度，屈强比
滚动轴承	交变压应力，滚动摩擦	磨损，接触疲劳	抗压强度，疲劳强度，硬度
机座	压应力，复杂应力，振动	过量弹性变形，疲劳断裂	弹性模量，疲劳强度

在特殊环境中使用的材料，必须考虑它们的物理、化学性能，如在酸、碱等介质中工作的化工容器，为防止腐蚀失效，应选择耐蚀性高的不锈钢等材料；长期在高温条件下工作的汽轮机、锅炉等所使用的零件，为防止蠕变断裂，应选择耐热性高的耐热钢、高温合金等材料；内燃机活塞在气缸内承受高温、高压作用，除要求高温强度外，还要求材料密度小，以减小往复运动的惯性力；热膨胀系数小，不致因高温膨胀而卡死在气缸内，故大都采用铸造铝合金制造。

此外，选材时还应注意材料的“尺寸效应”。材料化学成分和热处理状态虽然相同，但由于零件截面尺寸不同，会产生力学性能差异。一般而言，随着零件截面尺寸增加，力学性能会降低。钢材的尺寸效应与淬透性有关，钢的淬透性越低，零件的截面尺寸越大，则尺寸效应越明显。

2）工艺性与选材。在选材中，材料的工艺性常处于次要地位，但在某些特殊情况下，工艺性也可成为选材考虑的主要依据，如切削加工中，大批生产时，为保证材料的切削加工性而选用易切削钢便是一个例子。当某一可选材料的性能很理想，但极难加工或加工成本很高时，选用该材料就失去意义了。因此，选材时必须考虑材料的工艺性。

高分子材料的成型工艺比较简单，切削加工性尚好，但它的导热性较差，在切削过程中不易散热，易使工件温度急剧升高，可能使热固性塑料变焦，使热塑性塑料变软。

陶瓷材料压制、烧结成型后，硬度极高，除了可用碳化硅或金刚石砂轮磨削外，几乎不能进行任何其他加工。

金属材料制造零件的基本方法有铸造、压力加工、焊接和切削加工。热处理用以改善材料的切削加工性能和赋予零件使用性能而安排在有关工序之间。如果零件的毛坯用铸造成形，应选用铸造性能较好的共晶或接近共晶成分的合金。若是锻造成形，最好选用在一定温度范围内呈固溶体的合金，因其可锻性好。如果是焊接成形，最适宜的材料是低碳钢或低碳合金钢，其焊接性能良好。为了便于切削加工，一般希望钢铁材料的硬度控制在170～230HBW之间，以达到改善切削加工性的目的。不同材料的热处理性能是不同的，碳钢的淬透性差，加热时晶粒容易长大，淬火时容易产生变形甚至开裂，所以，制造高强度、大截面、形状复杂的零件，都需要选用合金钢。

总之，选材时应当尽量使材料与加工方法相适应，选材与选择加工方法应同时进行。

3）经济性与选材。用最少的成本生产出所需的产品，这是指导生产的基本法则。选材的经济性不仅要考虑材料的价格，还应顾及加工制造费用、维修保养费用和零件的使用寿命等。加工制造费用在零件成本中占据相当比例，采用制造工艺复杂的廉价材料未必比工艺性好的较贵材料经济。恰当选择强化方法，提高廉价材料的使用价值，往往可获得较明显的经济效益。总之，在评价材料经济性时，必须具有全面的系统工程观点。

此外，在选材时还应该从我国的国情和生产实际情况出发，如采用我国资源丰富的合金钢系列的钢种，用锰、硅、硼、钼、钒等元素的合金钢代替铬、镍等元素的合金钢，所选材料的牌号应按照国家新标准，尽量压缩材料规格和品种，便于采购和管理。选材应有利于推广新材料、新工艺，能满足组织现代化生产的需要。

（3）选材的一般程序　每种零件都有多种材料可供选择，要根据选材三原则全面衡量，从中选择最佳材料，这不仅需要材料科学和工程技术知识，还须有经济观点和实践经验。选择的材料要适应加工要求，而加工过程又会改变材料的性质，从而使选材过程变得更加复杂。选材的任务贯穿于产品开发、设计、制造等各个阶段，在使用过程中还要及时采用新材料、新工艺，对产品不断改进。所以，选材是一个不断反复、完善的连续过程。选材的一般程序（图2-14）可归纳为如下几步：

1）分析零件工作条件。选择零件的材料，首先要根据产品的用途和零件在产品中的功能，对零件的工作条件进行具体分析。零件的工作条件：①受力状态，可分为拉伸、压缩、弯曲、扭转、剪切及其联合作用；②载荷性质，可分为静载荷、交变载荷和冲击载荷（有大能量一次冲击和小能量多次冲击之分）；③工作温度，可分为高温、室温、低温和交变温度；④周围介质，可分为空气、水蒸气、海水、酸、碱、盐、润滑剂、砂石等。

分析零件工作条件旨在了解对材料的使用性能要求，结合该种零件的失效方式，找出其主要性能指标。

2）材料预选择。根据上述提出的主要性能指标，再结合材料的工艺性能，就可着手对材料进行预选。由于可供选择的材料品种较多，除了金属材料，还有高分子材料（工程塑料、合成橡胶等）、陶瓷材料和复合材料，为便于对材料初步筛选，可将对材料的要求分为硬要求和软要求两类。硬要求是必须满足的要求，如主要性能指标、可成形性（锻造成形的零件不能选择铸铁）等；软要求则是应该尽量满足的要求，如非主要性能指标，材料的经济性和外观等。材料的预选主要根据硬要求，筛选掉不符合硬要求的材料。材料的预选在

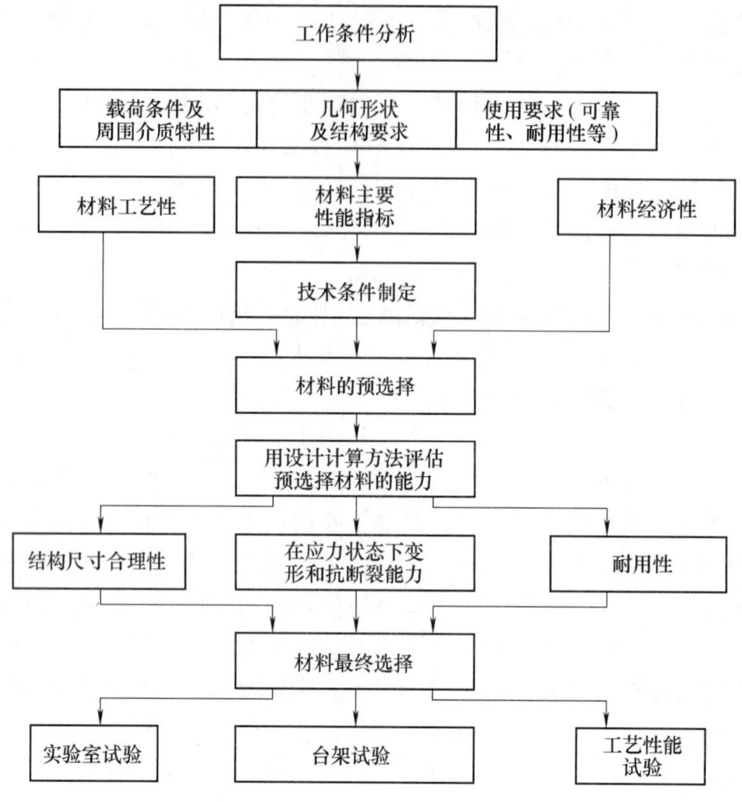

图 2-14　机械零件选材的一般步骤

很大程度上要凭借实践经验，通过与同类产品零件类比，粗略估算或按材料手册选用。材料的预选择不局限于选择一种材料，可选择多种材料方案，以便比较。

3）材料终选择。材料终选择的任务是在预选择的材料中进行综合评价，为特定用途选取一种最佳材料。若在材料预选中已筛选掉不符合硬要求的材料，那么材料终选必须在确保硬要求的前提下，寻求能更好地满足软要求的材料。材料终选前需要进行一系列工作，如确定最佳材料的衡量准则和各种性能的相对重要性，对候选材料进行利弊分析等。材料最终选择不能完全依靠定性判断，应该采用定量的评价方法（价值工程分析法、加权性质分析法、最低成本分析法等）。在选材中，若发现所有材料都无法满足零件的要求，则应该考虑修改原设计，重新调整零件的使用要求，或在条件允许的情况下研制新材料。

4）验证选材的可靠性。选择的最佳材料，必要时应进行实验室试验、台架试验和工艺试验，以取得确切可靠的数据资料。由于零件设计和材料选择往往是交叉进行的，在零件结构尺寸完全确定和取得上述试验数据后，还需进行强度或其他性能指标的精确验算。只有通过试验、验算和进行小批生产后，才能投入大批生产。在选材问题上，必须持慎重的科学态度。

2. 典型零件的选材及改性方法示例

（1）齿轮类零件的选材及改性方法

1）齿轮的工作条件及性能要求。齿轮是机械工业、汽车工业以及其他工业领域中应用最广的零件之一，主要用于功率的传递和速度的调节。齿轮工作时的受力状况：①由于传递转矩，齿根承受较大的交变弯曲应力；②齿面相互滑动和滚动，承受较大的接触应力，并发生强烈的摩擦；③由于换档、起动或啮合不良，轮齿承受一定的冲击。

根据齿轮的工作特点，其主要失效形式有：①轮齿折断，有两类断裂形式，一类为疲劳断裂，主要发生在齿根，常常因一齿断裂引起数齿甚至更多的齿断裂；另一类是过载断裂，主要是冲击载荷过大造成的断齿。②齿面磨损，由于齿面接触区摩擦，使齿厚变小，齿隙增大。③齿面的剥落，在交变接触应力作用下，齿面产生微裂纹并逐渐发展，引起点状剥落。

据此，要求齿轮用材应具有的性能：①高的弯曲疲劳强度和接触疲劳强度；②高的硬度和耐磨性；③轮齿心部要有足够的强度和韧度。

2）齿轮零件的选材。根据工作条件，表2-8列出了一般齿轮的选材和热处理方法（表中仅列出了一些典型牌号）。

表2-8 齿轮选材及热处理方法

序号	工作条件	选用材料	热处理方法	硬度
1	尺寸较小，主要进行传递运动，低速、润滑条件差，要求一定的耐磨性，如仪表中的齿轮	尼龙或铜合金	—	—
2	中等尺寸，低速，主要进行传递运动，润滑条件差、工作平稳，如机床中的交换齿轮	HT200（或45钢）	正火	170～230HBW（170～200HBW）
3	中等尺寸，中速、中等载荷，要求一定耐磨性，如机床变速箱中的次要齿轮	45钢	调质+表面淬火+低温回火	心部：200～250HBW；齿面：45～50HRC
4	齿轮截面较大，中速、中等载荷，耐磨性好，如机床变速箱、溜板箱中的齿轮	40Cr钢	调质+表面淬火+低温回火	心部：230～280HBW；齿面：48～53HRC
5	中等尺寸，高速、受冲击、中等载荷，耐磨性高，如机床变速箱齿轮或汽车、拖拉机的传动齿轮	20Cr钢	渗碳+淬火+低温回火	齿面：56～62HRC
6	中等或较大尺寸，高速、重载、受冲击，要求高耐磨性，如汽车中的驱动齿轮和变速箱齿轮	20CrMnTi钢	渗碳+淬火+低温回火	齿面：56～63HRC

由于陶瓷脆性大，不能承受冲击，不宜用来制造齿轮。常用齿轮的材料有：锻钢，主要是调质钢和渗碳钢，这是齿轮制造中应用最广泛的一类材料；铸钢，主要用于尺寸较大、形状较复杂的齿轮（如ZG270-500、ZG310-570）；铸铁，主要适用于轻载、低速、不受冲击和较难进行润滑的齿轮；铜合金，主要用于仪器仪表等要求有一定耐蚀性的轻载齿轮（即主要用于传递运动）；非金属材料（如塑料、尼龙、聚碳酸酯等），用于受力不大、润滑条件较差和有一定耐蚀性要求的小型齿轮。

3）典型齿轮选材举例。

①机床齿轮：图 2-15 所示为 C6132 车床传动齿轮，工作时受力不大，转速中等，工作较平稳，无强烈冲击，强度和韧度要求均不高，一般用中碳钢（如 45 钢）。经调质后心部有足够的韧度，能承受较大的弯曲应力和冲击载荷；表面采用高频感应淬火强化，硬度可达 52HRC 左右，提高了耐磨性，且因在表面造成一定压应力，也提高了抗疲劳破坏的能力。该齿轮的工艺路线如下：

下料→锻造→正火→粗加工→调质→精加工→高频感应淬火→低温回火→精磨。

②汽车齿轮：图 2-16 所示为 JN-150 汽车变速齿轮，其工作条件比机床齿轮差，特别是主传动系统中的齿轮，承受较大的力和较频繁的冲击，因此对材料要求较高。由于弯曲与接触应力都很大，所以重要齿轮都须进行渗碳、淬火、低温回火处理，以提高耐磨性和疲劳强度。为保证心部有足够的强度及韧度，材料的淬透性要求较高，心部硬度应在 35～45HRC 之间。另外，汽车生产的特点是批量大，因此，在选用钢材时，在满足力学性能的前提下，对工艺性必须予以足够的重视。

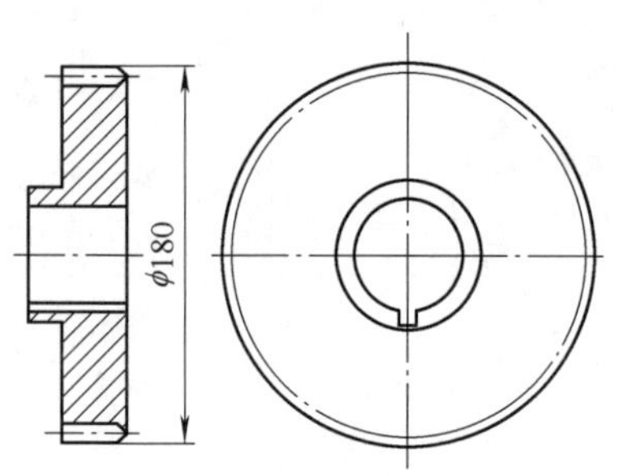

图 2-15　C6132 车床传动齿轮

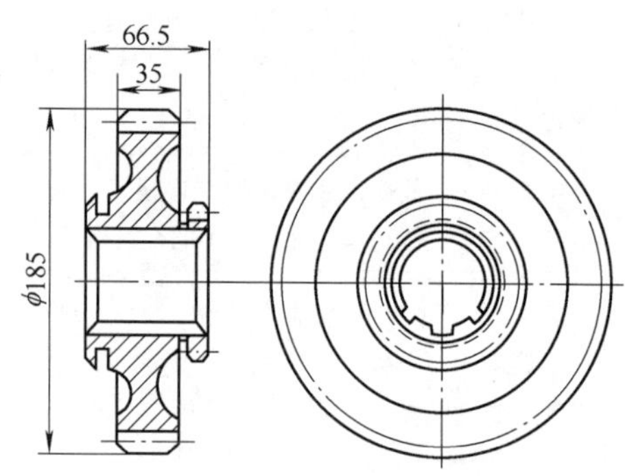

图 2-16　JN-150 汽车变速齿轮

20CrMnTi 钢在渗碳、淬火、低温回火后具有较好的力学性能，表面硬度可达 58～62HRC，心部硬度达 30～45HRC。正火状态切削加工工艺性和热处理工艺性均较好。为进一步提高齿轮的耐用性，渗碳、淬火、回火后，还可采用喷丸处理，增大表面压应力。渗碳齿轮的工艺路线如下：

下料→锻造→正火→切削加工→渗碳、淬火及低温回火→喷丸→磨削加工。

（2）轴类零件的选材及改性方法　在机床、汽车、拖拉机等制造业中，轴类零件是另一类用量很大，且占有相当重要地位的结构件。

轴类零件的主要作用是支承传动零件并传递运动和动力，它们在工作时受多种应力的作用，因此从选材角度看，材料应有较高的综合力学性能。局部承受摩擦的部位，如车床主轴的花键、曲轴轴颈等处，要求有一定的硬度，以提高其抗磨损能力。

要求以综合力学性能为主的一类结构零件的选材，还需根据其应力状态和负荷种类考虑材料的淬透性和抗疲劳性能。实践证明，承受交变应力的轴类零件，如连杆螺栓等结构件，其损坏形式多数是由于疲劳裂纹引起的。

下面以机床主轴、汽车半轴、内燃机曲轴等典型零件为例进行分析。

1）机床主轴。

①在选用机床主轴的材料和热处理工艺时，必须考虑以下几点：

i）受力的大小。不同类型的机床，工作条件有很大差别，如高速机床和精密机床主轴的工作条件与重型机床主轴的工作条件相比，无论在弯曲或扭转疲劳特性方面差别都很大。

ii）轴承类型。在滑动轴承上工作时，轴颈需要有高的耐磨性。

iii）主轴的形状及其可能引起的热处理缺陷。结构形状复杂的主轴在热处理时易变形甚至开裂，因此在选材上应给予重视。

②机床主轴的工作条件和性能有一定要求。C6140车床主轴简图如图2-17所示。该主轴的工作条件如下：

i）承受交变的弯曲载荷与扭转载荷，有时受到冲击载荷的作用。

ii）主轴大端内锥孔和锥度外圆经常与卡盘、顶头有相对摩擦。

iii）花键部分经常有磕碰或相对滑动。

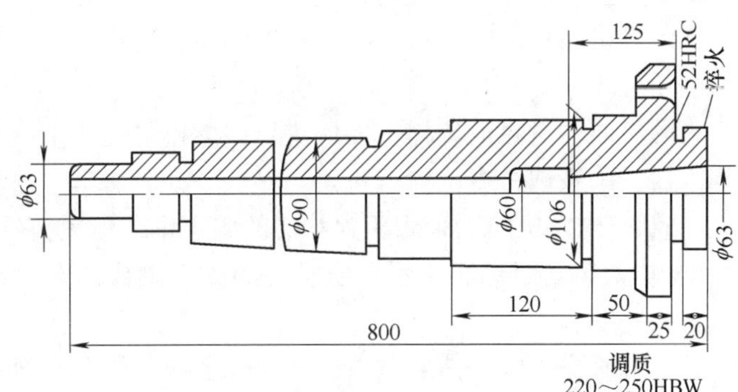

图2-17　C6140车床主轴简图

该主轴是在滚动轴承中运转，承受中等负荷，转速中等，有装配精度要求，且受到一定的冲击力作用。

热处理技术条件：整体调质硬度达200～230HBW；内锥孔和外圆锥面处硬度为45～50HRC；花键部分的硬度为48～53HRC。

③主轴用钢及热处理改性。C6140车床属于中速、中负荷、主轴在滚动轴承中工作的机床，因此，主轴选用45钢。主轴整体调质以获得高的综合力学性能和疲劳强度；内锥孔和外圆锥面处采用盐浴局部淬火和回火，以便耐磨和保证装配精度；花键部分高频感应淬火、低温回火，以确保强度、硬度要求。机床主轴工艺路线如下：

锻造→正火→粗加工→调质→精加工→表面淬火及低温回火→磨削加工。

当这类机床主轴承受载荷较大时，可用40Cr钢制造，当承受较大的冲击载荷和疲劳载荷时，则可采用合金渗碳钢制造，其热处理工艺也将发生相应的变化。

2）汽车半轴。汽车半袖是驱动车轮转动的直接驱动件。半轴材料与其工作条件有关，中型载重汽车目前选用40Cr钢，而重型载重汽车则选用性能更高的40CrMnMo钢。

①汽车半轴的工作条件和性能要求。图2-18所示为跃进-130型载重汽车（载重量为2500kg）的半轴简图。半轴在工作时承受冲击、反复弯曲疲劳和扭转载荷的作用，要求材料有足够的抗弯强度、疲劳强度和较好的韧度。

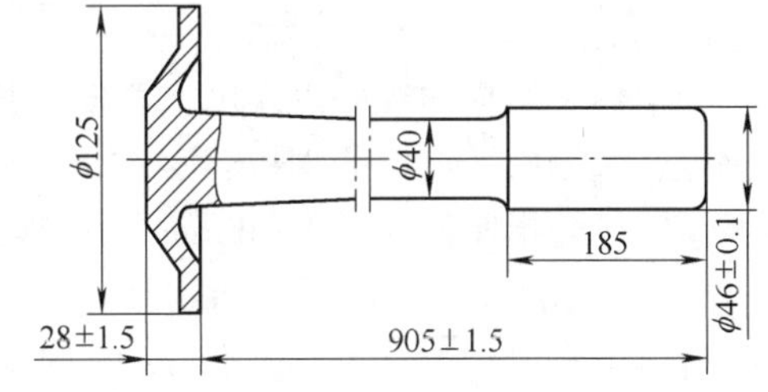

图2-18　汽车半轴简图

热处理技术条件（硬度）：杆部37～44HRC；盘部外圆为24～34HRC。

②材料选用及热处理改性。根据技术条件要求，可选用40Cr钢。热处理工艺为：正火，消除锻造应力，改善切削加工性；调质，使半轴具有高的综合力学性能。汽车半轴的制造工艺路线如下：

下料→锻造→正火→切削加工→调质→钻孔→磨削。

3）内燃机曲轴。

①工作条件及性能要求。曲轴是内燃机形状复杂而又重要的零件之一。它在工作时受到内燃机周期性变化着的气体压力、曲柄连杆机构的惯性力、扭转和弯曲载荷以及冲击力等的作用。在高速内燃机中，曲轴还受到扭转振动的影响，会造成很大的应力。

因此，对曲轴的性能要求为高强度，要具有一定的冲击韧度和抗弯曲、抗扭转疲劳强度，轴颈处要求有高的硬度和耐磨性。

②内燃机曲轴用料的选择。一般以静力强度和冲击韧度作为曲轴的设计指标，并考虑疲劳强度。

内燃机曲轴材料的选择主要取决于内燃机的使用情况、功率大小、转速高低以及轴瓦材料等因素。一般选材规律如下：

i）低速内燃机曲轴采用正火状态的碳素钢或球墨铸铁。

ii）中速内燃机曲轴采用调质状态的碳素钢或合金钢，如45、40Cr、45Mn2、50Mn2钢等或球墨铸铁。

iii）高速内燃机曲轴采用高强度的合金钢，如35CrMo、42CrMo、18Cr2Ni4WA钢等。

3. 毛坯成形方法选用原则

（1）毛坯的种类　在机械制造中，零件的毛坯主要有各种型材、铸件、锻件、冲压件、焊接件等多种。

1）型材。用各种炼钢炉冶炼成的钢在浇注成钢锭后，除少量用于制造大型锻件外，85%～95%的铸钢锭是通过轧制等压力加工方法制成各种型材。型材具有流线（或纤维）组织，使其力学性能具有方向性，即顺着流线方向的抗拉强度高、塑性好，而垂直于流线方向的抗拉强度低、塑性差，但抗剪强度高。型材是大量生产的产品，可直接从市场上购得，价格便宜，可简化制造工艺和降低制造成本，尽管尺寸精度与表面质量稍差，但在不影响零件性能的情况下，一般优先选用型材。

型材的断面形状和尺寸有多种，常见的型材有型钢、钢板、钢管、钢丝、钢带等。

①型钢。型钢一般采用热轧和冷轧方法生产。一般冷轧产品的尺寸精确、表面质量好、力学性能高，但价格比热轧产品贵。

用普通质量钢制成的称为普通型钢，用优质钢或高级优质钢制成的称为优质型钢。型钢的种类有圆钢、方钢、六角钢、等边角钢、不等边角钢、工字钢和槽钢等多种，其规格和表示方法见表2-9。

②钢板。钢板的规格以厚度×宽度×长度表示。根据钢板的厚薄和表面状况，钢板分为厚钢板、薄钢板、镀锌薄钢板、酸洗薄钢板和花纹钢板等。

厚钢板是指厚度为4.5～60mm的钢板。习惯上常将厚度不大于20mm的钢板称为中板，厚度为20～60 mm的钢板称为厚板。厚钢板一般用热轧方法生产。

薄钢板有厚度为0.35～4.0 mm的热轧薄钢板和厚度为0.2～4.0 mm的冷轧薄钢板。薄钢板表面经过镀锌或酸洗后称为镀锌薄钢板或酸洗薄钢板。镀锌薄钢板有较好的耐腐蚀能力；酸洗薄钢板有较好的表面质量。这两种薄钢板的厚度为0.25～2mm。

花纹钢板表面呈菱形或扁豆形的凸棱，有较好的防滑能力，可用于制造扶梯、踏脚板、平台、船舶甲板等。

表2-9　常用型钢的规格表示方法　（单位：mm）

名称	截面形状	规格表示方法	名称	截面形状	规格表示方法
圆钢	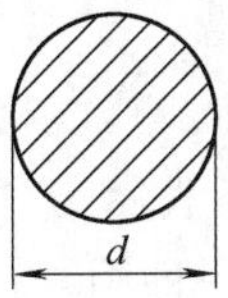 d d = 直径	直径 例：ϕ25	工字钢	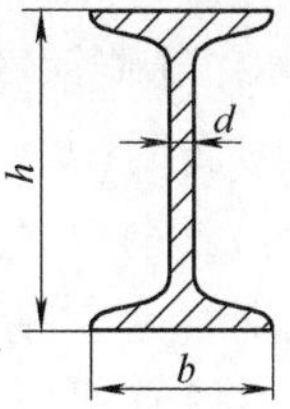 h d b h = 高度 b = 腿宽 d = 腰厚	高度×腿宽×腰厚 （或号数） 例：160×88×6 （或16号）
方钢	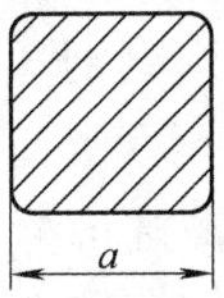 a a = 边长	边长或 边长×边长 或 边长^2 例：38或 38×38 或38^2	槽钢	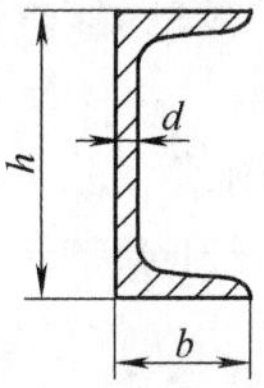 h d b h = 高度 b = 腿宽 d = 腰厚	高度×腿宽×腰厚 （或号数） 例：80×43×5 （或8号）
扁钢	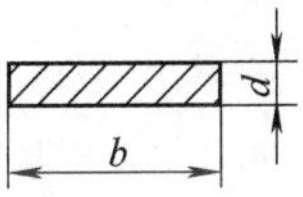 b d d = 边厚 b = 边宽	边厚×边宽 例：8×25	等边 角钢	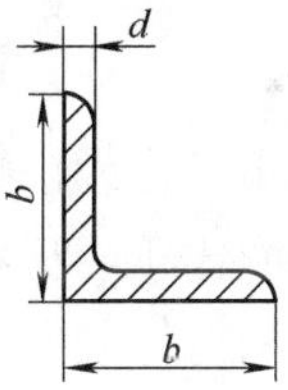 d b b d = 边厚 b = 边宽	边宽×边宽×边厚 （或号数） 例：50×50×6 （或5号）
六角钢 八角钢	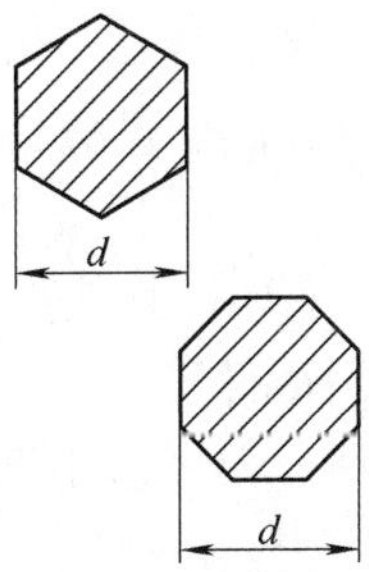 d d d = 对边距离 （内接圆直径）	对边距离 （内接圆直径） 例：20	不等边 角钢	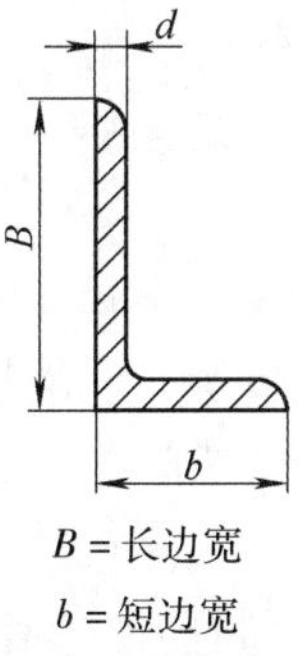 d B b B = 长边宽 b = 短边宽 d = 边厚	长边宽×短边宽×边厚 （或号数） 例：100×62×8 （或10/6.3号）

③钢带。钢带（也称带钢）是厚度较薄、宽度较窄、长度很长的钢板，一般成卷供应，其规格以厚度×宽度表示。

热轧普通钢带的厚度为2～6mm，宽度为50～300mm；冷轧普通钢带的厚度为0.05～3mm，宽度为5～200mm；低碳钢冷轧钢带的厚度为0.05～3.60mm，宽度为4～300mm。

优质碳素结构钢、弹簧钢、工具钢和不锈钢也可通过冷轧制成钢带。

④钢管。钢管分为无缝钢管（包括热轧、冷轧、冷拔、挤压管等，其规格的表示方法为外径×壁厚）和焊接钢管（包括直缝焊管和螺旋缝焊管等，其规格表示方法有两种：一种用公称直径表示，即内径或外径的近似值，通常小于实际内径；另一种用外径或外径×壁厚表示）两类；按截面形状可分为圆管、异形管（如矩形、椭圆形、半圆形、六角形管等）和变截面管（如阶梯形、锥形、周期截面管等），常用圆管。

⑤钢丝。圆形钢丝一般是圆盘料拉制而成，其规格用直径（mm）表示。实际工作中也常用线号表示规格，线号越大线径越细。圆钢丝的直径在0.16～8mm之间。

低碳钢丝俗称“铁丝”，一般为普通质量的钢。低碳钢丝分为一般用途的低碳钢丝、镀锌低碳钢丝和架空通信用镀锌低碳钢丝。除此之外，还有优质碳素结构钢钢丝、弹簧钢丝、冷顶锻用钢丝、不锈钢丝和焊条钢丝等。

2）铸件。用铸造方法获得的零件毛坯称为铸件。几乎所有的金属材料都可进行铸造，其中铸铁的应用最广，而且铸铁也只能用铸造的方法来生产毛坯。常用于铸造的碳钢为低、中碳钢。铸造既可生产几克到200余吨的铸件，也可生产形状简单到复杂的各种铸件，特别是内腔复杂的毛坯常用铸造方法生产，使铸件形状和尺寸与零件较接近，可节省金属材料和切削加工的工时。一些特种铸造方法成为少屑和无屑加工的重要方法之一。同时，铸造所用的设备简单，原材料来源广泛、价格低廉。因此，在一般情况下铸件的生产成本较低，是优先选用的毛坯。

但是铸件的组织较粗大，内部易产生气孔、缩松、偏析等缺陷，这些都影响铸件的力学性能，使铸件的力学性能比相同材料的锻件低，特别是冲击韧度差，所以一些重要零件和承受冲击载荷的零件不宜用铸件制作零件的毛坯。但随着科学技术的不断发展，一些传统锻造毛坯（如曲轴、连杆、齿轮等）也逐渐被球墨铸铁等所取代。

3）锻件。锻件是固态金属材料在外力作用下通过塑性变形而获得的。塑性变形使锻件内部的组织较细且致密，没有铸造组织中的缺陷，所以锻件比相同材料铸件的力学性能高，尤其是塑性变形后使型材中的纤维组织重新分布，符合零件受力的要求，更能发挥材料的潜力。锻件常用作需要高强度、耐冲击、抗疲劳的重要零件的毛坯。与铸造相比，锻造方法难以获得形状较复杂（特别是内腔）的毛坯，且锻件成本一般比铸件高，金属材料的利用率也较低。

自由锻造适用于单件、小批生产形状简单的零件和大型零件的毛坯，其缺点是精度不高、表面不光洁、加工余量大、消耗金属多。模锻件的形状可比自由锻件复杂，且尺寸较准确，表面较光洁，可减少切削加工成本，但模锻锤和锻模价格高，所以模锻适用于中小件的成批或大量生产。

4）冲压件。冲压可制造形状复杂的薄壁零件。冲压件的表面质量好，形状和尺寸精度高（取决于冲模质量），一般可满足互换性的要求，故一般不必再经切削加工便可直接使用。冲压生产易于实现机械化与自动化，所以生产率较高，而且产品的合格率和材料利用率高，故冲压件的制造成本低。但冲压件只适用大批生产，因为模具制造的工艺复杂、成本高、周期较长，只有在大批生产中才能显示其优越性。

5）焊接件。焊接件是借助于金属原子间的扩散和结合的作用把分离的金属制成永久性的结构件。焊接件的尺寸、形状一般不受限制，可以小拼大，结构轻便，材料利用率高，生产周期短，主要用于制造各种金属结构件，也用于制造零件的毛坯和修复零件，特别适用于制造单件、大型、形状复杂的零件或毛坯，不需要重型与专用设备，产品改型方便。焊接件接头的力学性能与母材基本接近。焊接件可以采用钢板或型钢焊接，或采用铸-焊、锻-焊或冲-焊联合工艺制成。但是焊接过程是一个不均匀加热和冷却的过程，焊接构件内易产生内应力和变形，使接头的热影响区力学性能有所下降。

（2）毛坯选择的原则　选择毛坯种类时，要在保证零件的使用要求前提下，力求毛坯质量好、成本低和制造周期短，即符合适用性原则和经济性原则。

1）适用性原则。适用性原则就是满足零件的使用要求。零件的使用要求体现在对其形状、尺寸、加工精度、表面粗糙度等外部质量和对其化学成分、金属组织、力学性能、物理性能和化学性能等内部质量的要求上。即使同一类零件，由于使用要求不同，从选择材料到选择毛坯类型和加工方法可以完全不同。例如，机床的主轴和手柄都是轴类零件，但主轴是机床的关键零件，尺寸、形状和加工精度要求很高，受力复杂，在长期使用过程中只允许发生很微小的变形，因此要选用45钢或40Cr钢等具有良好综合力学性能的材料，经过锻造制坯及严格的切削加工和热处理制成；而机床手柄则选用低碳钢圆棒料或普通灰铸铁件为毛坯，经简单的切削加工即可完成，不需要热处理。再如，燃气轮机上的叶片和风扇叶片，虽然同是具有空间几何曲面形状的叶片，但前者要求采用优质合金钢，经过精密锻造和严格的切削加工及热处理，并且需要经过严格的检验，其制造尺寸的微小偏差，将会影响工作效率，而某些内部缺陷则可能造成严重的后果；而一般的风扇叶片，只需采用低碳钢薄板冲压成形就基本完成了。

2）经济性原则。一个零件的制造成本包括其本身的材料费，以及所消耗的燃料、动力费、工资和工资附加费、各项折旧费及其他辅助性费用等分摊到该零件上的份额。因此，在选择毛坯的类型及其具体的制造方法时，应在满足零件使用要求的前提下，把几个可供选择的方案从经济上进行分析比较，从中选择成本低廉的。这里，首先要把满足使用要求和降低制造成本统一起来。脱离使用要求，对零件材质和加工质量提出过高的要求，会造成无谓的浪费；相反，一台包含有不合格零件组装的机器，虽然制造成本有所降低，但其后果或者达不到原设计的工作要求，或者大大缩短使用寿命，甚至造成严重的生产事故，这是不能允许的。其次，考虑经济性，不能只从选材和选择毛坯成形方法的角度考虑，而应从降低整体的生产成本考虑。例如，手工造型的铸件和自由锻造的锻件，毛坯的制造费用一般较低，但原材料消耗和切削加工费用都比机器造型的铸件和模锻的锻件高，零件的整体生产成本不一定合算。此外，某些单件或小批生产的零件，采用焊接件代替铸件或锻件，有时可能成本较低。

（3）毛坯选择时应考虑的其他因素

1）材料的工艺性对毛坯选择的影响。由于材料加工工艺性不同，毛坯的成形方法也各异。如铸铁、铸造铝合金、铸造铜合金等铸造性能好的材料，一般只适用于用铸造方法生产毛坯（铸件）；用塑性成形方法（锻造、冲压）生产毛坯，就要求材料具有良好的塑性；又如选用焊接方法生产毛坯时，一般要用低碳钢或低碳合金钢作为零件的材料，因其含碳量低，合金元素少，材料的焊接性较好。

2）零件的结构、形状与尺寸大小对毛坯生产方法选择的影响。毛坯的结构特征，如形状的复杂程度，体积和尺寸大小，壁和壁间的连接形式，壁的厚薄等都影响着毛坯生产方法的选择。铸造生产的毛坯形状可较复杂（特别是内腔形状复杂和壁厚较薄的箱体），焊接也可拼焊出形状复杂的坯件，其质量较铸件好，比铸件轻，但批量较大时生产率低。锻压方法一般只能生产形状较简单的毛坯，否则形状复杂的零件经锻件毛坯简化后，会使机械加工的余量增多，不仅增加机械加工的工作量，还浪费很多材料。

3）零件性能的可靠性对毛坯选择的影响。铸件内易形成各种缺陷，如晶粒粗大（特别在大截面处）、缩孔、缩松、气孔、偏析和夹杂等，废品率也较高，所以铸件的力学性能，特别是冲击韧度不如同样材料的锻件高，故一般受动载荷的零件不宜采用铸件作毛坯。对强度、冲击韧度、疲劳强度等要求高的重要零件，大多采用锻件作毛坯。由于焊接结构件主要采用轧制型材焊接而成，故焊接件的性能也较好。

4）零件生产的批量对毛坯选择的影响。一般当零件的产量较大时，宜采用高精度和高生产率的毛坯制造方法，以减少切削加工，节省金属材料和降低生产成本，如冲压、模锻、压力铸造、金属型铸造等。相反，在零件产量较小时，宜采用砂型铸造和自由锻造等方法生产毛坯。有时单件产品，特别是形状复杂、尺寸较大的零件（如箱体、支架等），用焊接方法生产毛坯，其周期短、成本低。

（4）选择毛坯的依据

1）零件的类别、用途和工作条件及其形状、尺寸和设计技术要求。根据这些就可以知道是什么样的零件，在什么条件下工作，对其外部和内部的质量有哪些要求。其中工作条件是指零件工作时的运动、受力情况，以及工作温度和接触的介质等。根据这些就可基本确定选用什么材料和何种类型的毛坯。例如，汽车和拖拉机的曲轴，它们是具有空间弯曲轴线的形状复杂的轴类零件，在高温下工作，承受交变的弯曲和冲击载荷，因此应具有良好的综合力学性能。参照已有的生产经验和资料，这类零件可选用 40、45 钢等中碳钢或 40Cr、35CrMo 钢等中碳低合金钢的锻钢毛坯，或选用 QT600-3、QT700-2 等牌号的球墨铸铁毛坯。再如机床床身，这类零件是各类机床的主体，它要支承和连接机床的各个部件，本身是非运动的零件，以承受压应力和弯曲应力为主，同时，为保证工作的稳定性，应有较好的刚度和减振性。机床床身一般都是形状复杂，并带有内腔的零件。在大多数情况下，机床床身应选用 HT150 或 HT200 铸铁件为毛坯，少数重型机械，如轧钢机、大型锻压机械的机身，可选用中碳铸钢件或合金铸钢件，个别特大型的还可采用铸钢-焊接联合结构。

2）零件的生产批量。生产批量对于选定毛坯的制造方法影响很大。一般规律是，单件、小批生产时，铸件选用手工砂型铸造方法制造，锻件采用自由锻或胎模锻方法制造，焊接件则以手工或半自动的焊接方法制造为主，薄板零件则采用钣金钳工成形的方法制造；在批量生产的条件下，则分别采用机器造型、模锻、埋弧自动焊或自动（半自动）气体保护焊以及板料冲压的方法制造毛坯。

在一定的条件下，生产批量也可影响毛坯的类型。如上述的机床床身，一般情况下都采用铸件为毛坯，但在单件生产的条件下，由于其形状复杂，造型、造芯等工作耗费材料和工时很多，经济上往往并不合算。若采用焊接件，则可大大降低生产成本，缩短生产周期，但焊接件的减振、耐磨性能不如铸铁件。

3）生产条件。制定生产方案必须与有关企业部门的具体生产条件相结合，才能兼顾适用性和经济性的原则，才是合理和切实可行的。生产条件是指一个特定的企业部门（例如一个工厂）的设备条件、工程技术人员与工人的数量、技术水平以及管理水平等。在一般情况下，应充分利用本企业的现有条件完成生产任务。当生产条件不能满足产品生产的要求时，可供选择的途径有三：第一，在本厂现有的条件下，适当改变毛坯的生产方式或对设备条件进行适当的技术改造，以采用合理的生产方式；第二，扩建厂房、更新设备，这样做有利于提高企业的生产能力和技术水平，但往往需要较多的投资；第三，与厂外进行协作。究竟采取何种方式，需要结合生产任务的要求，产品的市场需求状况及远景，本企业的发展规划和外企业的协作条件等，进行综合的技术经济分析，从中选定经济合理的方案。

例如，一个规模不大的机械工厂，承接了每年生产约2000台机床附件的生产任务，该产品由10多个小型锻件、几个铸件及一些标准件组成，总质量约150 kg。这些锻件如能采用锤上模锻的方法生产最为理想，但该厂无模锻锤。厂方经过技术经济分析，认为采用现有的胎模锻，对于这些小型锻件和这样的生产批量以及本厂的技术水平，都是切实可行和经济合理的。厂方把节省的资金用于对铸造生产进行技术改造，增置了相应型号的造型机，使铸件生产全部采用机器造型，并实现了型砂处理和铸件清理的半机械化，不仅使该产品铸件的质量得到保证，也使该厂铸造生产的能力大大提高，除完成该产品的铸件生产外，还有能力承接其他铸件的成批生产任务。

4. 典型机械零件毛坯成形方法选用示例

常用的机械零件按其形状特征和用途可分为轴杆类零件、盘套类零件和箱体类零件3大类。下面分别介绍各类零件毛坯的一般制造方法。

（1）轴杆类零件 轴杆类零件一般为回转体零件，其长度大于直径。轴是机器设备中最基本的也是十分关键的零件。轴的主要作用是支承传动零件（如齿轮、带轮、凸轮等），传递运动和动力。按其结构形状可分为光滑轴、阶梯轴、空心轴、曲轴和杆件等；按承裁不同可分为转轴（承受弯矩和转矩，如机床主轴）、传动轴（承受转矩，如车床的光杠）、心轴（主要承受弯矩，如自行车和汽车的前轴）等。轴杆类零件除承受上述载荷外，还要承受冲击和摩擦的作用，所以轴杆类零件要求具有优良的综合力学性能、抗疲劳性能和耐磨性等。

属于这类零件的有各种传动轴、机床主轴、丝杠、光杠、曲轴、偏心轴、凸轮轴、齿轮轴、连杆、拨叉、锤杆、摇臂以及螺栓、销子等，如图2-19所示。

轴杆类零件的毛坯常选用圆钢和锻件。光滑轴的毛坯一般选用圆钢，阶梯轴的毛坯应根据阶梯直径之比，选用圆钢或锻件；当零件的力学性能要求较高时，常选用锻件作毛坯。对中、低速内燃机和柴油机的曲轴、连杆、凸轮轴等零件的毛坯，可选用高强度的球墨铸铁、合金铸铁等材料的铸件，以降低制造成本。单件或小批生产的轴用自由锻件作毛坯；成批生产的中小型轴常选用模锻件为毛坯；对大型复杂的轴类件，可选用锻-焊结构件或铸-焊结构件为毛坯。例如，图2-20所示的是焊接的汽车排气阀，合金耐热钢的阀帽与普通碳素钢的阀杆接成一体，节约了合金耐热钢材料。图2-21所示为我国20世纪60年代初期制造的120000kN水压机立柱，是采用铸-焊结构的实例。该立柱每根净质量为80t，在当时的生产技术条件下，采用整体铸造或锻造均不可能，采用ZG270-500（ZG35）钢分段铸造，粗加

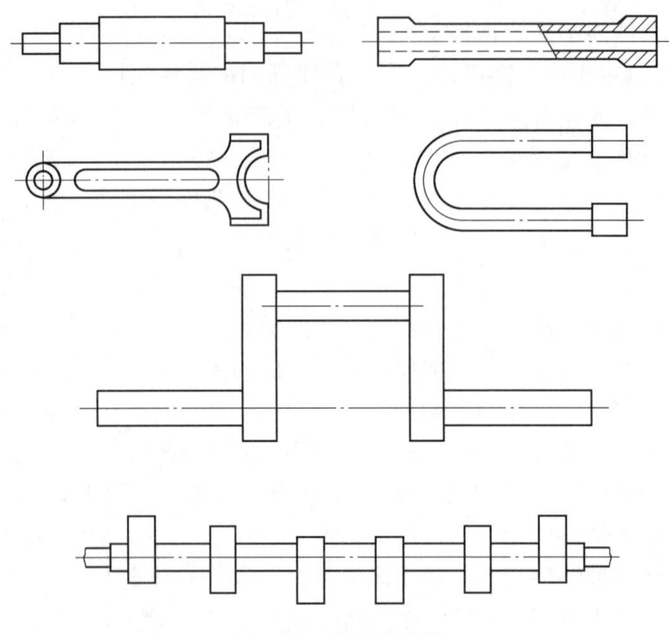

图 2-19 轴杆类零件

工后拼焊（电渣焊）成整体毛坯。

（2）盘套类零件 盘套类零件一般轴向尺寸小于径向尺寸，或者两个方向尺寸相差不大。属于这类零件的有齿轮、飞轮、带轮、法兰盘、联轴器、手轮、刀架等。由于这些零件在机械设备中的作用、要求和工作条件差异很大，因而零件的用材不相同，故毛坯的生产方法也各异。

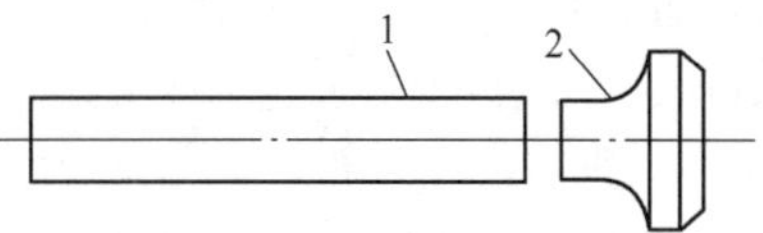

图 2-20 焊接的汽车排气阀
1—阀杆 2—阀帽

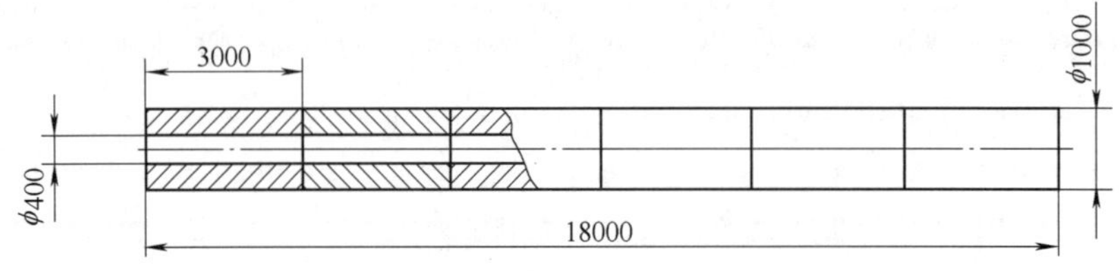

图 2-21 铸-焊结构的水压机立柱毛坯

对带轮、飞轮、手轮、垫块等一类受力不大（且主要承受压力）、结构复杂的零件，常选用灰铸铁制造，即用铸造方法生产的铸铁件作为毛坯；对单件大型零件也可用低碳钢焊接而成。对法兰盘、套环、垫圈等零件，根据受力大小以及形状和尺寸，可选用铸铁、钢、有色金属及其合金制造，分别用铸件、锻件或型材下料后作为毛坯。

齿轮是典型的盘类零件，其材料的选用前面已分析过。齿轮毛坯的选择应根据其受力的性质与大小、材料种类、结构形状、尺寸大小、生产批量等不同而异。一般中小型传力齿轮常用锻件作为毛坯；当生产批量较大时用热轧或精密模锻件作为毛坯，以提高性能、减少切削加工；直径较小的齿轮也可直接用圆钢作毛坯，结构复杂尺寸较大的齿轮可采用铸钢件或球墨铸铁件；对单件大型齿轮，可用焊接件作毛坯；对尺寸较小、厚度薄、产量大的传动齿轮，可用冲压方法直接生产零件；对一般非传力的低速齿轮，可用灰铸铁件作为毛坯。

（3）箱体类零件　箱体类零件一般结构较复杂，具有不规则的外形与内腔，壁厚也不均匀，如各种设备的机身、机座、机架、工作台、齿轮箱、轴承座、泵体等，其工作条件差异较大，但一般以承受压应力为主，并要求有较好的刚度和减振性，且同时受压、弯、冲击作用，对工作台和导轨等要求有较高的耐磨性。

对于一般承受压应力为主的箱体类零件，常选用灰铸铁。灰铸铁工艺性好，可制造形状复杂的毛坯。单件、小批生产时可用焊接件。为减小箱体类零件的重量，可选用铝合金铸件（如航空发动机箱体等）。对尺寸较大的支架，可采用铸-焊或锻-焊组合件作为毛坯。

（二）基准重合时工序尺寸及其公差的确定

工件上的设计尺寸一般要经过几道工序的加工才能得到，每道工序所应保证的尺寸称为工序尺寸，它们是逐步向设计尺寸接近的，直到最后工序才保证设计尺寸。编制工艺规程的一个重要工作就是要确定每道工序的工序尺寸及其公差。下面介绍工艺基准与设计基准重合时工序尺寸和公差的计算。

当工序基准、定位基准或测量基准与设计基准重合，表面多次加工时，工序尺寸及其公差的计算是比较容易的，例如轴、孔和某些平面的加工，计算时只需考虑各工序的加工余量和所能达到的精度，其计算顺序是由最后一道工序开始向前推算，计算步骤如下：

1）确定毛坏总余量和工序余量。

2）确定工序公差。最终工序尺寸公差等于设计尺寸公差，其余工序尺寸公差按经济精度确定。

3）求工序公称尺寸。从零件图上的设计尺寸开始，一直往前推算到毛坯尺寸，某工序公称尺寸等于后道工序公称尺寸加上或减去后道工序余量。

4）标注工序尺寸公差。最后一道工序的尺寸公差按设计尺寸标注，其余工序尺寸公差按入体原则标注。

例 2-1　某零件孔的设计要求为 $\phi100^{+0.035}_{0}$mm，Ra 值为 0.8μm，毛坯为铸铁件，其加工工艺路线为：毛坯→粗镗→半精镗→精镗→浮动镗。求各工序尺寸。

解：首先，通过查表或凭经验确定毛坯总余量与其公差、工序余量以及工序的经济精度和公差值，然后计算工序公称尺寸，结果列于表 2-10 中。

表 2-10　工序尺寸及其公差的计算

工序名称	工序余量	工序的经济精度	工序公称尺寸	工序尺寸
浮动镗	0.1	H7（$^{+0.035}_{0}$）	100	$\phi100^{+0.035}_{0}$
精镗	0.5	H9（$^{+0.087}_{0}$）	100 − 0.1 = 99.9	$\phi99.9^{+0.087}_{0}$
半精镗	2.4	H11（$^{+0.22}_{0}$）	99.9 − 0.5 = 99.4	$\phi99.4^{+0.22}_{0}$
粗镗	5	H13（$^{+0.54}_{0}$）	99.4 − 2.4 = 97	$\phi97^{+0.54}_{0}$
毛坯	8	±1.2	97 − 5 = 92 或 100 − 8 = 92	$\phi92\pm1.2$

（三）螺纹加工

按其用途不同，螺纹可分为以下 2 类。

（1）联接螺纹　用于零件间的固定联接，常见的普通螺纹、管螺纹均属联接螺纹，其牙型多为三角形，摩擦力大，利于自锁。

（2）传动螺纹　用于传递动力和运动，如机床的丝杠螺纹、测微螺杆的螺纹等，其牙型为梯形、矩形或锯齿形，强度高，利于传递动力。

与其他类型表面一样，对螺纹表面也有精度及表面质量的要求。但是，由于螺纹的用途和利用要求不同，所以对不同的螺纹其技术要求也有所不同。

对联接螺纹及无传动精度要求的传动螺纹，一般只对中径和顶径（外螺纹大径、内螺纹小径）有精度要求。

对有传动精度要求或用于读数的螺纹（如千分尺测量杆的螺纹等），除对中径和顶径提出精度要求外，还对螺距和牙型角规定有精度要求，以保证传动和读数的准确性；同时对螺纹表面粗糙度和硬度等也有较高的要求。

螺纹的加工方法很多，生产中应根据工件形状、螺纹牙型、螺纹的尺寸和精度、工件材料及热处理、生产批量等综合因素选择适宜的加工方法。常见螺纹加工方法有如下几种：

1. 攻螺纹和套螺纹

单件、小批生产中，可用手用丝锥攻螺纹，批量较大时，则用机用丝锥在车床、钻床或攻螺纹机上攻螺纹。对小尺寸的内螺纹，攻螺纹几乎是唯一有效的加工方法。套螺纹一般用于螺纹直径不大于16mm的场合，按批量大小，或手工操作，或在机床上加工。

攻螺纹和套螺纹应用较广，但因其加工精度较低，主要用于加工精度要求不高的普通螺纹。

2. 车螺纹

单件、小批生产中，可用具有螺纹牙型廓形的成形车刀在卧式车床上车削各种形状、尺寸和精度的内、外螺纹，特别适于加工尺寸较大的螺纹，适应性广、刀具简单，但生产率低，加工质量取决于机床、刀具的精度及工人的技术水平。

批量较大时，则常采用螺纹梳刀车削，以提高生产率。螺纹梳刀（见图2-22）是一种多齿的螺纹车刀，只需一次进给即可车出全部螺纹。螺纹梳刀分平体、棱体和圆体3种，以圆体螺纹梳刀最常见。梳刀具有主偏角 κ_r，可使切削负荷均匀分布在多个刀齿上，使刀齿磨损均匀。螺纹梳刀不能加工精密螺纹和螺纹附近有轴肩的工件。

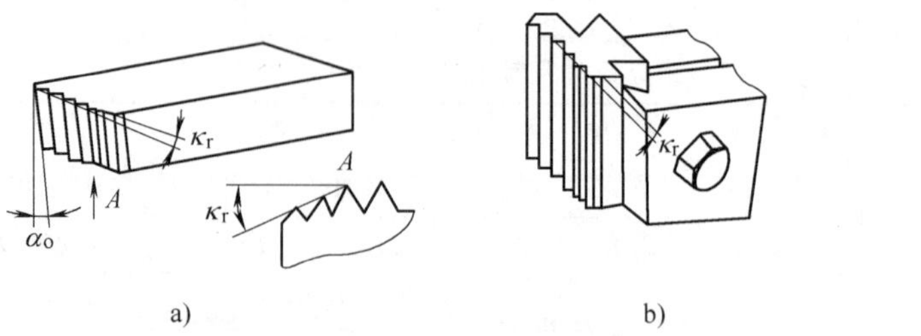

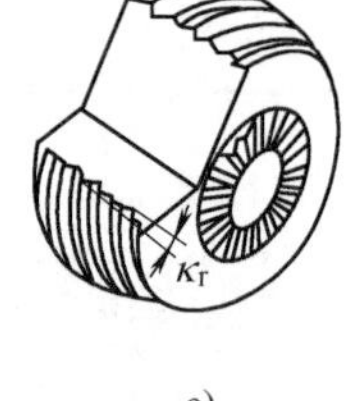

图2-22　螺纹梳刀

a）平体螺纹梳刀　b）棱体螺纹梳刀　c）圆体螺纹梳刀

3. 铣螺纹

铣螺纹比车螺纹的生产率高，在成批和大量生产中应用较广。铣螺纹一般需在螺纹铣床上进行。

按铣刀结构不同，铣螺纹有以下3种方法：

（1）盘形螺纹铣刀铣削　一般用于铣削螺距较大的传动螺纹。铣削时，铣刀轴线与工件轴线倾斜 ϕ 角（螺纹升角），如图 2-23 所示。由于加工精度较低，所以只用于粗加工，尚需车削或磨削作为精加工。

（2）梳形螺纹铣刀铣削　一般用于加工短而螺距不大的三角形内、外螺纹。铣刀切削部分长度一般应大于工件被切的螺纹长度，如图 2-24 所示。加工时工件只需转一周多一点即可切出全部螺纹，生产率很高，同时，不需要退刀槽即可加工靠近轴肩或不通孔底部的螺纹。缺点是加工精度低。

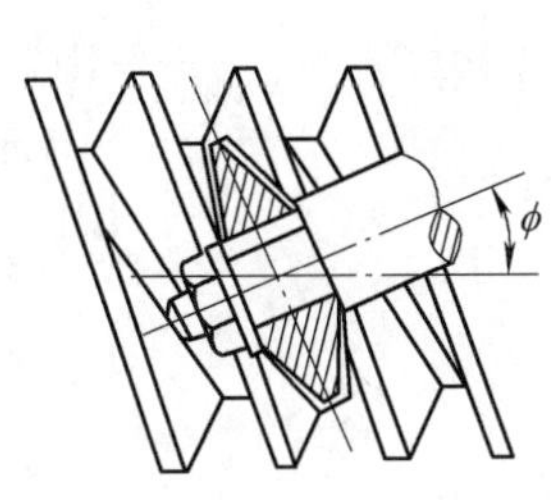

图 2-23　盘形螺纹铣刀铣螺纹

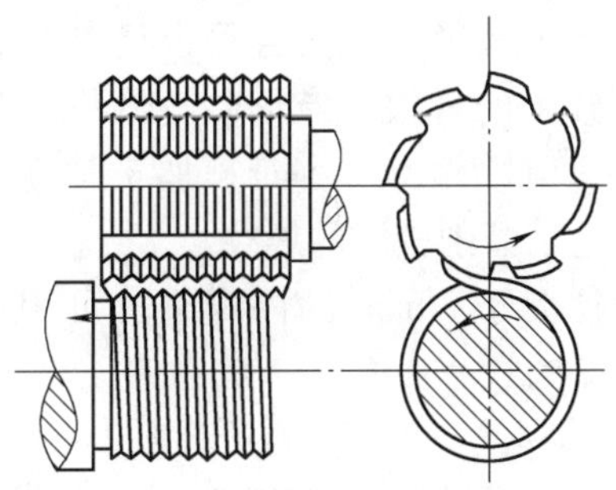

图 2-24　梳形螺纹铣刀铣螺纹

（3）旋风铣螺纹　这是一种利用装在特制旋转刀盘上的多个硬质合金刀头高速地铣削内、外螺纹的加工方法，如图 2-25 所示。铣削时，铣刀盘高速回转（17～50r/s），并沿工件轴向移动，工件则慢速回转（0.05～0.5r/s），工件每转一周，铣刀盘轴向移动一个导程（单线螺纹为螺距）。由于铣刀盘（即刀架）回转中心与工件回转中心有一偏心距，因此切削刃只在其圆弧轨迹的 1/3～1/6 圆弧上与工件接触，呈断续切削状态，刀头散热条件好。旋风铣比上述铣削方法生产率高 2～8 倍，常用于螺杆、丝杠的粗加工。

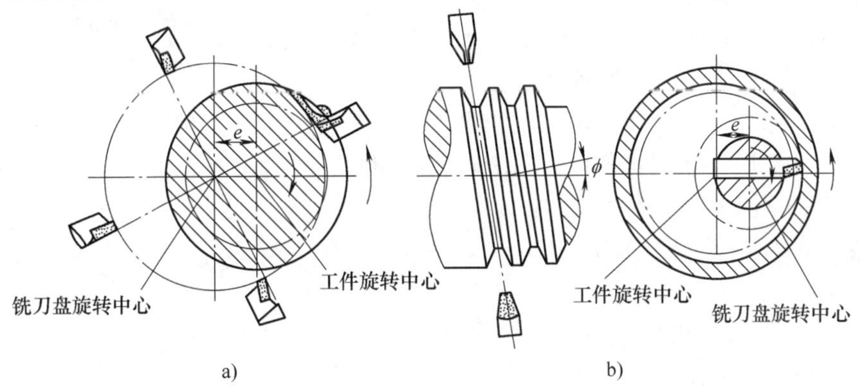

图 2-25　旋风铣螺纹
a）铣外螺纹　b）铣内螺纹

由于刀头调整费时，故多用于成批、大量生产中。旋风铣可在改装的车床或专用机床上进行。

4. 磨螺纹

磨螺纹是高精度的螺纹加工方法，常用于淬硬螺纹的精加工，如精密螺杆丝锥、滚丝轮、螺纹量规等。

磨螺纹一般在螺纹磨床上进行，磨前需用车、铣等方法粗加工；对小尺寸的精密螺纹，也可不经粗加工直接磨出。

依照砂轮形状不同，外螺纹磨削分为单线砂轮磨削（见图2-26a）和梳形砂轮磨削（见图2-26b）。

对于用单线砂轮磨螺纹，砂轮修形方便，加工精度高，而且可以磨削较长和螺距较大的螺纹；梳形砂轮磨螺纹生产率高，但砂轮修形困难，加工精度较低，仅适于磨削较短的螺纹。

直径大于30mm的内螺纹也可用单线砂轮磨削。

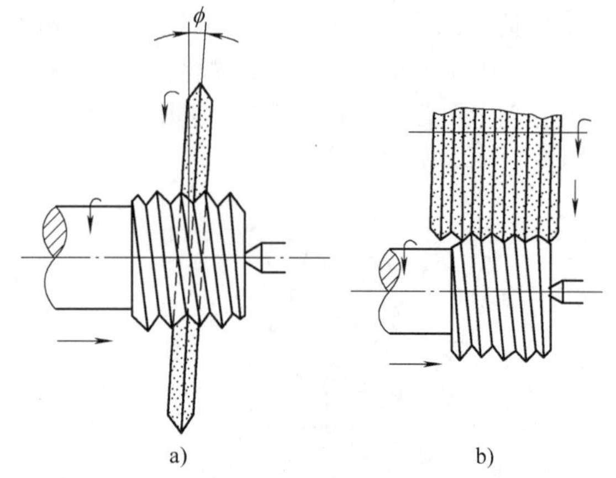

图2-26 磨螺纹

a）单线砂轮磨削 b）梳形砂轮磨削

5. 搓螺纹与滚压螺纹

这都是借助外力使工件材料产生塑性变形的无屑加工方法。

（1）搓螺纹 用一对螺纹模板（搓丝板）轧制出工件的螺纹，如图2-27所示。螺纹模板分上、下两块，其工作面的截形与被加工螺纹截形（牙型）相吻合，螺纹方向相反。工作时，上模板做往复直线运动，下模板固定，工件在两模板间滚动便被轧出螺纹。

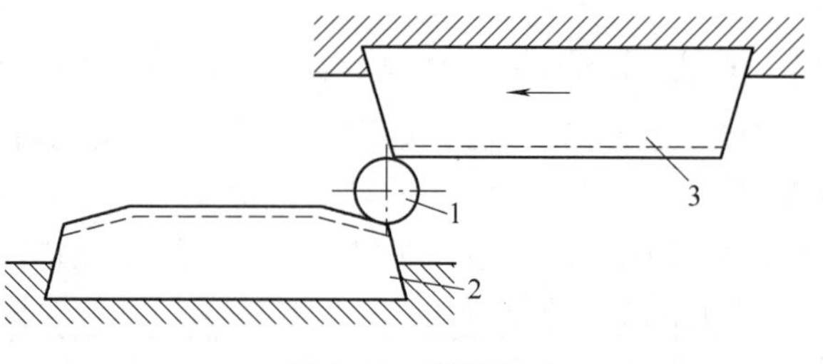

图2-27 搓螺纹

1—工件 2—下模板 3—上模板

搓螺纹的最大坯料直径为25mm，适于在大批、大量生产中加工外螺纹。

（2）滚压螺纹 用一副螺纹滚轮滚轧出工件的螺纹，如图2-28所示。两滚轮工作面截形与被加工螺纹截形（牙型）相同，两滚轮转向相同、转速相等。加工时，左轮轴心固定，右轮径向进给，逐渐滚轧至螺纹成形。

滚压螺纹的坯料直径为0.3～120mm，适于大批、大量生产加工外螺纹。

滚压螺纹与搓螺纹相比，滚压螺纹精度高、表面粗糙度值低。原因是滚轮工作面经热处理后，可在螺纹磨床上精磨，而搓螺纹用的模板热处理后精加工很难。但滚压螺纹生产率稍低。

与切削螺纹相比，搓螺纹和滚压螺纹具有如下优点：

（1）生产率高 每分钟可加工10～16件，工件直径越小，生产率越高。

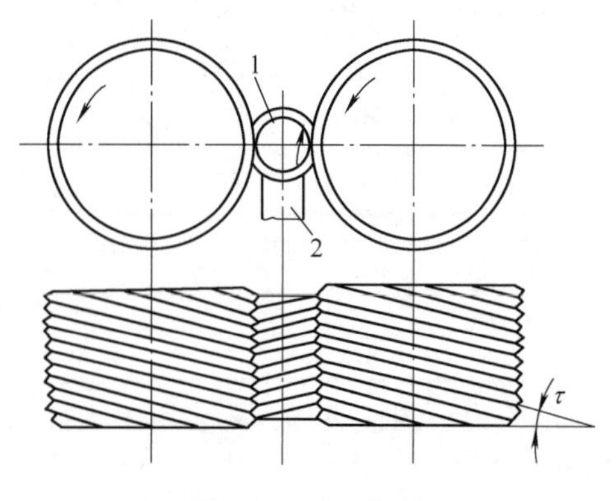

图2-28 滚压螺纹

1—工件 2—支承

（2）螺纹强度高 金属纤维未被切断，有较高的抗剪强度；塑性变形产生的表层加工硬化及较低的表面粗糙度值使疲劳强度提高。

（3）节省材料　因属无屑加工，可节省材料16%～25%。

（4）加工成本低　机床结构简单，加工批量大、生产率高，故加工成本低。

这两种螺纹加工方法的缺点是：只能加工直径较小的外螺纹，对坯料尺寸精度要求高，材料硬度不能过高（小于37HRC）。

2.2.4　习题

2-6　保证套筒类零件的位置精度要求，可以采取哪几种方法？试举例说明各种加工方法的特点和使用场合。

2-7　在加工薄壁套筒零件时，怎样防止受力变形对加工精度的影响？

2-8　图2-29所示零件，图样要求保证尺寸（6±0.1）mm，但这一尺寸不便于测量，只好通过测量L来间接保证。试求工序尺寸L及其上下极限偏差。

2-9　图2-30所示零件以A面定位，用调整法铣平面C、D及槽E。已知：L_1 =（60±0.2）mm，L_2 =（20±0.4）mm，L_3 =（40±0.8）mm。试确定其工序尺寸及其极限偏差。

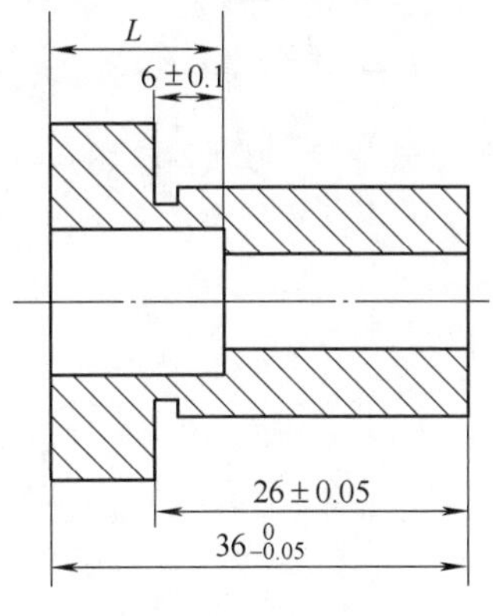

图2-29　习题2-8图

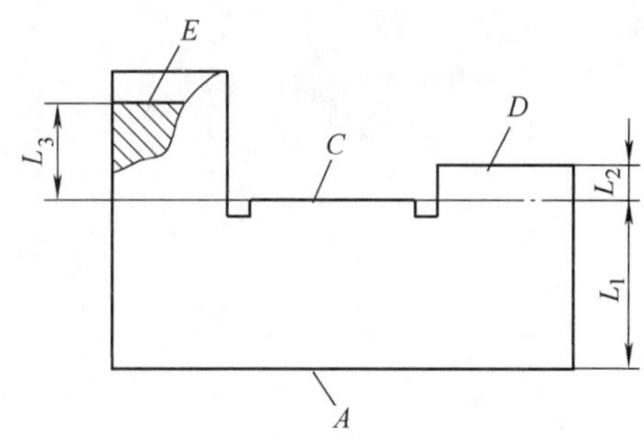

图2-30　习题2-9图

2-10　某零件的加工路线如图2-31所示：

工序Ⅰ：粗车小端外圆、台肩面及端面。

工序Ⅱ：车大端外圆及端面。

工序Ⅲ：精车小端外圆、台肩面及端面。

试校核工序Ⅲ精车小端面的余量是否合适？若余量不够应如何改进？

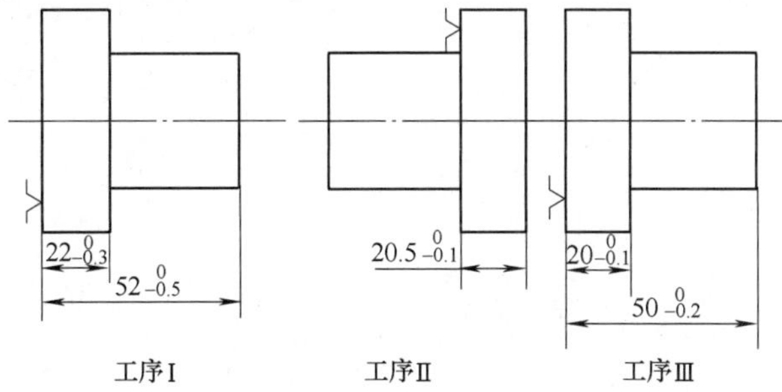

图2-31　习题2-10图

2-11 图 2-32 所示的套筒零件，除缺口 B 外，其余表面均已加工。试分析当加工缺口 B，保证尺寸 $8^{+0.20}_{0}$mm 时有几种定位方案，并算出每种定位方案的工序尺寸及极限偏差。

2-12 如图 2-33 所示，加工轴上一键槽，要求键槽深度为 $4^{+0.16}_{0}$mm，加工过程如下：

1）车轴外圆至 $\phi28.5^{0}_{-0.10}$mm。

2）在铣床上按尺寸 H 铣键槽。

3）热处理。

4）磨外圆 $28^{+0.024}_{+0.008}$mm。

试确定工序尺寸 H 及其上、下极限偏差。

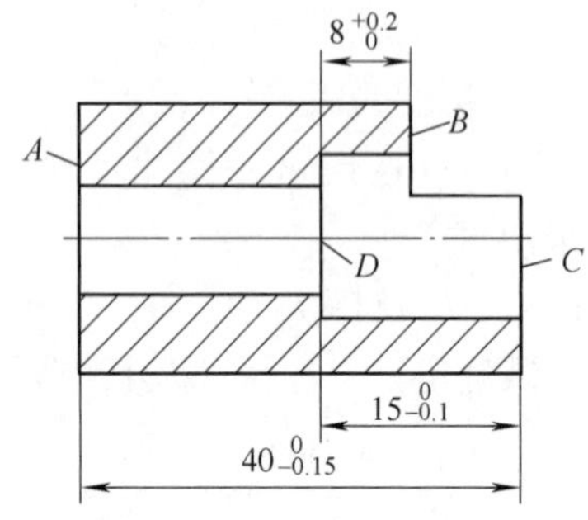

图 2-32 习题 2-11 图

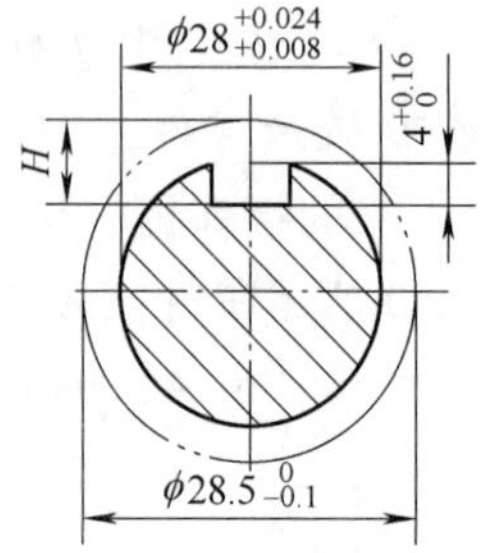

图 2-33 习题 2-12 图

项目 3　箱体类零件的机械加工工艺

【教学目标】

终极目标：会编制箱体类零件机械加工工艺。

项目 3 目标：

1. 会分析箱体类零件的工艺性能，并选定机械加工内容。
2. 会选用箱体类零件的毛坯，并确定加工方案。
3. 会确定箱体类零件的加工顺序及工艺路线。
4. 会确定箱体类零件的切削用量。
5. 会编制箱体类零件的机械加工工艺。

【工作任务】

1. 减速器箱体的机械加工工艺分析。
2. 编制减速器箱体的机械加工工艺。

减速器箱体零件图如图 3-1 所示。

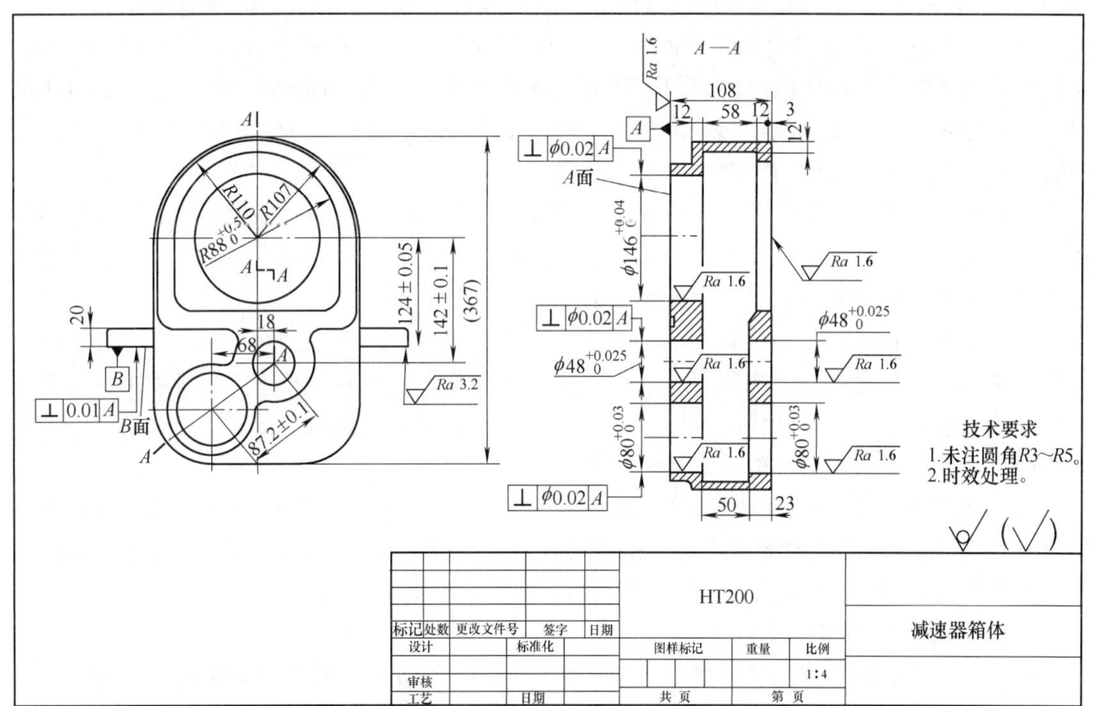

图 3-1　减速器箱体零件图

3.1 箱体类零件机械加工工艺的相关知识

3.1.1 相关实践知识

（一）箱体类零件概述

1. 箱体类零件的功用与结构特点

箱体是机器的基础零件，它将机器中有关的轴、套、齿轮等相关零件连接成一个整体，并使之保持正确的相互位置，以传递转矩或改变转速来完成需要的运动。故箱体的加工质量直接影响到机器的性能、精度和寿命。

箱体类零件的结构复杂，壁薄且不均匀，加工部位多，加工难度大。统计资料表明，一般中型机床制造厂花在箱体类零件的机械加工工时约占整个产品加工工时的15%～20%。

2. 箱体类零件的主要技术要求

箱体类零件中，机床主轴箱的精度要求较高，可归纳为以下5项精度要求：

（1）孔径精度　孔径的尺寸误差和几何形状误差会造成轴承与孔的配合不良。孔径过大，配合过松，使主轴回转轴线不稳定，并降低了支承刚度，易产生振动和噪声；孔径太小，会使配合偏紧，轴承将因外环变形，不能正常运转而缩短寿命。装轴承的孔不圆，也会使轴承外环变形而引起主轴径向跳动超差。

从上面分析可知，对孔的精度要求是较高的。主轴孔的尺寸公差等级为IT6，其余孔为IT8～IT7。孔的几何形状精度未作规定的，一般控制在尺寸公差的1/2范围内即可。

（2）孔与孔的位置精度　同一轴线上各孔的同轴度误差和孔端面对轴线的垂直度误差，会使轴和轴承装配到箱体内出现歪斜，从而造成主轴径向跳动和轴向窜动，也加剧了轴承磨损。孔系之间的平行度误差会影响齿轮的啮合质量。一般孔距公差为±0.025～±0.060mm，而同一轴线上的支承孔的同轴度约为最小孔尺寸公差之半。

（3）孔和平面的位置精度　主要孔对主轴箱安装基面的平行度，决定了主轴与床身导轨的相互位置关系。这项精度是在总装时通过刮研来达到的。为了减少刮研工作量，一般规定在垂直和水平两个方向上，只允许主轴前端向上和向前偏。

（4）主要平面的精度　装配基面的平面度影响主轴箱与床身连接时的接触刚度，加工过程中作为定位基面则会影响主要孔的加工精度，因此规定了底面和导向面必须平直。为了保证箱盖的密封性，防止工作时润滑油泄出，还规定了顶面的平面度要求。当大批生产并将顶面用作定位基面时，对它的平面度要求更高。

（5）表面粗糙度　一般主轴孔的表面粗糙度值为 Ra 0.4μm；其他各纵向孔的表面粗糙度值为 Ra 1.6μm；孔的内端面的表面粗糙度值为 Ra 3.2μm；装配基准面和定位基准面的表面粗糙度值为 Ra 2.5～0.63μm；其他平面的表面粗糙度值为 Ra 10～2.5μm。

3. 箱体类零件的材料及毛坯

箱体类零件材料常选用各种牌号的灰铸铁，因为灰铸铁具有较好的耐磨性、铸造性和可加工性，而且吸振性好，成本又低。某些负荷较大的箱体可采用铸钢件。也有某些简易箱体为了缩短毛坯制造的周期而采用钢板焊接结构。

（二）箱体结构的工艺性

箱体类零件机械加工的结构工艺性对实现优质、高产、低成本具有重要的意义。

1. 基本孔

箱体的基本孔，可分为通孔、阶梯孔、不通孔、交叉孔等几类。通孔工艺性最好，通孔内又以孔长 L 与孔径 D 之比 $L/D \leqslant 1.5$ 的短圆柱孔工艺性为最好；$L/D>5$ 的孔，称为深孔，若深孔精度要求较高，表面粗糙度值较小时，加工就很困难。

阶梯孔的工艺性与“孔径比”有关。孔径相差越小则工艺性越好；孔径相差越大，且其中最小的孔径又很小，则工艺性越差。相贯通的交叉孔的工艺性也较差。

不通孔的工艺性最差，因为在精镗或精铰不通孔时，要用手动送进，或采用特殊工具送进。此外，不通孔的内端面的加工也特别困难，故应尽量避免。

2. 同轴孔

同一轴线上孔径大小向一个方向递减（如 CA6140 的主轴孔），镗孔时，镗杆从一端伸入，逐个加工或同时加工同轴线上的几个孔，以保证较高的同轴度和生产率。单件小批生产时一般采用这种分布形式。

同轴线上的孔的直径大小从两边向中间递减（如 CA6140 主轴箱轴孔），镗孔时，可使刀杆从两边进入，这样不仅缩短了镗杆长度，提高了镗杆的刚度，而且为双面同时加工创造了条件。所以大批量生产的箱体，常采用此种孔径分布形式。

同轴线上孔的直径的分布形式，应尽量避免中间隔壁上的孔径大于外壁的孔径，因为加工这种孔时，要将刀杆伸进箱体后装刀、对刀，结构工艺性差。

3. 装配基面

为便于加工、装配和检验，箱体的装配基面尺寸应尽量大，形状应尽量简单。

4. 凸台

箱体外壁上的凸台应尽可能安排在同一个平面上，以便于在一次走刀中加工出来，而无须调整刀具的位置，使加工简单方便。

5. 紧固孔和螺纹孔

箱体上的紧固孔和螺纹孔的尺寸规格应尽量一致，以减少刀具数量和换刀次数。

此外，为保证箱体有足够的动刚度与抗震性，应酌情合理使用肋板、肋条，加大圆角半径，收小箱口，加厚主轴前轴承口厚度等。

（三）箱体的机械加工工艺过程及工艺分析

在制定箱体零件机械加工工艺规程时，有一些基本原则应该遵循。

1. 先面后孔

先加工平面，后加工孔是箱体加工的一般规律。平面面积大，用其定位稳定可靠。支承孔大多分布在箱体外壁平面上，先加工外壁平面可切去铸件表面的凹凸不平及夹砂等缺陷，这样可减少钻头引偏，防止刀具崩刃等，对孔加工有利。

2. 粗精分开、先粗后精

箱体的结构形状复杂，主要平面及孔系加工精度高，一般应将粗、精加工工序分阶段进行，先进行粗加工，后进行精加工。

3. 基准的选择

箱体零件一般都用它上面的重要孔和另一个相距较远的孔作粗基准，以保证孔加工时余量均匀。精基准选择一般采用基准统一的方案，常以箱体零件的装配基准或专门加工的1面2孔为定位基准，使整个加工工艺过程基准统一，夹具结构类似，基准不重合误差降至最小甚至为零（当基准重合时）。

4. 工序集中，先主后次

箱体零件上相互位置要求较高的孔系和平面，一般尽量集中在同一工序中加工，以保证其相互位置要求和减少装夹次数。紧固螺纹孔、油孔等次要工序的安排，一般在平面和支承孔等主要加工表面精加工之后再进行加工。

（四）箱体平面的加工方法

箱体平面加工的常用方法有刨、铣和磨3种。刨削和铣削常用作平面的粗加工和半精加工，而磨削则用作平面的精加工。

刨削加工的特点是：刀具结构简单，机床调整方便，通用性好。在龙门刨床上可以利用几个刀架，在工件的一次安装中完成几个表面的加工，能比较经济地保证这些表面间的位置精度要求。精刨还可代替刮研来精加工箱体平面。精刨时采用宽直刃精刨刀，在经过拉修和调整的刨床上，以较低的切削速度（一般为4～12m/min），在工件表面上切去一层很薄的金属（一般为0.007～0.1mm）。精刨后的表面粗糙度值可达 Ra 0.63～2.5μm，平面度可达0.002mm/m。因为宽刃精刨的进给量很大（5～25mm/双行程），生产率较高。

铣削生产率高于刨削，在中批以上生产中多用铣削加工平面。当加工尺寸较大的箱体平面时，常在多轴龙门铣床上，用几把铣刀同时加工各有关平面，以保证平面间的相互位置精度并提高生产率。近年来面铣刀在结构、制造精度、刀具材料和所用机床等方面都有很大进展，如不重磨面铣刀的齿数少，平行切削刃的宽度大，每齿进给量 f_z 可达数毫米。

平面磨削的加工质量比刨削和铣削都高，而且还可以加工淬硬零件。磨削平面的表面粗糙度值可达 Ra 0.32～1.25μm。生产批量较大时，箱体的平面常用磨削来精加工。为了提高生产率和保证平面间的位置精度，还常采用组合磨削来精加工平面。

（五）箱体孔系的加工方法

箱体上若干有相互位置精度要求的孔的组合，称为孔系。孔系可分为平行孔系、同轴孔系和交叉孔系，如图3-2所示。孔系加工是箱体加工的关键，根据箱体加工批量的不同和孔系精度要求的不同，孔系加工所用的方法也是不同的，现分别予以讨论。

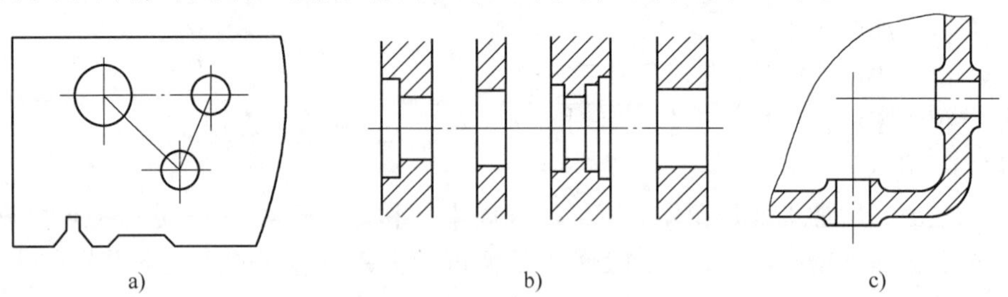

图3-2 孔系分类

a）平行孔系 b）同轴孔系 c）交叉孔系

1. 平行孔系的加工

下面主要介绍如何保证平行孔系孔距精度的方法。

（1）找正法 找正法是在通用机床（镗床、铣床）上利用辅助工具来找正所要加工孔的正确位置的加工方法。这种找正法加工效率低，一般只适于单件小批生产。找正时除根据划线用试镗方法外，有时借用心轴和量块或用样板找正，以提高找正精度。

图3-3所示为用心轴和量块的找正法。镗第一排孔时将心轴插入主轴孔内（或直接利用镗床主轴），然后根据孔和定位基准的距离组合一定尺寸的量块来校正主轴位置。校正时用塞尺测定量块与心轴之间的间隙，以避免量块与心轴直接接触而损伤量块（图3-3a）。镗第二排孔时，分别在机床主轴和已加工孔中插入心轴，采用同样的方法来校正主轴轴线的位置，以保证孔距的精度（图3-3b）。这种找正法的孔距精度可达±0.03mm。

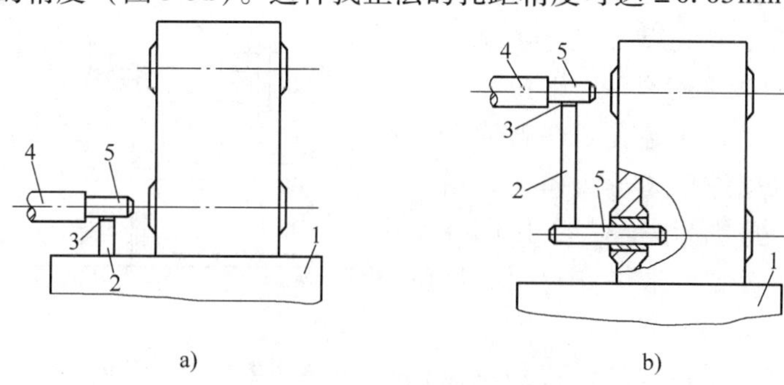

图3-3　心轴和量块找正法

a）第一工位　b）第二工位

1—镗床工作台　2—量块　3—塞尺　4—镗床主轴　5—心轴

图3-4所示为样板找正法，用10～20mm厚的钢板制成样板，装在垂直于各孔的端面上（或固定于机床工作台上），样板上的孔距精度较箱体孔系的孔距精度高（一般±0.01～±0.03mm），样板上的孔径较工件的孔径大，以便于镗杆通过。样板上的孔径要求不高，但要有较高的形状精度和较小的表面粗糙度值。当样板准确地装到工件上后，在机床主轴上装一个千分表，按样板找正机床主轴，找正后，即换上镗刀加工。此法加工孔系不易出差错，找正方便，孔距精度可达±0.05mm。这种样板的成本低，仅为镗模成本的1/7～1/9，单件小批生产中大型的箱体加工可用此法。

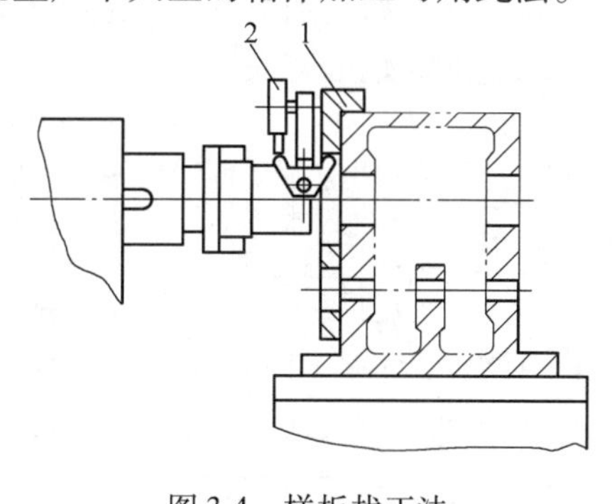

图3-4　样板找正法

1—千分表　2—样板

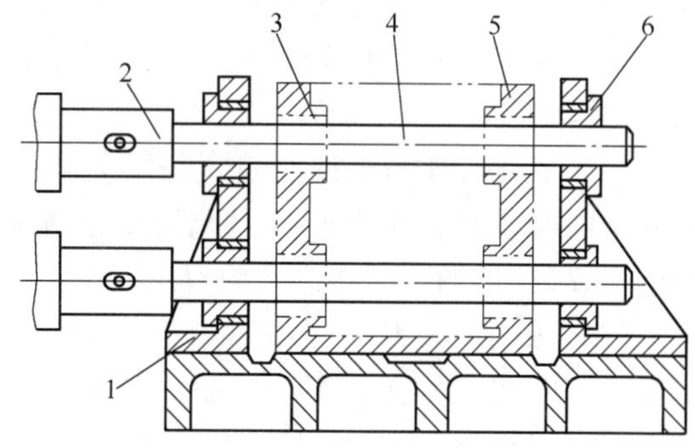

图3-5　用镗模加工孔系

1—镗架支承　2—镗床主轴　3—镗刀

4—镗杆　5—工件　6—导套

（2）镗模法　在成批生产中，广泛采用镗模加工孔系，如图3-5所示。工件装夹在镗模上，镗杆被支承在镗模的导套里，导套的位置决定了镗杆的位置，装在镗杆上的镗刀将工件上相应的孔加工出来。当用两个或两个以上的支承来引导镗杆时，镗杆与机床主轴必须浮动连接。当采用浮动连接时，机床精度对孔系加工精度影响很小，因而可以在精度较低的机床上加工出精度较高的孔系。孔距精度主要取决于镗模，一般可达 ±0.05mm。能加工公差等级 IT7 的孔，其表面粗糙度值可达 *Ra* 5 ~ 1.25μm。当从一端加工，镗杆两端均有导向支承时，孔与孔之间的同轴度和平行度误差可达 0.02 ~ 0.03mm；当分别由两端加工时，可达 0.04 ~ 0.05mm。

用镗模法加工孔系，既可在通用机床上加工，也可在专用机床上或组合机床上加工，图 3-6 所示为在组合机床上用镗模加工孔系。

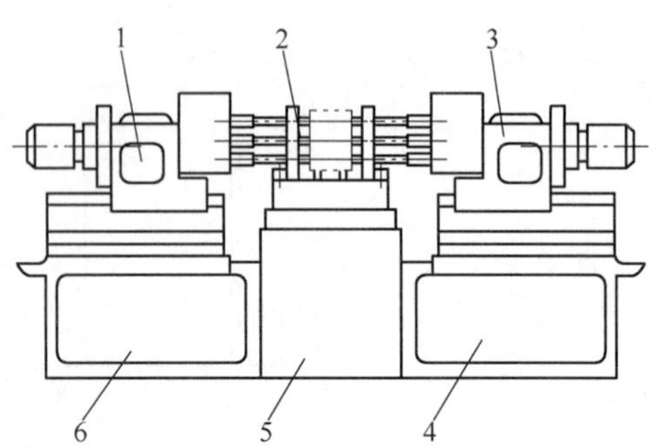

图 3-6 在组合机床上用镗模加工孔系
1—左动力头 2—镗模 3—右动力头
4、6—侧底座 5—中间底座

(3) 坐标法 坐标法镗孔是在普通卧式镗床、坐标镗床或数控镗铣床等设备上，借助于精密测量装置，调整机床主轴与工件间在水平和垂直方向的相对位置，来保证孔距精度的一种镗孔方法。

采用坐标法加工孔系时，要特别注意选择基准孔和镗孔顺序，否则，坐标尺寸累积误差会影响孔距精度。基准孔应尽量选择本身尺寸精度高、表面粗糙度值小的孔（一般为主轴孔），这样，在加工过程中便于校验其坐标尺寸。孔距精度要求较高的两孔应连在一起加工，加工时，应尽量使工作台朝同一方向移动，因为工作台多次往复，其间隙会产生误差，影响坐标精度。

现在国内外许多机床厂，已经直接用坐标镗床或加工中心机床来加工一般机床箱体。这样就可以加快生产周期，适应机械行业多品种小批量生产的需要。

2. 同轴孔系的加工

成批生产中，箱体上同轴孔的同轴度几乎都由镗模来保证。单件小批生产中，其同轴度用下面几种方法来保证：

(1) 用已加工孔做支承导向 如图 3-7 所示，当箱体前壁上的孔加工好后，在孔内装一导向套，以支承和引导镗杆加工后壁上的孔，从而保证两孔的同轴度要求。这种方法只适于加工距箱壁较近的孔。

(2) 利用镗床后立柱上的导向套支承导向 这种方法，镗杆是两端支承，刚度好。但此法调整麻烦，镗杆长，很笨重，故只适于单件小批生产中大型箱体的加工。

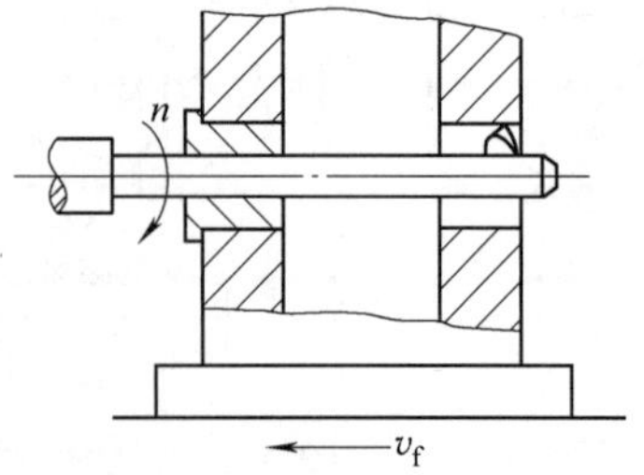

图 3-7 利用已加工孔做支承导向

(3) 采用调头镗 当箱体箱壁相距较远时，可采用调头镗。工件在一次装夹下，镗好一端孔后，将镗床工作台回转 180°，调整工作台位置，使已加工孔与镗床主轴同轴，然后再加工另一端孔。当箱体上有一较长并与所镗孔轴线有平行度要求的平面时，镗孔前应先用装在镗杆上的百分表对此平面进行校正，如图 3-8a 所示，使其和镗杆轴线平行，校正后加工孔 *B*。孔 *B* 加工后，回转工作台，并用镗杆上装的百分表沿此平面重新校正，这样就可保证工作台准确地回转 180°，如图 3-8b 所示，然后再加工孔 *A*，从而保证孔 *A*、*B* 同轴。

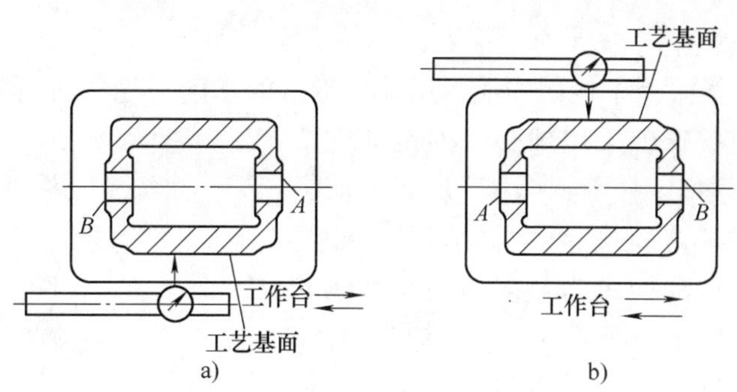

图 3-8　调头镗孔时工件的校正
a）第一工位　b）第二工位

3.1.2　相关理论知识

零件的机械加工是在由机床、夹具、刀具和工件所组成的工艺系统中进行的，因此，工艺系统中各方面的误差都有可能造成工件的加工误差。凡是能直接引起加工误差的各种因素都称为原始误差。

原始误差的存在，使工艺系统各组成部分之间的位置关系或速度关系偏离了理想状态，致使加工后的零件产生了加工误差。例如，在图 3-9 所示的活塞销孔精镗工序中存在以下一些原始误差：由于定位基准不是设计基准而产生的定位误差，以及由于夹紧力过大而产生的夹紧误差称为工件装夹误差；由于加工前必须对机床、刀具和夹具进行调整，而产生了对刀误差；工艺系统在加工过程中受切削力、切削热和摩擦影响而产生的受力变形、热变形和磨损，也会造成加工误差。

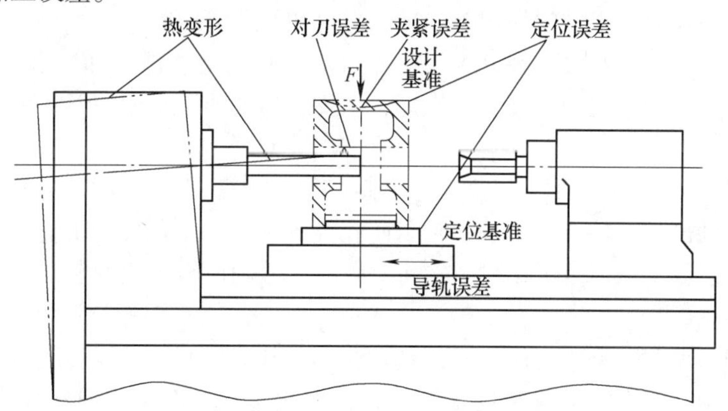

图 3-9　活塞销孔精镗工序中的原始误差

在加工过程中产生的原始误差称为工艺系统的动误差。在加工前就已经存在的机床、刀具、夹具本身的制造误差称为工艺系统的几何误差，或工艺系统的静误差。

在加工完毕，对工件进行测量时，由于测量方法和量具本身的误差会产生测量误差。

此外，工件在毛坯制造、切削加工和热处理时，由于力和热的作用而产生的内应力，也会引起工件变形而产生加工误差。有时由于采用了近似的成形方法进行加工，还会造成加工原理误差。原始误差可归纳分类如下：

（一）加工原理误差

加工原理误差是指采用了近似的成形运动或近似的切削刃轮廓进行加工而产生的误差。例如，在三坐标数控铣床上采用球头铣刀铣削复杂表面时（图 3-10），常采用“行切法”加工，加工时刀具与零件轮廓的切点轨迹是一行一行的。按这种方法加工，是将空间曲面视为众多的平面截线的集合。实际上，数控机床一般只具有直线插补功能，所以实际加工时是按照允许的逼近误差，用许多很短的折线去逼近要加工的曲线。因此，在曲线或曲面的数控加工中，刀具相对于工件的成形运动对于设计曲面来说是近似的。又比如滚齿用的齿轮滚刀为了制造方便，采用阿基米德蜗杆或法向直廓蜗杆代替渐开线蜗杆而产生的切削刃齿廓近似误差；用模数铣刀铣削齿轮时，也采用近似切削刃齿廓，同样会产生加工原理误差。

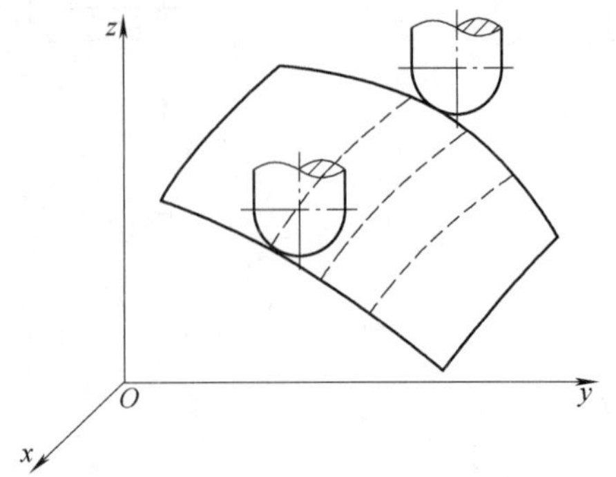

图 3-10　在三坐标数控铣床上铣削复杂表面

采用近似的成形运动或近似的切削刃轮廓，虽然会带来加工原理误差，但往往可简化机床结构或刀具形状，或可提高工作效率，有时因机床结构或刀具形状的简化而使近似加工的精度比使用准确切削刃轮廓及准确成形运动进行加工所得到的精度还要高。因此，有加工原理误差的加工方法在生产中仍在广泛使用。

（二）工艺系统的静误差

1. 机床误差

机床误差包括机床的制造误差、安装误差和磨损等。机床误差的项目很多，这里主要分析对加工精度影响较大的主轴回转误差、导轨误差和传动链误差。

（1）主轴回转误差　机床主轴用来装夹工件或刀具的基准件，并传递切削运动和动力。主轴的回转精度是机床精度的一项重要指标，主要影响被加工零件的形状精度、位置精度和表面粗糙度。

1）主轴回转误差的基本形式。主轴回转时，其回转轴线的空间位置理论上固定不变，实际上，由于主轴部件中轴承、轴颈、轴承座孔等的制造误差和装配质量、润滑条件，以及回转过程中多方面的动态因素的影响，在每一瞬时，主轴回转轴线的空间位置都在变化，即存在着回转误差。

所谓主轴回转误差，是指主轴实际回转轴线相对其理想回转轴线的漂移。实际上，理想回转轴线虽然理论上存在，但无法确定其位置，因此通常是以平均回转轴线（各瞬时回转轴线的平均位置）来代替。

主轴回转轴线的运动误差可以分解为径向跳动、轴向窜动和倾角摆动 3 种基本形式，如图 3-11 所示。主轴回转精度可以通过传感器测量，并在示波器上显示出来。

2）主轴回转误差对加工精度的影响。主轴回转误差对加工精度的影响，取决于不同截面内主轴瞬时回转轴线相对于刀尖位置的变化情况。对于不同的加工方法和不同形式的主轴，回转误差所造成的加工误差通常不同。

①主轴的径向跳动对加工精度的影响。主轴的径向跳动会使工件产生圆度误差，但径向跳动的方式和规律不同，加工方法不同（如车削和镗削），对加工精度的影响也不同。

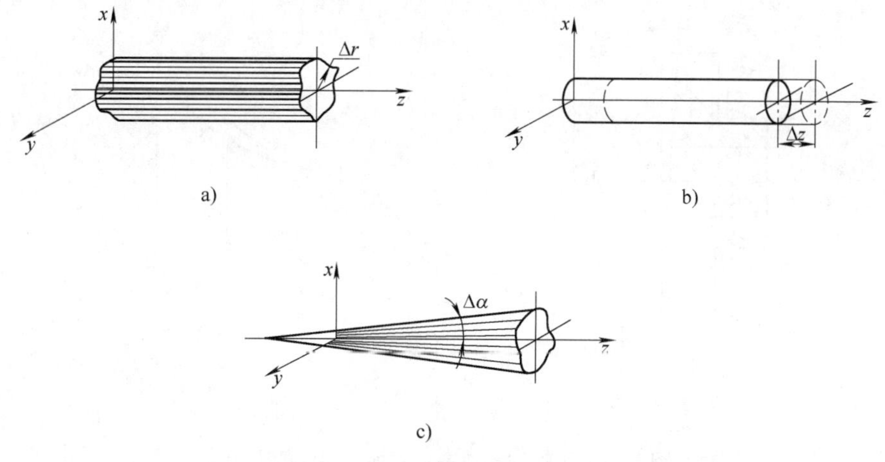

图 3-11 主轴回转误差的基本形式

a）径向跳动 b）轴向窜动 c）倾角摆动

在镗床上镗孔如图 3-12 所示，刀具回转，工件不转。假设主轴回转中心在 y 方向上作简谐直线运动，其频率与主轴转速相同，振幅为 A，则镗刀刀尖的运动轨迹为一椭圆，而加工出的孔即呈现椭圆形状，其圆度误差为 A。

在车床上车外圆如图 3-13 所示，当工件旋转而刀具不动时，若主轴径向跳动规律同前，则车削得到的工件表面接近于正圆。但由于加工面轴心 O_M 与工序定位基准轴心 O_0 不重合，可能造成加工面的同轴度误差。

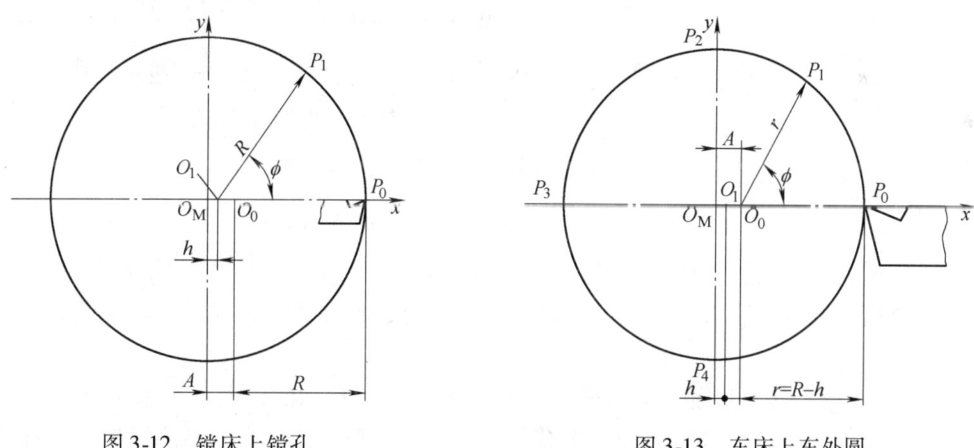

图 3-12 镗床上镗孔

图 3-13 车床上车外圆

上面以特例说明了主轴径向跳动对加工误差的影响。实际上，主轴径向跳动规律很复杂，因而引起的工件圆度误差形式也很复杂，通常只能用实测的方法加以确定。

②主轴的轴向窜动对加工精度的影响。主轴的轴向窜动对圆柱面的加工精度没有影响，但在加工端面时，会使车出的工件端面与轴线不垂直，如图 3-14a 所示。如果主轴在每回转一周的过程中跳动一次，则加工出的端面近似为螺旋面。加工螺纹时，主轴的轴向窜动将使螺距产生周期误差，如图 3-14b 所示。

因此，对机床主轴轴向窜动的幅值通常都有严格的要求，如精密车床的主轴轴向窜动不能超过 3μm。

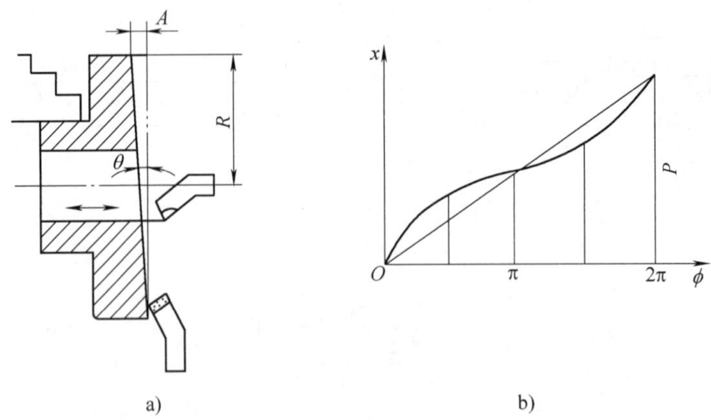

图 3-14 主轴的轴向窜动对加工精度的影响

a）工件端面与轴线不垂直 b）螺距周期误差

③主轴的倾角摆动对加工精度的影响。主轴的倾角摆动对加工精度的影响与径向跳动对加工精度的影响相似，其区别在于，倾角摆动不仅影响工件加工表面的圆度误差，而且影响工件加工表面的圆柱度误差。图 3-15 所示为在镗床上镗孔时主轴的倾角摆动对加工精度的影响。

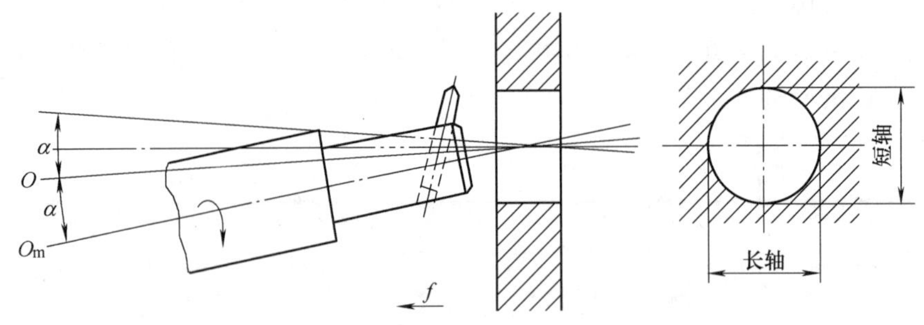

图 3-15 镗孔时主轴的倾角摆动对加工精度的影响

还需指出，主轴实际工作时，其回转轴线的漂移运动通常是上述 3 种形式误差运动的合成，故由此而引起的加工误差很复杂，既有圆度误差，也有圆柱度误差，还有端面的形状误差。

3）影响主轴回转精度的主要因素。主轴回转误差与轴承的误差、轴承的间隙、轴承配合零件的误差以及主轴转速等多种因素有关。对于不同类型的机床和不同类型的主轴结构形式，其主轴轴承原始误差对主轴回转精度的影响不同。

①滑动轴承误差对主轴回转精度的影响。主轴采用滑动轴承时，轴承误差主要来源于主轴轴颈和轴承孔的圆度误差。

对于工件回转类机床，切削力的方向大体不变，主轴在切削力的作用下，其轴颈以不同部位和轴承孔的某一固定部位相接触。因此，影响主轴回转精度的主要是主轴轴颈的圆度和波纹度，而轴承孔的形状误差影响较小。如果主轴颈是椭圆形的，那么，主轴每回转一周，主轴回转轴线就径向跳动两次，如图 3-16a 所示。主轴轴颈表面如有波纹，主轴回转时将产生高频的径向跳动。

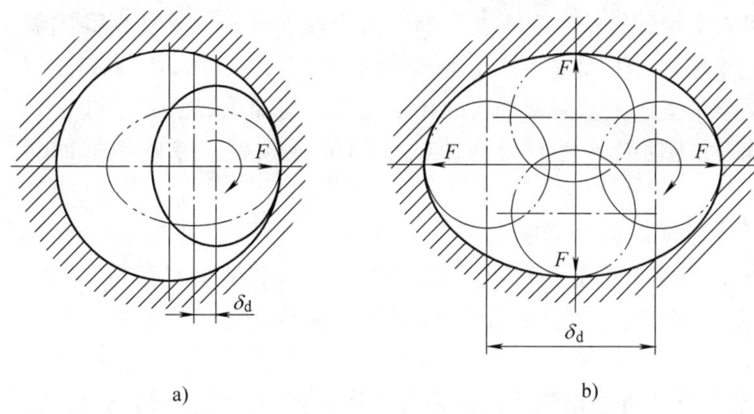

图 3-16　采用滑动轴承时主轴的径向跳动
a）工件回转类机床　b）刀具回转类机床

对于刀具回转类机床，由于切削力方向随主轴的回转而变化，主轴轴颈在切削力作用下总是以某一固定部位与轴承孔内表面的不同部位接触。此时，对主轴回转精度影响较大的是轴承孔的圆度。如果轴承孔是椭圆形的，则主轴每回转一周，就径向跳动一次，如图 3-16b 所示。轴承内孔表面如有波纹，主轴同样会产生高频径向跳动。上面的分析仅适用于单油楔动压轴承。如采用多油楔动压轴承，主轴回转时产生的几个油楔，把轴颈推向中央，油膜刚度也较单油楔为高，故主轴回转精度较高，此时主要影响回转精度的是轴颈的圆度。如果采用静压轴承，由于油膜压力是由液压泵提供的，与主轴转速无关，同时外载荷由油腔间的压力变化差来平衡，因此油膜厚度变化引起的轴线漂移小于动压轴承。此外，静压轴承与动压轴承相比油膜较厚，能对轴承孔或轴颈的圆度误差起均化作用，故可得到较高的主轴回转精度。

②滚动轴承误差对主轴回转精度的影响。主轴采用滚动轴承时，滚动轴承的内圈、外圈和滚动体本身的几何精度将影响主轴回转精度。在分析时，可将滚动轴承的外圈滚道看成轴承孔，而滚动轴承的内圈滚道看成轴颈。因此，对于工件回转类机床，滚动轴承内圈滚道圆度对主轴回转精度影响较大；而对于刀具回转类机床，滚动轴承外圈滚道圆度对主轴回转精度影响较大。滚动轴承的内、外圈滚道若有波纹，则无论刀具回转类还是工件回转类机床都将引起主轴的高频径向跳动。

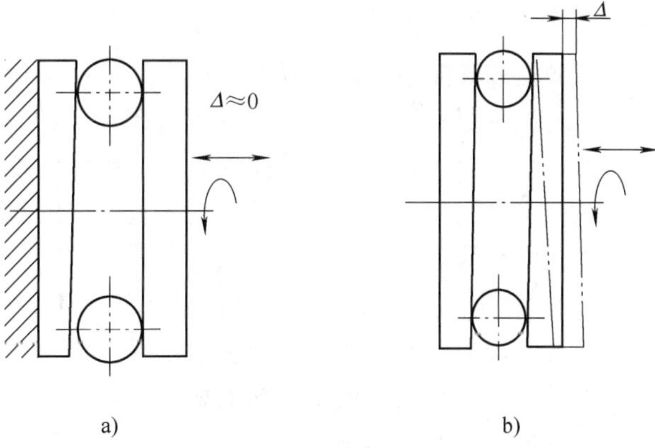

图 3-17　推力轴承端面误差
a）一个滚道端面有误差　b）两个滚道端面均有误差

推力轴承滚道端面误差会引起主轴轴向窜动，如图 3-17 所示。若只有一个端面滚道存在误差，对轴向窜动影响很小；只有当两个滚道端面均存在误差时，才会引起较大的窜动量。

③轴承配合质量对主轴回转精度的影响。与轴承相配合的零件的制造

精度和装配质量对主轴回转精度有重要影响。由于轴承内、外圈或轴瓦很薄，受力后容易变形，因此，与之相配合的轴颈或箱体支承孔的圆度误差，会使轴承圈或轴瓦发生变形而产生圆度误差，其结果是造成主轴回转轴线的径向漂移。与轴承端面配合的零件，如果端面平面度超差或与主轴回转轴线不垂直，会使轴承圈滚道倾斜，造成主轴回转轴线的轴向漂移。

轴承间隙对主轴回转精度影响也很大。对于滑动轴承，过大的轴承间隙会使主轴工作时油膜厚度增大，油膜承载能力降低，当工作条件（载荷、转速等）变化时，引起油楔厚度变化，造成主轴轴线漂移。对于滚动轴承，轴承间隙过大也将造成主轴轴线的径向漂移。

4）提高主轴回转精度的措施。无论是刀具回转类还是工件回转类机床，主轴回转精度对工件加工表面的形状精度都有重大影响，因此，提高主轴的回转精度是获得高精度加工表面的主要手段。提高主轴回转精度的措施包括如下几个方面：

①提高主轴部件的设计与制造精度。首先应选用高精度的滚动轴承，或采用高精度的静压轴承或多油楔动压轴承，其次是提高主轴轴颈、箱体支承孔和其他与轴承相配合零件的有关表面的加工精度。

②对滚动轴承进行预紧。通过对滚动轴承施加适当的预紧力以消除轴承间隙，甚至产生微量过盈。这样既可增加轴承刚度，又能对轴承内外圈滚道和滚动体的误差起均化作用，从而能有效提高主轴的回转精度。

③采用误差转移法。通过采用专用的工艺装备和夹具直接保证工件在加工过程中的回转精度，使主轴的误差不再反映到工件上，这是保证工件形状精度的简单而有效的方法。例如，在外圆磨床上磨削外圆柱面时，为了避免工件头架主轴回转误差的影响，工件采用两个固定顶尖支承，如图 3-18 所示。此时主轴只起传动作用，回转精度完全取决于顶尖和顶尖孔的形状误差和同轴度误差，而提高顶尖和顶尖孔的精度要比提高主轴部件的精度容易且经济得多。

(2) 导轨导向误差　机床导轨是机床中确定主要部件相对位置的基准，也是运动的基准。

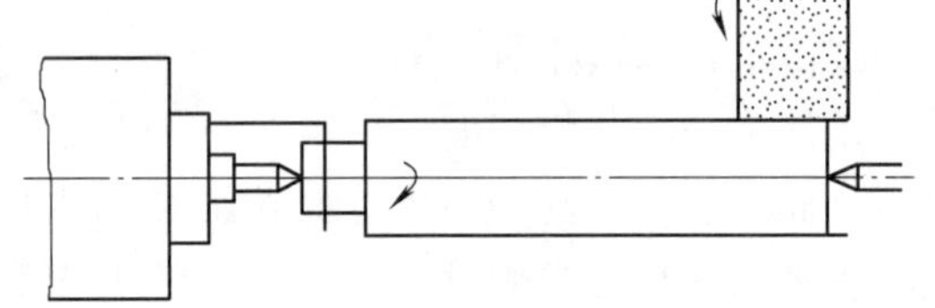

图 3-18　用两个固定顶尖支承磨外圆

机床导轨的导向精度是指导轨副的运动件实际运动方向与理想运动方向的符合程度，这两者之间的偏差值称为导向误差。由于机床导轨副的制造误差、安装误差、配合间隙以及磨损等因素影响，会使导轨产生导向误差。在机床的精度标准中，直线导轨的导向精度一般包括：导轨在水平面内的直线度、导轨在垂直面内的直线度、前后导轨的平行度（扭曲）、导轨对主轴回转轴线的平行度（或垂直度）等。

1）导轨导向精度对加工精度的影响。对于不同的加工方法和加工对象，导轨导向误差所引起的加工误差也不一样。在分析导轨导向误差对加工精度的影响时，主要应考虑导轨误差引起刀具与工件在误差敏感方向的相对位移。下面以在车床上车削圆柱面为例，分析导轨导向误差对加工精度的影响。

①导轨在水平面内的直线度误差。在卧式车床上车削外圆柱面时，若床身导轨在水平面内存在直线度误差 Δx，如图 3-19 所示，则由 Δx 引起的加工半径误差 $\Delta R=\Delta x$。由此可以看

出车床导轨在水平面内的直线度误差对加工精度的影响较大。

②导轨在垂直面内的直线度误差。导轨在垂直面内的直线度误差 Δy 引起的加工半径误差为

$$\Delta R = \frac{(\Delta y)^2}{D}$$

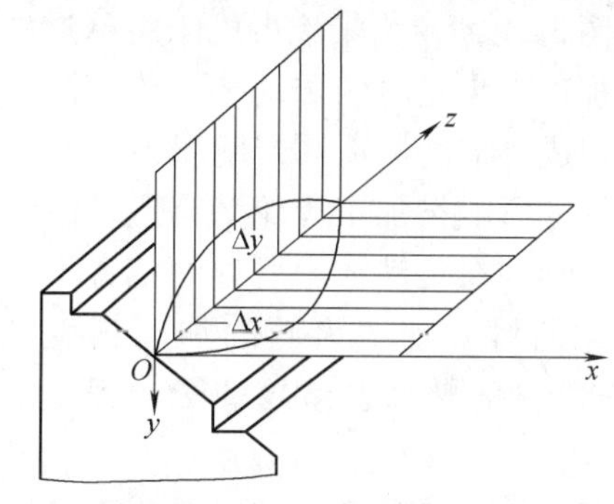

图3-19　卧式车床导轨直线度误差

由于 Δy 引起的加工半径误差 ΔR 取决于 Δy 的二次方，数值很小，因而可以忽略。由此可见，同样大小的原始误差在不同方向所引起的加工误差也不同。当原始误差的方向恰为加工表面的法线方向时，引起的加工误差最大。我们把对加工精度影响最大的这个方向称为加工误差敏感方向。

③导轨扭曲误。如图3-20所示，如果机床前后导轨不平行（扭曲），则引起被加工零件半径误差为

$$\Delta R = \Delta x = \alpha H \approx \frac{\delta H}{B}$$

式中　H——车床中心高；

B——导轨宽度；

α——导轨倾斜角；

δ——前后导轨的扭曲量。

一般卧式车床 $H/B \approx 2/3$，外圆磨床 $H \approx B$，因此导轨扭曲引起的加工误差不容忽略。

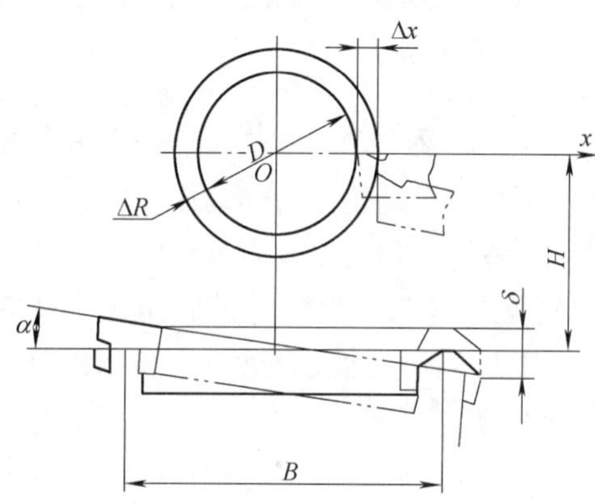

图3-20　导轨扭曲误差

2）影响机床导轨导向误差的因素。

①机床制造误差。包括导轨的制造误差、溜板的制造误差以及导轨的装配误差等。

②机床安装误差。机床安装不正确引起的导轨误差，往往远大于制造误差。特别是床身和导轨长度较长的大型机床，床身导轨刚性较差，在本身自重的作用下很容易变形。如果安装不正确，或者地基不良，就会造成导轨弯曲变形。因此，机床在安装时应有良好的基础，并严格进行测量和校正，而且在使用期间还应定期复校和调整。

③导轨磨损。由于使用程度不同及受力不均，机床使用一段时间后，导轨沿全长各段的磨损量不等，并且在同一截面上各导轨面的磨损量也不相等。这会引起床鞍在水平面和垂直面内发生位移，且有倾斜，从而造成刀具位置误差。机床导轨副的磨损与工作的连续性、负荷特性、工作条件、导轨的材质和结构等有关。

为了提高机床导轨的导向精度，机床设计与制造时，应从结构、材料、加工工艺等方面采取措施，提高制造精度；机床安装时，应校正好水平和保证地基质量；使用时，要注意调整导轨配合间隙，同时保证良好的润滑和防护。

（3）传动链的传动误差

1）机床传动链传动误差及其对加工精度的影响。在加工螺纹、齿轮、蜗轮等成形表面时，刀具和工件之间的精确运动关系，是由机床的传动系统来保证的，它是影响加工精度的

主要因素。传动链的传动误差是指传动链中首末两端传动元件之间相对运动的误差。对于机械传动机床，传动链一般由齿轮副、蜗杆副、丝杠副等组成。

图 3-21 所示为某滚齿机床用单头滚刀加工直齿轮时的传动链。传动链中各组成环节的制造和装配误差都通过传动链影响被加工齿轮的精度。由于各传动件在传动链中所处的位置不同，它们对被加工齿轮的加工精度（即末端件的转角误差）的影响程度不同。

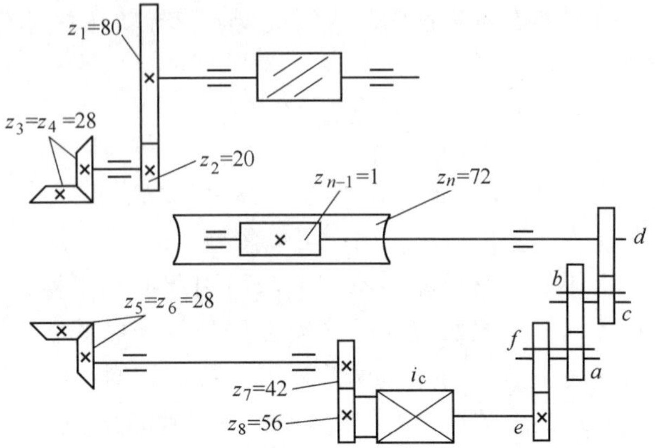

图 3-21 滚齿机床加工直齿轮时的传动链

若齿轮 z_1 有转角误差 $\Delta\Phi_1$，而其他各传动件无误差，则由 $\Delta\Phi_1$ 产生的工件转角误差为

$$\Delta\Phi_{1n} = \Delta\Phi_1 \times \frac{80}{20} \times \frac{28}{28} \times \frac{28}{28} \times \frac{42}{56} \times i_c \frac{e}{f} \frac{a}{b} \frac{c}{d} \times \frac{1}{72} = k_1 \Delta\Phi_1$$

式中 i_c——差动轮系的传动比，在滚切直齿时，$i_c = 1$；

k_1——z_1 到工作台的传动比。

这里 k_1 反映了齿轮 z_1 的转角误差对终端工作台转动精度的影响，称为误差传递系数。

同理，若第 j 个传动元件有转角误差 $\Delta\Phi_j$，则该转角误差通过相应的传动链传递到工作台上的转角误差为

$$\Delta\Phi_{jn} = k_j \Delta\Phi_j$$

式中 k_j——第 j 个传动件的误差传递系数。

由于传动链中所有传动件都可能存在误差，因此，各传动件对被加工齿轮精度影响的总和 $\Delta\Phi_\varepsilon$ 为

$$\Delta\Phi_\varepsilon = \sum_{j=1}^{n} \Delta\Phi_{jn} = \sum_{j=1}^{n} k_j \Delta\Phi_j$$

传动链的传动精度可用磁分度仪和光栅式分度仪等装置来测量。测量得到的传动误差曲线输入频谱分析仪，可以得到传动误差的各阶谐波分量，并可以根据各误差分量幅值的大小找出影响传动误差的主要环节。

2）减少传动链传动误差的措施。由以上的分析得出要减少传动链的传动误差，可以采取以下的措施。

①缩短传动链长度，减少传动链中传动件数目。传动链的传动误差等于组成传动链各传动件传递误差之和。例如，在车床上加工较高精度螺纹时，不经过进给箱，而用交换齿轮直接传动丝杠，以缩短传动链长度，减少传动链的传动误差。

②采用降速传动链。由前面分析可知，传动比小，传动元件误差对传动精度的影响就小，而传动链末端传动元件的误差对传动精度影响最大。因此，采用降速传动是保证传动精度的重要原则。对于螺纹或丝杠加工机床，为保证降速传动，机床传动丝杠的导程应大于工件螺纹导程；对于齿轮加工机床，分度蜗轮的齿数一般很大，目的也是为了得到大的降速传

动比。

③提高传动元件，特别是末端传动元件的制造精度和装配精度。传动链中各传动件的加工、装配误差对传动精度均有影响，其中最后的传动件（末端件）的误差影响最大。如滚齿机上切出的齿轮的齿距误差及齿距累积误差，大部分是由分度蜗杆副引起的。所以，滚齿机上分度蜗杆副的精度等级应比被加工的齿轮的精度高1～2级。

④采用误差补偿的方法。采用测量仪器测出传动误差，根据此测量值在原传动链中人为地加入一个误差，其大小与传动链本身的误差相等而方向相反，从而使之相互抵消。例如高精度螺纹加工机床可采用机械式的校正装置，或采用计算机控制的传动误差补偿装置。图3-22所示为车床精密丝杠螺距误差补偿装置。在车床主轴上安装光电编码器，用光栅线位移传感器测量刀架的纵向位移。将主轴回转器信号与刀架位移信号同步输入计算机，计算得到误差数据后发出控制信号，驱动压电陶瓷微位移刀架作螺距误差补偿运动。

2. 刀具与夹具误差

(1) 刀具误差　刀具误差包括刀具的制造误差、安装误差和磨损。刀具误差对加工精度的影响依刀具种类而异。对于定尺寸刀具，如钻头、铰刀、键槽铣刀、镗刀块及圆拉刀等，加工时刀具的尺寸精度直接影响工件的尺寸精度；采用成形车刀、成形铣刀、成形砂轮等成形刀具加工时，刀具的形状精度将直接影响到工件的形状精度；采用展成法加工时，如齿轮滚刀、花键滚刀、插齿刀等，展成刀具的切削刃形状必须是加工表面的共轭曲线，因此，切削刃的形状误差和尺寸误差会影响加工表面的形状精度。

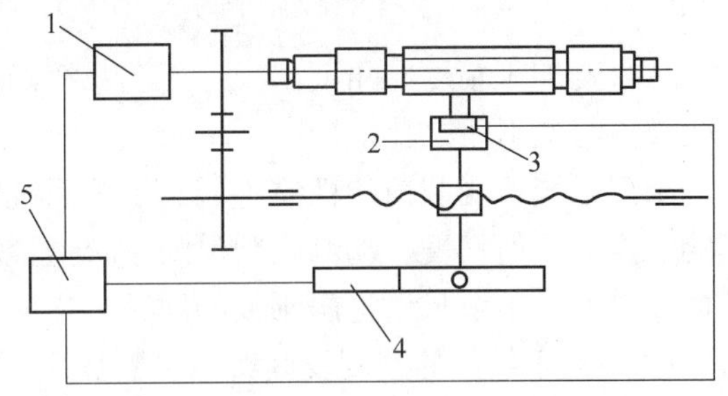

图3-22　精密丝杠螺距误差补偿设置
1—光电编码器　2—刀架　3—压电陶瓷微位移刀架
4—光栅位移传感器　5—计算机

对于普通刀具，如车刀、镗刀、铣刀等，当采用轨迹法加工时，其制造精度对加工精度无直接影响。但刀具几何参数和形状将影响刀具寿命，因此间接影响加工精度。

在切削过程中，刀具会逐渐磨损，使原有形状和尺寸发生变化，由此引起工件尺寸和形状误差。在加工工件较大或一次走刀需较长时间时，对尺寸精度会发生较大的影响；当用调整法加工一批工件时，刀具的磨损会扩大工件尺寸的分散范围。

(2) 夹具误差　夹具误差将直接影响工件加工表面的位置精度或尺寸精度。夹具的制造精度主要表现在定位元件、对刀装置和导向元件等本身的精度以及它们之间的位置精度。定位元件确定了工件与夹具之间的相对位置，对刀装置和导向元件确定了刀具与夹具之间的相对位置，因此，通过夹具就间接确定了工件与刀具之间的相对位置，从而保证了加工精度。夹具中的定位元件、对刀装置和导向元件的磨损会直接影响加工精度。

(三) 工艺系统的动误差

1. 工艺系统受力变形引起的误差

(1) 工艺系统的刚度　切削加工时，由机床、夹具、刀具和工件组成的工艺系统，在切削力、夹紧力以及重力的作用下，将产生相应的变形。这种变形将破坏刀具和工件在静态下调整好的相互位置，并会使切削成形运动所需要的正确几何关系发生变化，而造成加工误差。例如，在车削细长轴时，工件在切削力的作用下会发生变形，使加工出的轴出现中间粗两头细的情况（图 3-23a）；在内圆磨床上采用径向进给磨孔时，由于内圆磨头主轴弯曲变形，磨出的孔会出现锥形的圆柱度误差（图 3-23b）。

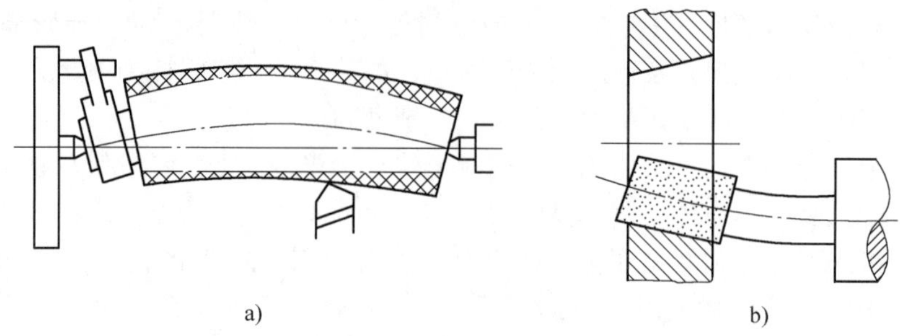

图 3-23　工艺系统受力变形对加工精度的影响
a）细长轴车削时，工件的受力变形　b）内圆磨头主轴弯曲变形

从影响加工精度的角度出发，工艺系统的刚度可定义为在加工误差敏感方向上工艺系统所受外力与变形量之比。

根据系统所受载荷的性质不同，工艺系统刚度可分为静刚度和动刚度两种。静刚度主要影响工件的几何精度；动刚度则反映系统抵抗动态力的能力，主要影响工件表面的波纹度和表面粗糙度。本节只讨论静刚度的问题。

（2）机床部件的刚度及其特点　在工艺系统的受力变形中，机床的变形最为复杂，且通常占主要成分。由于机床部件刚度的复杂性，很难用理论公式来计算，一般都用实验方法来测定（有关机床部件刚度的测定请参阅有关的实验指导书）。图 3-24 是对一台中心高为 200mm 的卧式车床刀架部件施加静载荷得到的静刚度特性曲线图，图中曲线Ⅰ、Ⅱ、Ⅲ分别表示 3 次加载。

由图 3-24 可看出机床部件刚度的特点。

1）作用力和变形不是线性关系，反映出刀架的变形不纯粹是弹性变形。

2）加载与卸载曲线不重合，两曲线间包容的面积代表了加载-卸载循环中所损失的能量，即外力在克服部件内零件间的摩擦力和接触面塑性变形所做的功。

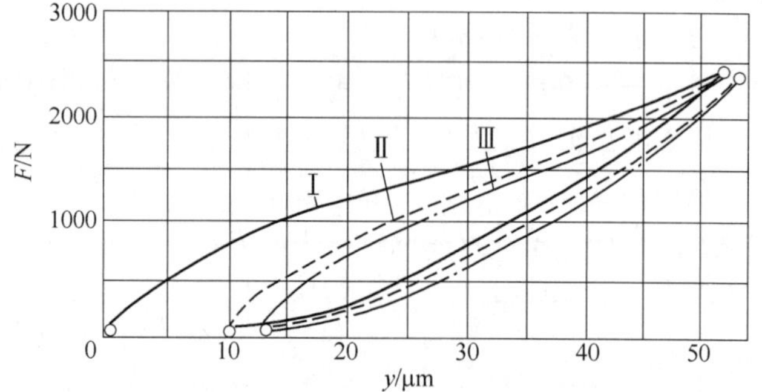

图 3-24　车床刀架的静刚度特性曲线

3）卸载后曲线不回到原点，说明产生了残余变形。在反复加载-卸载后，残余变形逐渐接近于零。

4）部件的实际刚度远比按实体所估算的要小。由于机床部件的刚度曲线不是线性的，其刚度不是常数，一般取曲线两端点连线的斜率来表示其平均刚度。

机床部件一般都由多个零件组成，因而影响机床部件刚度的因素很复杂，主要因素包括以下几方面：

1）联接表面间的接触变形。当外力作用时，由于受零件表面几何形状误差和表面粗糙度的影响，使得零件之间接合表面的实际接触面积只是理论接触面的一小部分，真正处于接触状态的，只是一些凸峰。这些接触点处将产生较大的接触应力，并产生接触变形，其中有表面层的弹性变形，也有局部塑性变形。这就是部件刚度曲线不呈直线，以及部件刚度远比同尺寸实体的刚度要低得多的主要原因。

2）薄弱零件的变形。在机床部件中，薄弱环节零件受力变形对部件刚度的影响很大，如图3-25所示。例如刀架和溜板部件中的楔铁（图3-25a），由于其结构细长，加上又难以做到平直，以致装配后与导轨配合不好，容易产生变形。又如，滑动轴承衬套因形状误差而与壳体接触不良（图3-25b），受载后极易产生变形，故造成整个部件刚度大大降低。

3）零件表面间摩擦力的影响。机床部件受力变形时，零件接触表面间会发生错动，加载时摩擦力阻碍变形的发生，卸载时摩擦力阻碍变形的恢复，造成加载和卸载刚度曲线不重合。

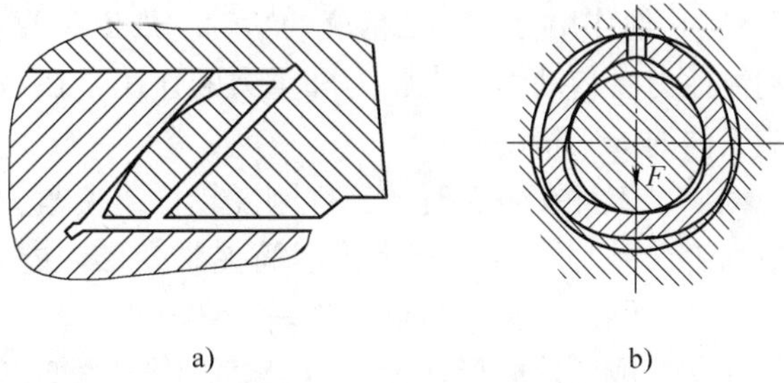

图3-25　机床部件薄弱环节
a）溜板的楔块　b）滑动轴承衬套

4）接合面的间隙。部件中各零件间如果有间隙，那么只要受到较小的力（克服摩擦力）就会使零件相互错动，表现为刚度低。加工过程中，如果单向受载，那么在第一次加载消除间隙后对加工精度的影响较小；如果工作载荷不断改变方向（如镗床、铣床的切削力），则间隙的影响不容忽视。

（3）工艺系统刚度对加工精度的影响

1）切削力作用点位置变化引起的工件形状误差。加工过程中，如果总切削力的大小不变，但由于其作用点位置不断变化，使工艺系统刚度随之变化，将会引起工件形状误差。

如在车床顶尖之间装夹加工细长轴时，变形大的地方，从工件上切除的金属层薄，变形小的地方，切除的金属层厚，当车削时使用刚度很大的中心架时，加工出来的工件呈两端粗、中间细的鞍形（图3 26）。

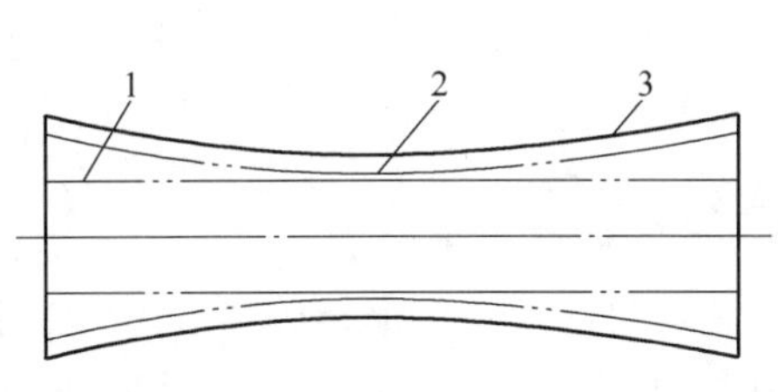

图3-26　工件在顶尖上车削后的形状
1—车床没有变形的形状　2—考虑主轴、尾座变形后的形状　3—考虑主轴、尾座变形及刀架变形后的形状

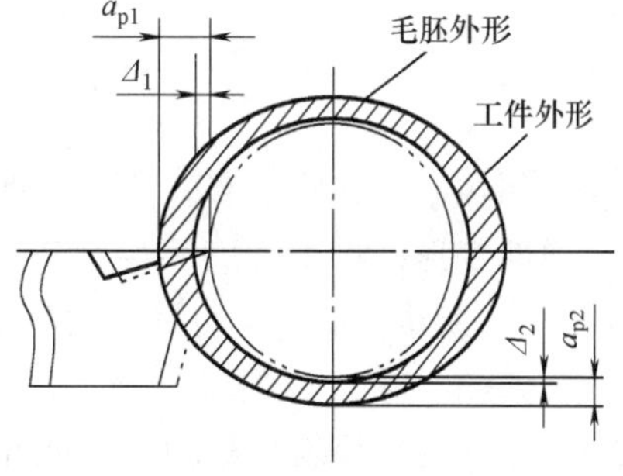

图3-27　误差复映现象

2）切削力大小变化引起的加工误差。机械加工中，由于毛坯形状误差或相互位置误差较大导致加工余量不均，或者材料硬度的不均匀，都会引起切削力大小变化，从而产生加工误差。图3-27所示为误差复映现象。车削一椭圆形横截面毛坯，加工时根据设定尺寸（双点画线圆的位置）调整刀具的背吃刀量，车削后的工件呈椭圆形，仍然具有圆度误差。也

就是当车削具有圆度误差 $\Delta m = a_{p1} - a_{p2}$ 的毛坯时，由于工艺系统受力变形，而使工件产生相应的圆度误差 $\Delta g = \Delta_1 - \Delta_2$。这种毛坯误差部分地反映在工件上的现象称为"误差复映"，并称 $\varepsilon = \Delta g / \Delta m$ 为误差复映系数。由于 Δg 通常小于 Δm，所以 ε 是一个小于 1 的正数，它定量地反映了毛坯误差加工后减小的程度。当毛坯误差较大，一次走刀不能消除误差复映的影响，可增加走刀次数来减小工件的复映误差，提高加工精度，但会降低生产率。

由以上分析可知，当工件毛坯有形状误差或相互位置误差时，加工后仍然会有同类的加工误差出现。在成批大量生产中用调整法加工时，如毛坯尺寸不一，那么加工后这批工件将会造成尺寸分散。毛坯材料硬度不均匀，同样会造成加工误差。

3）其他作用力对加工精度的影响。加工过程中，工艺系统除受到切削力的作用外，还受到惯性力、传动力、夹紧力和重力的作用，在这些力的作用下，工艺系统产生变形，从而影响工件的加工精度。

例如，工件在装夹时，工件刚度较低或夹紧力着力点不当，会使工件产生相应的变形，造成加工误差。图 3-28 所示为套筒夹紧变形误差。用自定心卡盘夹持薄壁套筒镗孔，假定毛坯件是正圆形，夹紧后毛坯件呈三棱柱形，虽镗出的孔为正圆形，但松开后，套筒弹性恢复使孔又变成三棱柱形。为了减少套筒因夹紧变形造成的加工误差，可采用开口过渡环或采用圆弧面卡爪夹紧，使夹紧力均匀分布。

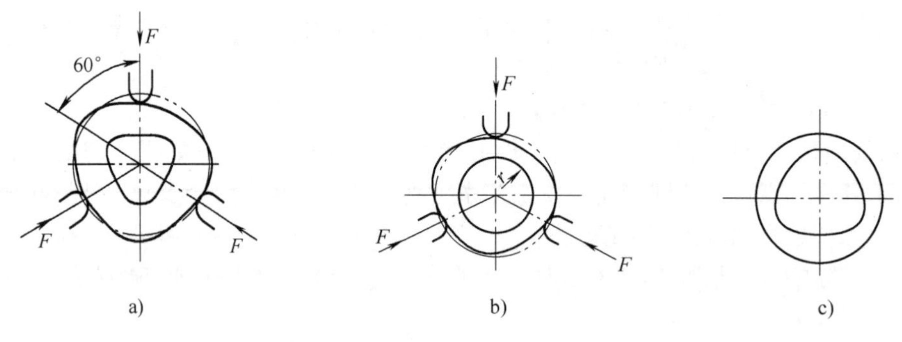

图 3-28 套筒夹紧变形误差
a）夹紧后 b）镗孔后 c）松开后

又比如在平面磨床上磨削薄片零件，若工件毛坯件有翘曲，当它被电磁工作台吸紧时，会产生弹性变形，将工件磨平后取下，由于弹性恢复，使已磨平的表面又产生翘曲，如图 3-29a、b、c 所示。改进的办法是在工件和磁力吸盘之间垫入一层薄橡胶垫（0.5mm 以下）或纸片，如图 3-29d、e 所示，当工作台吸紧工件时，橡胶垫受到不均匀的压缩，使工件变形减小，翘曲的部分就将被磨去，如此正反面多次磨削后，就可得到较平的平面。

工艺系统有关零部件自身的重力所引起的相应变形，也会造成加工误差。图 3-30 所示为工件自重引起的加工误差。在靠模车床上加工尺寸较大的细长轴时，由于尾座刚度比头架低，在工件重量的作用下，尾座的下沉变形比头架大，加工的外圆柱表面将产生圆柱度误差。而对于大型工件的加工（如磨削床身导轨面），工件自重引起的变形有时成为产生加工形状误差的主要原因。在实际生产中，装夹大型工件时，恰当地布置支承可以减小自重引起的变形。

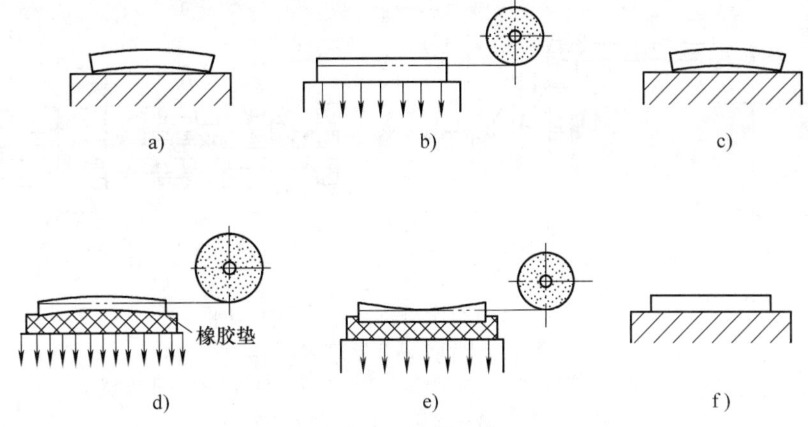

图3-29　薄片工件的磨削

a）毛坯　b）磁性工作台吸紧　c）磨后松开　d）磨削凸面　e）磨削凹面　f）磨后松开，工件平直

（4）减小工艺系统受力变形的措施　减小工艺系统受力变形是保证加工精度的有效途径之一。在生产实际中，常从两个主要方面采取措施予以解决：一方面采取适当的工艺措施减小载荷及其变化，如合理选择刀具几何参数和切削用量以减小切削力，特别是背向力，就可以减小受力变形；将毛坯分组，使一次调整中加工的毛坯余量比较均匀，也能减小切削力的变化，从而减小复映误差。另一方面是采取以下的措施提高工艺系统的刚度。

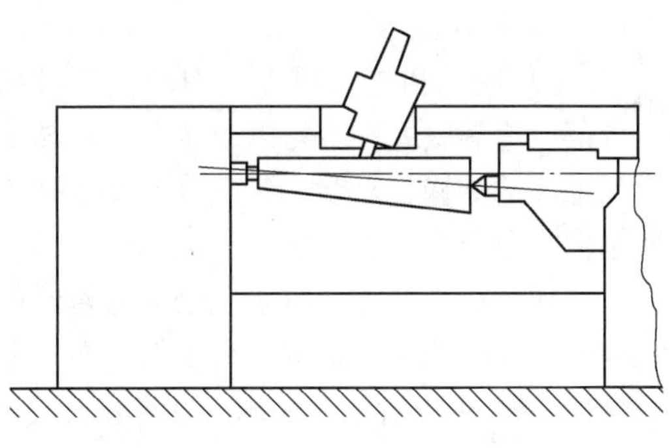

图3-30　工件自重引起的加工误差

1）合理设计零部件结构。在设计工艺装备时，应尽量减少联接面数目，并注意刚度的匹配，防止有局部低刚度环节出现。在设计基础件、支承件时，应合理选择零件结构和截面形状。

2）提高接触表面的接触刚度。由于部件活动结合面的接触刚度大大低于实体零件本身的刚度，所以提高接触刚度是提高工艺系统刚度的重要措施。提高接触刚度的主要措施有：

①提高机床部件中零件间接合表面的质量。提高机床导轨的刮研质量，减小其表面粗糙度值等都能使实际接触面积增加，从而有效地提高表面的接触刚度。

②给机床部件以预加载荷。此措施常用在各类轴承、滚珠丝杠副的调整之中。给机床部件以预加载荷，可消除接合面间的间隙，增加实际接触面积，减少受力后的变形量。

3）采用合理的装夹方式和加工方式。加工细长轴时，工件的刚度差，采用中心架或跟刀架有助于提高工件的刚度。图3-31所示为转塔车床提高刀架刚度的示例。图3-31a为采用导套、图3-31b为采用导杆辅助支承提高镗刀杆刚度。

2. 工件残余应力引起的误差

残余应力又称内应力，是指在没有外力作用下或去除外力后仍残存在于工件内部的应力。零件中的残余应力往往处于一种不稳定的平衡状态，在外界某种因素的影响下，它会使

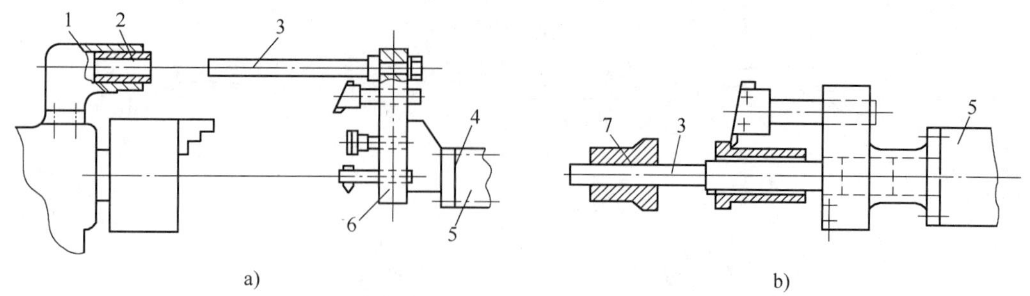

图 3-31 转塔车床提高刀架刚度的示例

a）采用导套 b）采用导杆辅助支承

1—支架 2—导套 3—导杆 4—刚度薄弱环节（接触面） 5—回转刀架

6—刀夹 7—导套（装在主轴孔内）

内部的组织很容易失去原有的平衡，并达到新的平衡。在这一过程中，内应力重新分布，导致工件变形产生，从而破坏零件原有的精度。

（1）残余应力产生的原因

1）毛坯制造和热处理过程中产生的残余应力。在铸、锻、焊、热处理等加工过程中，由于各部分冷热收缩不均匀以及金相组织转变而引起的体积变化，将会使毛坯内部产生残余应力。毛坯的结构越复杂，各部分的厚度越不均匀，散热条件相差越大，则在毛坯内部产生的残余应力也越大。

具有残余应力的毛坯由于残余应力暂时处于相对平衡的状态，加工时切去一层金属后，就打破了这种平衡，残余应力将重新分布，零件就会产生明显的变形。

例如，图 3-32 所示为一内外壁厚薄相差较大的铸件在铸造过程中残余应力的形成过程。铸件浇注后，由于壁 *A* 和 *C* 比较薄，容易散热，所以冷却速度较壁 *B* 快。当壁 *A*、*C* 从塑性状态冷却到了弹性状态时，壁 *B* 尚处于塑性状态。当 *A*、*C* 继续收缩时，*B* 不阻止其收缩，故不产生残余应力。当 *B* 也冷却到了弹性状态时，壁 *A*、*C* 的温度已降低很多，其收缩速度变得很慢，但这时 *B* 收缩较快，因而受到 *A*、*C* 的阻碍。因此，*B* 内就产生了拉应力，而 *A*、*C* 内就产生了压应力，形成相互平衡状态。如果在 *A* 上开一缺口，*A* 上的压应力消失，铸件在 *B*、*C* 的残余应力作用下，*B* 收缩，*C* 伸长，铸件就产生了弯曲变形，直至残余应力重新分布达到新的平衡状态为止。

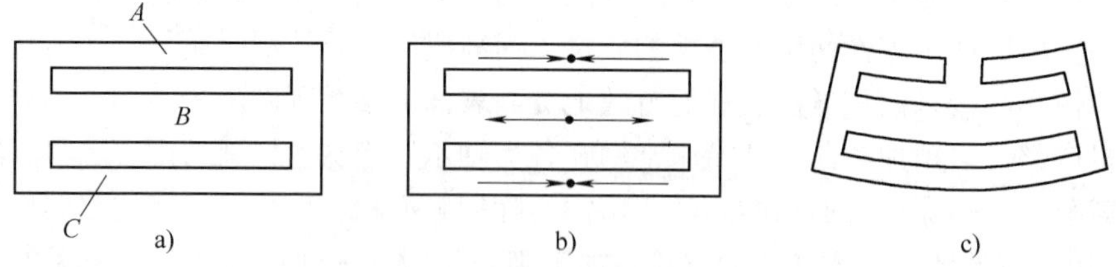

图 3-32 铸件残余应力的形成过程

a）壁厚不均的铸件 b）冷却时产生内应力 c）切口后产生变形

各种铸件都难免发生冷却不均匀而产生残余应力的现象。如铸造后的机床床身，其导轨面和冷却快的地方都会出现压应力。粗加工时导轨表面被切去一层后，残余应力就重新分布达到新的平衡，结果使导轨中部下凹。图 3-33 所示为床身因内应力引起的变形。

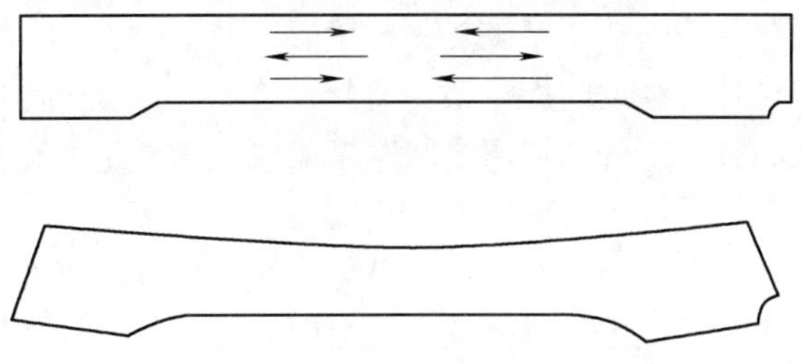

图 3-33 床身因内应力引起的变形

2）冷校直带来的残余应力。为了纠正细长轴类零件的弯曲变形，有时采用冷校直方法。此种方法是在与变形相反的方向上施加作用力，如图 3-34a 所示，使工件产生反方向弯曲，并产生一定的塑性变形。当工件外层应力超过屈服强度时，其内层应力还未超过弹性极限，故其应力分布情况如图 3-34b 所示。去除外力后，由于下部外层已产生拉伸的塑性变形，上部外层已产生压缩的塑性变形，故里层的弹性恢复受到阻碍。结果上部外层产生残余拉应力，上部里层产生残余压应力；下部外层产生残余压应力，下部里层产生残余拉应力，如图 3-34c 所示。冷校直后虽然弯曲减小了，但内部组织处于不稳定状态，经加工后，又会产生新的弯曲变形。

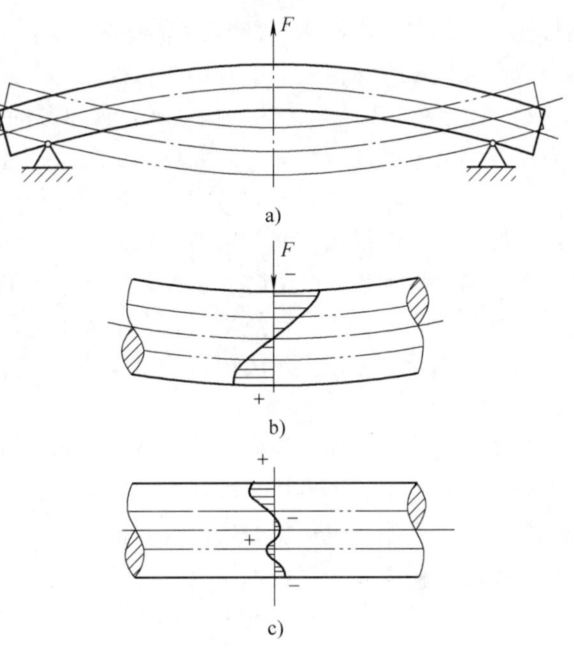

图 3-34 冷校直引起的残余应力

3）切削加工带来的残余应力。在切削加工中，工件表面在切削力、切削热作用下，也会产生残余应力。

（2）减小残余应力的措施

1）增加时效处理工序。对于一些精密零件，采用自然时效处理、振动时效处理等工序，可有效地减少或消除工件中的残余应力。

2）合理安排工艺过程。将粗、精加工安排在不同工序中进行，使粗加工后有一定时间让残余应力重新分布，以减少对精加工的影响。

在加工大型工件时，粗、精加工往往安排在同一道工序中完成，这时应在粗加工后将工件松开，让工件有自由变形的可能，然后再进行精加工。对于精密丝杠这样的精密零件，在加工过程中不允许进行冷校直。

3）合理设计零件结构。在设计铸锻件时，尽量使其壁厚均匀，焊接件尽量使其焊缝均匀分布，可减少残余应力的产生。

3. 工艺系统热变形引起的加工误差

（1）概述　在机械加工过程中，工艺系统会受到各种热源的影响，工艺系统各个组成部分产生复杂的变形，这种变形称为热变形，它将破坏刀具与工件间的正确几何关系和运动关系，造成工件的加工误差。在精密加工和大件加工中，热变形所引起的加工误差有时会占到工件加工总误差的 40% ~70%。

1）工艺系统的热源。引起工艺系统热变形的热源可分为内部热源和外部热源两大类，主要包括切削热、摩擦热、环境温度及辐射等。切削热是切削加工过程中最主要的热源，它对工件加工精度的影响最为直接。在切削（磨削）过程中，消耗于切削的弹、塑性变形能以及刀具、工件和切屑之间摩擦的机械能，绝大部分都转变成了切削热。

工艺系统中的摩擦热，主要是机床和液压系统中运动部件产生的，如电动机、轴承、齿轮、丝杠副、导轨副、液压泵等各运动部分产生的摩擦热。尽管摩擦热比切削热少，但摩擦热在工艺系统中是局部发热，会引起局部温升和变形，破坏了系统原有的几何精度。

外部热源的热辐射及周围环境温度对机床热变形的影响，有时也是不容忽视的。例如在加工大型工件时，往往要昼夜连续加工，由于昼夜温度不同，从而影响了加工精度。又如照明灯光、加热器等对机床的热辐射往往是局部的，因而会引起机床各部分不同的温升和变形，这在大型零件、精密加工时不能忽视。

2）温度场与工艺系统热平衡。在各种热源的作用下，工艺系统各部分的温度不同，工艺系统各部分的温度分布称为温度场。工艺系统开始工作时，受到热源的作用温度会逐渐升高，处于一种不稳定状态，同时它们通过各种传热方式向周围的介质散发热量。此时，工艺系统各部分温度不仅是空间位置的函数，也是时间的函数。经过一段时间后，当工件、刀具和机床的温度达到某一数值时，单位时间内散出的热量与热源传入的热量趋于相等，工艺系统就达到了热平衡状态。在热平衡状态下，工艺系统各部分的温度保持在一个相对固定的数值上，不再随时间变化，形成稳定的温度场，此时工艺系统各部分的热变形也相应地趋于稳定。

目前，对于温度场和热变形的研究，仍然着重于模型试验与实测。传统的测温手段包括热电偶、热敏电阻、半导体温度计等。近年来红外测温、激光全息照相、光导纤维测温等先进测量手段已开始在机床热变形研究中得到应用。例如利用红外热像仪可将机床的温度场拍摄成热像图，用激光全息技术拍摄变形场，用光导纤维引出发热信号而测出工艺系统内部的局部温升。此外，应用有限元方法和有限差分法来研究工艺系统热变形也取得了很大的进展。

（2）机床热变形对加工精度的影响　机床工作过程中，在内外热源的影响下，各部分的温度将逐渐升高。各部件的热源分布不均匀和机床结构的复杂性，形成不均匀的温度场，使机床各部件之间的相互位置发生变化，从而破坏了机床原有的几何精度，造成加工误差。由于各类机床的结构和工作条件相差较大，引起机床热变形的热源和变形形式也多种多样。

对于车、铣、钻、镗类机床，主轴箱中的齿轮、轴承摩擦发热和润滑油发热是其主要热源，会使主轴箱及与之相连部分（如床身或立柱）的温度升高而产生较大变形。例如车床主轴箱的温升将使主轴升高（图 3-35a），又因主轴前轴承的发热量大于后轴承发热量，主轴前端将比后端高。同时由于主轴箱的热量传给床身使床身导轨向上凸起，故而加剧了主轴的倾斜。对于图 3-35b 所示的万能铣床，主传动系统轴承的发热，使左箱壁温度升高，造成主轴轴线升高并倾斜。

（3）刀具热变形对加工精度的影响　刀具热变形主要是由切削热引起的。通常传入刀具的热量虽然不多，但由于热量集中在切削部分，以及刀体小，热容量小，因此刀具切削部分的温度高，变化大。

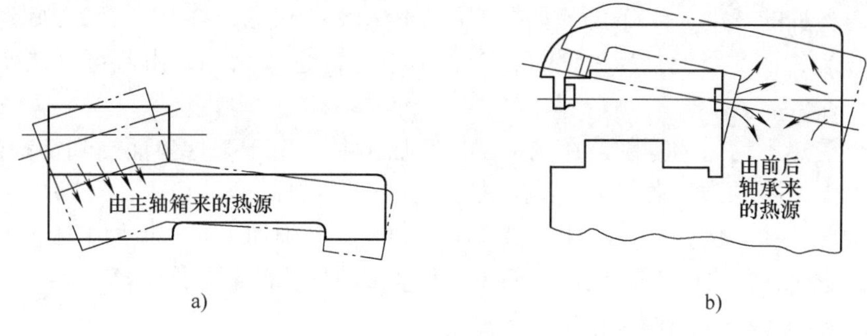

图 3-35　卧式车床和卧式铣床的热变形
a）卧式车床　b）卧式铣床

刀具热伸长量与切削时间的关系如图 3-36 所示。连续切削时，刀具的热变形在切削初始阶段增加很快，随后变得较缓慢，经过 t_b 时间后便趋于热平衡状态。此后，热变形变化量就非常小，见图 3-36 曲线 A。间断切削时，由于刀具具有短暂的冷却时间 t_s，故其热变形曲线具有热胀冷缩双重特性，且总的变形量比连续切削时要小一些，最后稳定在 Δ_1 范围内变动（图 3-36 曲线 C）。当切削停止时，刀具温度立即下降，开始冷却较快，以后逐渐减慢（图 3-36 曲线 B）。

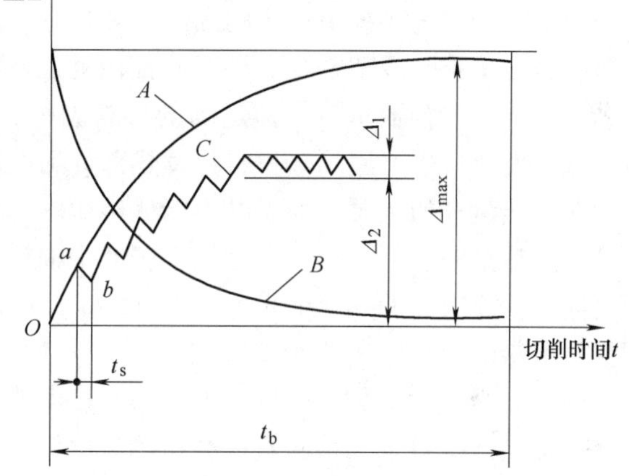

图 3-36　刀具热伸长量与切削时间的关系

加工大型零件时，刀具热变形往往造成加工工件的几何形状误差。如车长轴或在立式车床上加工大直径平面时，由于刀具在长时间的切削过程中逐渐膨胀，往往引起工件圆柱度或平面度超差。

（4）工件热变形对加工精度的影响　工件主要受切削热的影响而产生热变形。对于不同形状和尺寸的工件，采用不同的加工方法，工件的热变形也不同。加工一些形状较简单的轴类、套类、盘类零件的内、外圆时，工件受热比较均匀。此时，可依据物理学公式计算工件长度或者直径上的热变形量

$$\Delta L = \alpha_l L \Delta t$$

式中　L——工件原有长度或直径（mm）；

α_l——工件材料的线膨胀系数；

Δt——温升（℃）。

一般来说，如杆件的长度尺寸精度要求不高，热变形引起的伸长可以不用考虑。但当工件以两顶尖定位，工件受热伸长时，如果顶尖不能轴向位移，则工件受顶尖的压力将产生弯曲变形，这对加工精度的影响就大了。因此，当加工精度较高的轴类零件时，如磨外圆、丝杠等，宜采用弹性或液压尾顶尖。

工件热变形在精加工中影响比较严重。例如丝杠磨削时的温升会使工件伸长，产生螺距

累积误差。若丝杠的长度为400mm，如果工件温度相对于机床丝杠升高1℃，则丝杠将产生4.4μm累积误差，而5级丝杠积累误差在全长上不允许超过5μm，由此可见热变形的严重性。

对于工件受热不均匀的零件，在铣、刨、磨加工时，由于工件单面受到切削热的作用，上下表面间的温差将导致工件向上拱起，加工时中间凸起部分被切去，冷却后工件变成下凹，造成平面度误差。例如，在磨床上进行机床导轨的磨削加工时，被加工床身的上下温差可达3℃，在垂直面内的热变形可达0.1mm，严重影响导轨的磨削加工精度。

（5）减少热变形对加工精度影响的措施

1）减少热源的发热和隔离热源。在精加工中，为了减小切削热和降低切削区域温度，应合理选择切削用量和刀具几何参数，并给予充分冷却和润滑。如果粗、精加工在一个工序内完成，粗加工的热变形将影响精加工精度。一般可以在粗加工后停机一段时间，使工艺系统冷却，同时还应将工件松开，待精加工时再夹紧。这样就可减少粗加工热变形对精加工精度的影响。当零件精度要求较高时，则粗、精加工分开为宜。

为了减少工艺系统中机床的发热，凡是有可能从主机中分离出去的热源，如电动机、变速箱、液压系统、冷却系统等最好放置在机床外部，使之成为独立单元。对于不能和主机分离的热源，如主轴轴承、高速运动的导轨副等，则可以从结构、润滑等方面改善其摩擦特性，减少发热，也可用隔热材料将发热部件和机床大件（如床身、立柱等）隔离开来。

对发热量大的热源，如果既不能从机床内部移出，又不便隔热，则可采用强制性风冷、水冷等散热措施。例如，一台坐标镗床的主轴箱采用恒温喷油循环强制冷却后，主轴与工作台之间在垂直方向的热变形可减少到15μm，且机床运转不到2h时就达到热平衡。而不采用强制冷却时，机床运转6h后，上述热变形产生了190μm的位移，而且机床尚未达到热平衡。因此，目前大型数控机床、加工中心机床普遍采用冷冻机对润滑油、切削液进行强制冷却，以提高冷却效果。精密丝杠磨床的母丝杠中则通以冷却液，以减少其热变形。

2）均衡温度场。图3-37所示为立式平面磨床采用热空气加热温升较低的立柱后壁，以均衡立柱前后壁的温度场，减小立柱的向后倾斜。图中热空气从电动机风扇排出，通过特设的软管引向立柱的后壁空间。采用这种措施后，磨削平面的平面度误差可降到未采取措施前的1/4～1/3。

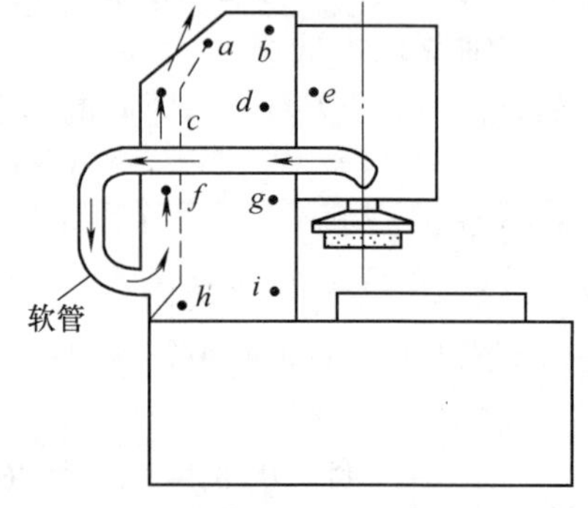

图3-37 均衡立柱前后壁的温度场

3）采用合理的机床结构。在变速箱中，将轴、轴承、传动齿轮等对称布置，可使箱壁温升均匀，箱体变形减小。机床大件的结构和布局对机床的热态特性有很大影响。以加工中心机床为例，在热源影响下，单立柱结构会产生较大的扭曲变形，而双立柱结构由于左右对称，仅产生垂直方向的热位移，很容易通过调整的方法予以补偿。

4）控制环境温度，加速达到热平衡状态。精密机床应安装在恒温车间，其恒温精度一般控制在±1℃以内。对于精密机床特别是大型机床，达到热平衡的时间较长，为了缩短这个时间，可以在加工前使机床作高速空运转，或人为地给机床加热，使机床较快地达到热平衡状态，然后进行加工。

（四）保证和提高加工精度的工艺措施

保证和提高加工精度的技术措施可分成两大类。

一类是误差预防，指减少原始误差或减少原始误差的影响。实践表明，当加工精度要求高于某一程度后，利用误差预防技术来提高加工精度所花费的成本将按指数规律增长。

另一类是误差补偿，通过分析、测量误差源，建立数学模型，然后人为地在系统中引入附加误差，使之与系统中现存的表现误差抵消，以减少或消除零件的加工误差。在现有工艺系统条件下，误差补偿技术是一种有效而经济的方法，特别是借助计算机技术，可以达到很好的效果。

1. 减少误差法

直接减少误差最根本的方法是合理采用先进的工艺与设备。在制定零件的加工工艺规程时，应对零件每道加工工序的能力进行评价，并应合理地采用先进的工艺和装备，以使每道工序都具备足够的工序能力。生产中为了有效地提高加工精度，首先要查明影响加工精度的主要原始误差因素，然后设法将其消除或减少。

2. 误差转移法

误差转移法是把影响加工精度的原始误差转移到误差的非敏感方向上。

3. 误差分组法

机械加工中有时某工序的加工状态是稳定的，但如果毛坯误差较大，误差复映的存在会造成加工误差扩大。解决这类问题可采用分组调整的方法，把毛坯按误差大小分为 n 组，每组毛坯的误差大小范围就缩小为原来的 $1/n$；然后按各组分别调整刀具与工件的相对位置或选用合适的定位元件，这样就可大大缩小整批工件的尺寸分散范围。

4. 误差平均法

研磨时，研具的精度并不很高，分布在研具上的磨料粒度大小也可能不一样。但由于研磨时工件和研具间有复杂的相对运动轨迹，使工件上各点均有机会与研具的各点相互接触并受到均匀的微量切削。同时，工件和研具相互修整，精度也逐步共同提高，进一步使误差均化，因此可获得精度高于研具原始精度的加工表面。

5. 误差补偿法

误差补偿的方法就是人为地加入一个附加输入，尽量使得引入的误差与原始误差之间大小相等，方向相反，从而达到减少加工误差，提高加工精度的目的。

图3-38所示为龙门铣床横梁导轨预加变形。由于立铣头自重的影响，横梁产生向下的弯曲变形。生产实际中，通过刮研横梁导轨，按照变形曲线使导轨面预先产生一个向上凸的变形，从而抵消由于铣头自重产生向下的弯曲变形，保证机床的加工精度。

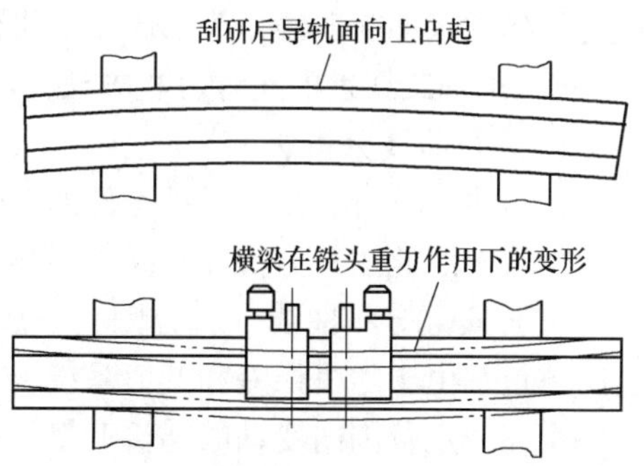

图3-38　龙门铣床横梁导轨预加变形

用误差补偿的方法来消除或减小常值系统误差一般来说是比较容易的，因为用于抵消常值系统误差的补偿量是固定不变的。对于变值系统误差的补偿就不是一种固定的补偿量所能解决的，于是生产中就发展了所谓积极控制的误差补偿方法。

偶件自动配磨法是将互配件中的一个零件作为基准，去控制另一个零件的加工精度。在加工过程中自动测量工件的实际尺寸，并和基准件的尺寸进行比较，直至达到规定的差值时机床就自动停止加工，从而保证精密偶件间要求很高的配合间隙。柴油机高压油泵偶件的自动配磨采用的就是这种形式的积极控制。图3-39所示为以自动测量出的柱塞套的孔径为基准去磨削柱塞外径。该装置除了能够连续测量工件尺寸和自动操纵机床动作以外，还能够按照偶件预先规定的间隙，自动决定磨削的进给量，在粗磨到一定尺寸后自动变换为精磨，并在达到要求的配合尺寸后自动停机。

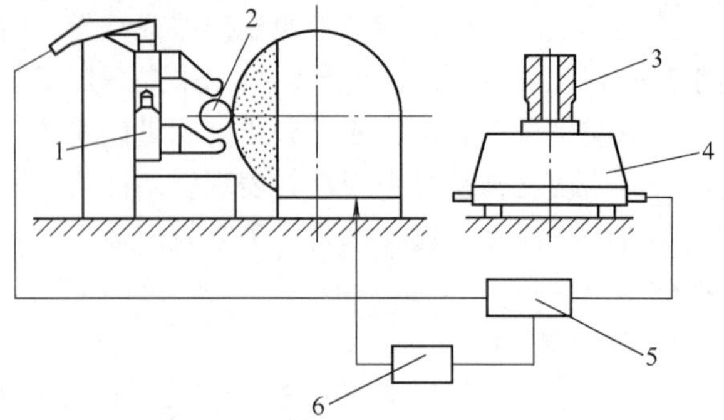

图3-39 高压油泵偶件的自动配磨装置示意图

1—测轴仪 2—柱塞 3—柱塞套 4—测孔仪 5—比较控制仪 6—执行机构

另外，在线自动补偿法能够在加工中随时测量出工件的实际尺寸（形状、位置精度），并根据测量结果按一定的模型或算法，随时给刀具以附加的补偿量，从而控制刀具和工件间的相对位置，使工件尺寸的变动范围始终在控制之中。

3.1.3 拓展性知识

（一）加工误差的性质

1. 系统误差

在顺序加工的一批工件中，如果加工误差的大小和方向都保持不变，或者按一定规律变化，则称为系统误差。系统误差又分为常值系统误差和变值系统误差两类。加工原理误差、机床（或刀具、夹具与量具）制造误差、工艺系统静力变形等引起的加工误差均与加工时间无关，其大小和方向在一次调整中也基本不变，因此都属于常值系统误差。机床、刀具和夹具等在热平衡前的热变形误差以及刀具的磨损等，随加工过程（或加工时间）而有规律地变化，由此产生的加工误差属于变值系统误差。

2. 随机误差

在顺序加工的一批工件中，如果加工误差的大小和方向呈不规则的变化，则称为随机误差。随机误差是由许多相互独立因素随机综合作用的结果。如毛坯的余量大小不一致或硬度不均匀时将引起切削力的变化，在变化的切削力作用下由于工艺系统的受力变形而导致的加工误差就带有随机性，属于随机误差。此外，定位误差、夹紧误差、多次调整的误差、残余应力引起的工件变形误差等都属于随机误差。

（二）加工误差的统计分析方法

1. 分布曲线分析法

分布曲线分析法是将一批工件的实际尺寸或误差，根据测量结果做出尺寸或误差的分布图，然后按照此图来分析和判断加工误差的情况。

（1）实际分布曲线（直方图） 成批加工某种零件，随机抽取其中 n 个（称为样本）进行测量，由于随机误差和变值系统误差的存在，所测零件的加工尺寸或偏差（用 x 表示）是一个在一定范围内变动的随机变量。按工件尺寸或偏差大小将它们分成 k 组，分组数按表3-1选取，各组尺寸的间隔范围一定（称为组距），组内的零件数量称为频数，频数与样本容量之比称为频率。

表 3-1　分组数 k 的选定

样本数 n	50 ~ 100	100 ~ 160	160 ~ 250	250 以上
分组数 k	7 ~ 10	8 ~ 11	9 ~ 12	10 ~ 20

以工件尺寸（或误差）为横坐标，以频数或频率为纵坐标，就可做出该批工件加工尺寸（或误差）的实际分布曲线图，即直方图。

为了分析该工序的加工精度情况，可在直方图上标出该工序的加工公差带位置，并计算出该样本的统计数字特征——平均值$\bar{x}$和标准差 S。

样本的平均值$\bar{x}$表示该样本的分布中心，其计算公式为

$$\bar{x} = \frac{1}{n}\sum_{i=1}^{n} x_i$$

式中　x_i——各工件的实测尺寸（或误差）。

样本的标准差反映了该样本的分散程度，其计算公式为

$$S = \sqrt{\frac{1}{n-1}\sum_{i=1}^{n}(x_i - \bar{x})^2}$$

下面举例说明直方图的绘制步骤。

在无心磨床上磨削一批轴承外圈，直径要求为 $\phi 30^{+0.015}_{+0.005}$mm，绘制工件直径尺寸的直方图，具体步骤如下。

1）采集数据　首先确定样本容量。样本容量太小，不能准确地反映总体的实际分布；样本容量太大，则又增加了测量与计算的工作量。在实际生产中，通常取样本容量 $n=50\sim250$，本例取 $n=100$ 件。对随机抽取的 100 个样件，用外径千分尺逐个进行测量，将外径尺寸偏差的实测数据列于表 3-2 中。

表 3-2　外径尺寸偏差的实测数据　（单位：μm）

10	8	10	7	14	8	4	8	9	10	9	8	9	11	10	9	9	6	6	6
5	10	6	12	9	10	8	8	13	10	9	5	11	9	9	10	8	8	7	7
13	9	11	10	10	5	6	11	9	8	9	9	12	7	7	10	9	9	6	8
10	10	11	11	7	9	9	4	7	7	12	9	7	6	9	5	8	8	8	11
5	10	10	8	5	11	9	7	7	8	9	8	12	10	8	8	8	7	6	10

2）确定分组数 k、组距 h、各组组界和组中值。

①初选分组数。按表 3-1 确定分组数为 $k=10$。

②确定组距，找出最大值 $x_{max}=14\mu m$，最小值 $x_{min}=4\mu m$，计算组距。外径千分尺的分度值为 1，组距应是分度值的整数倍，故取组距 $h=1\mu m$。

③确定分组数。

$$k = \frac{x_{max} - x_{min}}{h} + 1 = \frac{10}{1} + 1 = 11$$

④确定各组组界。

$$x_{min} + (i-1)h \pm \frac{h}{2} \quad (i = 1,2,\cdots,k)$$

本例中各组的组界分别为 3.5，4.5，…，14.5。

⑤统计各组频数。本例中各组频数分别为2，6，8，12，19，21，17，8，4，2，1。

3）计算平均值和标准差。分别由平均值和标准差的计算公式可得$\overline{x}=8.57$、$S=2.04$。

4）画出直方图。直方图如图3-40所示，横坐标表示偏差值，纵坐标表示频数。

（2）理论分布曲线　研究加工误差时，常应用数理统计学中一些理论分布曲线来近似代替实验分布曲线，这样做常可使问题得到简化。与加工误差有关的常用理论分布曲线有以下几种。

1）正态分布曲线。概率论已经证明，相互独立的大量微小随机变量，其总和的分布符合正态分布。实验表明：在机械加工中，用调整法连续加工一批零件时，如不存在明显的变值系统误差因素，则加工后零件的尺寸近似于正态分布。

正态分布曲线的形状如图3-41所示。正态分布曲线具有如下性质。

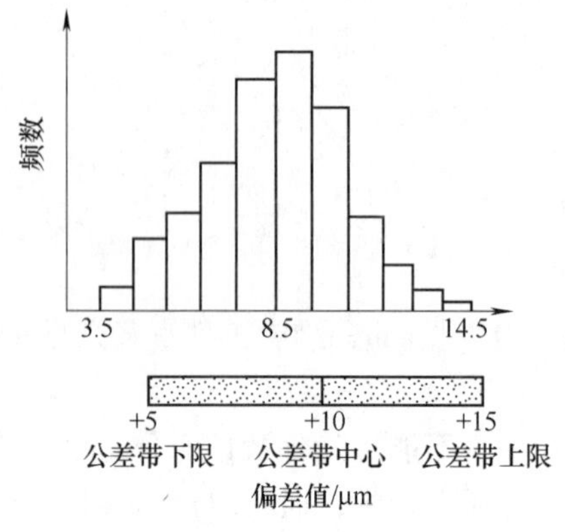

图3-40　直方图

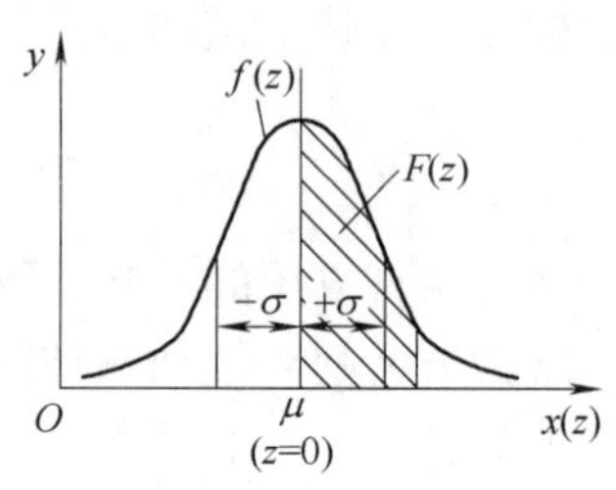

图3-41　正态分布曲线

①曲线呈钟形，是关于直线$x=\mu$的对称曲线。

②当$x=\mu$时，曲线取得最大值$y_{max}=1/\sigma\sqrt{2\pi}$。由于分布曲线所围成的面积总是等于1，因此$\sigma$越小，分布曲线两侧越向中间收紧。反之，当$\sigma$增大时，$y_{max}$减小，分布曲线越平坦地沿横轴伸展（图3-42a）。可见σ是表征分布曲线形状的参数，它反映了随机变量x取值的分散程度。

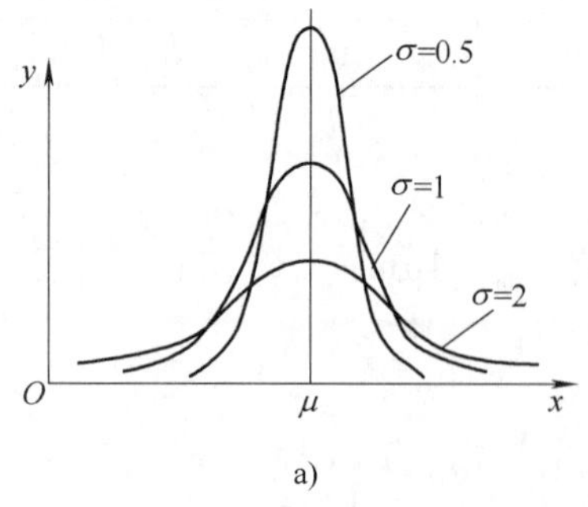

a)

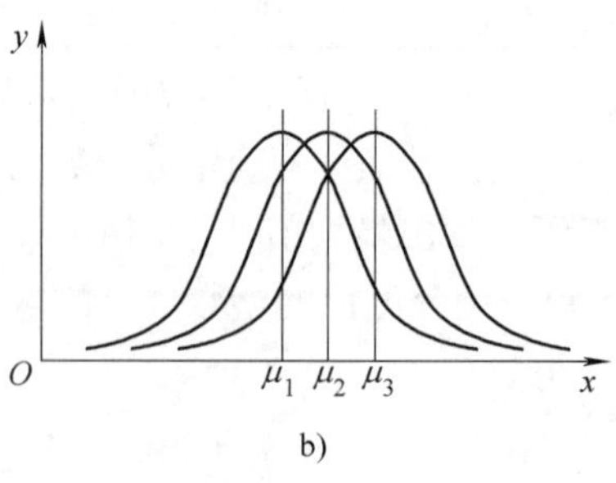

b)

图3-42　μ、σ对正态分布曲线的影响

a）标准差σ变化　b）平均值μ变化

③如果改变μ值，分布曲线将沿横坐标移动而不改变其形状（图3-42b），这说明μ是表征分布曲线位置的参数。

平均值$\mu=0$，标准差$\sigma=1$的正态分布，称为标准正态分布。由分布函数的定义可知，正态分布函数是正态分布概率密度函数的积分

$$F(x)=\frac{1}{\sigma\sqrt{2\pi}}\int_{-\infty}^{x}e^{-\frac{1}{2}\left(\frac{x-\mu}{\sigma}\right)^2}dx$$

由上式可知，$F(x)$为正态分布曲线上下积分限间包含的面积，它表示了随机变量x落在区间$(-\infty,x)$上的概率。任何非标准的正态分布都可以通过坐标变换变为标准的正态分布，故可以利用标准正态分布的函数值，求得各种正态分布的函数值。

令$z=(x-\mu)/\sigma$，则有

$$F(z)=\frac{1}{\sigma\sqrt{2\pi}}\int_{0}^{x}e^{\frac{z^2}{2}}dz$$

$F(z)$为图3-41中有阴影部分的面积。对于不同z值的$F(z)$可由表3-3查出。

表3-3　$F(z)$值

z	$F(z)$	z	$F(z)$	z	$F(z)$	z	$F(z)$	z	$F(z)$
0.05	0.0199	0.38	0.1480	0.68	0.2517	1.10	0.3643	2.10	0.4821
0.08	0.0319	0.40	0.1554	0.70	0.2580	1.20	0.3849	2.20	0.4861
0.10	0.0398	0.42	0.1628	0.72	0.2642	1.30	0.4032	2.30	0.4893
0.12	0.0478	0.44	0.1700	0.74	0.2703	1.40	0.4192	2.40	0.4918
0.14	0.0557	0.46	0.1772	0.76	0.2764	1.50	0.4332	2.50	0.4938
0.16	0.0636	0.48	0.1814	0.78	0.2823	1.55	0.4394	2.60	0.4853
0.18	0.0714	0.50	0.1915	0.80	0.2881	1.60	0.4452	2.70	0.4965
0.20	0.0793	0.52	0.1985	0.82	0.2039	1.65	0.4505	2.80	0.4974
0.22	0.0871	0.54	0.2004	0.84	0.2995	1.70	0.4554	2.90	0.4981
0.24	0.0948	0.56	0.2123	0.86	0.3051	1.75	0.4599	3.00	0.49865
0.26	0.1023	0.58	0.2190	0.88	0.3106	1.80	0.4641	3.20	0.49931
0.28	0.1103	0.60	0.2257	0.90	0.3159	1.85	0.4678	3.40	0.49966
0.30	0.1179	0.62	0.2324	0.94	0.3264	1.90	0.4713	3.60	0.499841
0.34	0.1331	0.64	0.2389	0.96	0.3315	1.95	0.4744	3.80	0.499928
0.36	0.1406	0.66	0.2454	1.00	0.3413	2.00	0.4772	4.00	0.499968

当$z=\pm3$时，即$x-\mu=3\sigma$时，由表3-3查得$2F(3)=0.49865\times2=99.73\%$。这说明随机变量$x$落在$\pm3\sigma$范围内的概率为99.73%，落在此范围以外的概率仅0.27%。因此可以认为正态分布的随机变量的分散范围是$\pm3\sigma$，就是所谓的$\pm3\sigma$原则。

$\pm3\sigma$的概念在研究加工误差时应用很广，是一个重要的概念。6σ的大小代表了某种加工方法在一定条件下所能达到的加工精度。所以在一般情况下，应使所选择的加工方法的标准差σ与公差带宽度T之间具有下列关系

$$6\sigma\leqslant T$$

正态分布总体的μ和σ通常是不知道的，但可以通过它的样本平均值$\bar{x}$和样本标准差S来估计。这样，成批加工一批工件，抽检其中一部分，即可判断整批工件的加工精度。

2）非正态分布曲线。几种非正态分布如图3-43所示。工件尺寸的实际分布有时并不近似于正态分布。例如，将两次调整下加工的工件或两台机床加工的工件混在一起，尽管每次调整时加工的工件都接近正态分布，但由于其常值系统误差不同，即两个正态分布中心位置不同，叠加在一起就会得到如图3-43a所示的双峰曲线。

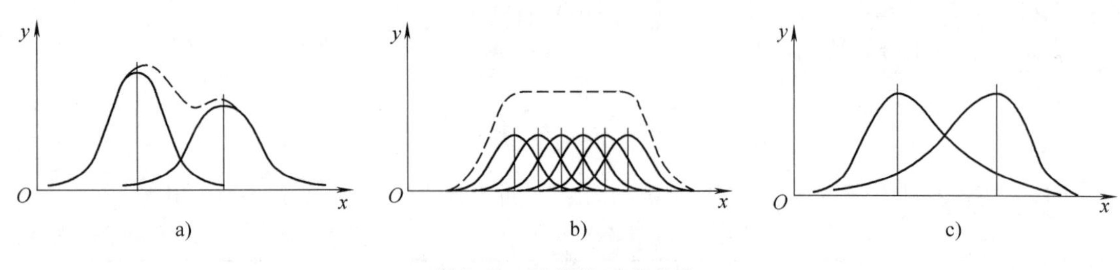

图3-43　几种非正态分布

a）双峰分布　b）平顶分布　c）偏态分布

当加工中刀具或砂轮的尺寸磨损比较显著，所得一批工件的尺寸分布如图3-43b所示。尽管在加工的每一瞬时，工件的尺寸呈正态分布，但是随着刀具和砂轮的磨损，不同瞬时尺寸分布的算术平均值是逐渐移动的（当均匀磨损时，瞬间平均值可看成是匀速移动），因此分布曲线呈现平顶形状。

当工艺系统存在显著的热变形时，由于热变形在开始阶段变化较快，以后逐渐减弱，直至达到热平衡状态，在这种情况下分布曲线呈现不对称状态，如图3-43c所示，称为偏态分布。又如试切法加工时，由于主观上不愿意产生废品，加工孔时宁小勿大，加工外圆时宁大勿小，使分布图也常常出现不对称现象。

（3）分布曲线分析法的应用

1）判别加工误差性质。如果加工过程中没有明显的变值系统误差，其加工尺寸分布接近正态分布（几何误差除外），这是判别加工误差性质的基本方法之一。

生产中对工件抽样后算出$\bar{x}$和S，绘出分布图，如果$\bar{x}$值偏离公差带中心，则加工过程中，工艺系统有常值系统误差，其值等于分布中心与公差带中心的偏移量。

正态分布的标准差σ的大小表明随机变量的分散程度。如样本的标准差S较大，说明工艺系统随机误差显著。

2）确定工序能力及其等级。所谓工序能力是指工序处于稳定、正常状态时，此工序加工误差正常波动的幅值。当加工尺寸服从正态分布时，根据$\pm 3\sigma$原则，其尺寸分散范围是6σ，所以工序能力就是6σ。当工序处于稳定状态时，工序能力系数C_P按下式计算

$$C_P = \frac{T}{6\sigma}$$

式中　T——工序尺寸公差。

工序能力等级是以工序能力系数来表示的，它代表了工序能满足加工精度要求的程度。根据工序能力系数C_P的大小，可将工序能力分为5级，如表3-4所示。一般情况下，工序能力不应低于二级，即要求$C_P > 1$。

表 3-4　工序能力等级

工序能力系数	工序等级	说　明
$C_P>1.67$	特级工艺	工艺能力过高，可以允许有异常波动，不经济
$1.67\geqslant C_P>1.33$	一级工艺	工艺能力足够，可以允许有一定的异常波动
$1.33\geqslant C_P>1.00$	二级工艺	工艺能力勉强，必须密切注意
$1.00\geqslant C_P>0.67$	三级工艺	工艺能力不足，会出现少量不合格品
$0.67\geqslant C_P$	四级工艺	工艺能力很差，必须加以改进

必须指出，$C_P>1$ 只说明该工序的工序能力可以满足加工精度要求，但加工中是否会产生不合格品，还要看调整得是否正确。如加工中有常值系统误差，μ 与公差带中心位置 A_M 不重合，只有当 $T\geqslant 6\sigma+2|\mu-A_M|$ 时才不会出现不合格品。如 $C_P<1$，则无论怎样调整，不合格品总是不可避免的。

3）估算合格品率或不合格品率。如在表 3-3 中，查得 $F(z)=0.4599$，则不合格品率即为 $Q=0.5-F(z)=0.0401=4.01\%$。

分布曲线分析法的缺点在于没有考虑一批工件加工的先后顺序，不能反映误差变化的趋势，难以区别变值系统误差与随机误差的影响，而且必须等到一批工件加工完毕后才能绘制分布图，因此不能在加工过程中及时提供控制精度的信息。采用下面介绍的控制图分析法，可以弥补这些不足。

2. 控制图分析法

控制图是按加工顺序展开的各瞬时工件尺寸的分布图。利用控制图可分析工艺过程的稳定性，以便及时检查和调整机床，达到预防废品产生的目的。控制图有多种形式，下面介绍单值控制图和 $\bar{x}$-R 图两种。

(1) 单值控制图　按加工顺序逐个测量一批工件的尺寸，以工件序号为横坐标，工件尺寸(或误差)为纵坐标，就可作出图 3-44a 所示的控制图。为了缩短图的长度，可将顺次加工出的几个工件编为一组，以工件组序为横坐标，而纵坐标保持不变，同一组内各工件可根据尺寸，分别点在同一组号的垂直线上，就可以得到图 3-44b 所示的控制图。假如把控制图的上、下极限点包络成两根平滑的曲线，并作出这两根曲线的平均值曲线，就能较清楚地揭示出加工过程中误差的性质及其变化趋势，如图 3-44c 所

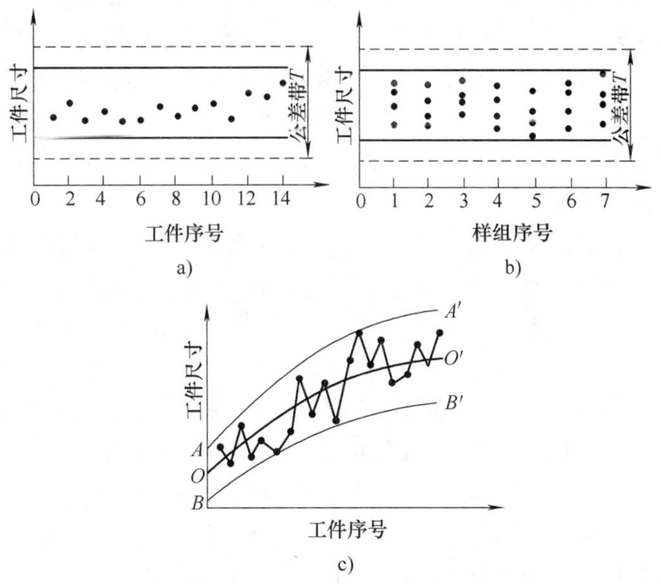

图 3-44　单值控制图
a）单值控制图形式Ⅰ　b）单值控制图形式Ⅱ
c）单值控制图的平均值曲线

示。平均值曲线表示了瞬时分散中心的变化情况，而上、下两条包络线的宽度则反映了分散范围随时间变化的情况。

单值控制图上画有上下两条控制界限线（图 3-44 中用实线表示）和两极限尺寸线（图 3-44 中用虚线表示），作为控制不合格品的参考界限。

（2）$\bar{x}$-R 图　$\bar{x}$-R 图是平均值 $\bar{x}$ 控制图和极差 R 控制图联合使用时的统称。前者控制工艺过程质量指标的分布中心，后者控制工艺过程质量指标的分散程度。

在 $\bar{x}$-R 图上，横坐标是按时间先后采集的小样本（称为样组）的组序号，纵坐标分别为各小样本的平均值 $\bar{x}$ 和极差 R。在 $\bar{x}$-R 图上各有 3 根线，即中心线（CL）和上控制限（UCL）、下控制限（LCL），如图 3-45 所示。

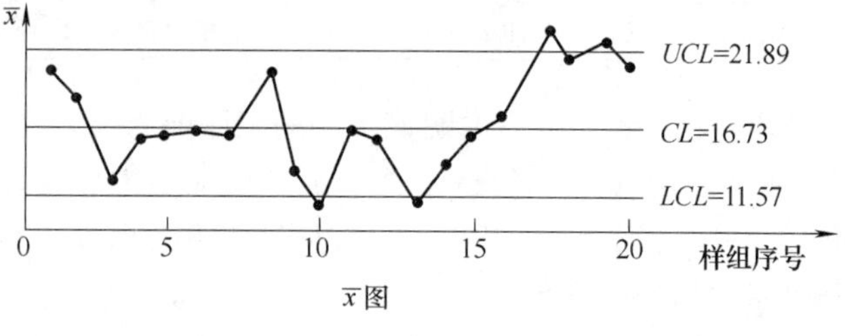

$\bar{x}$ 图

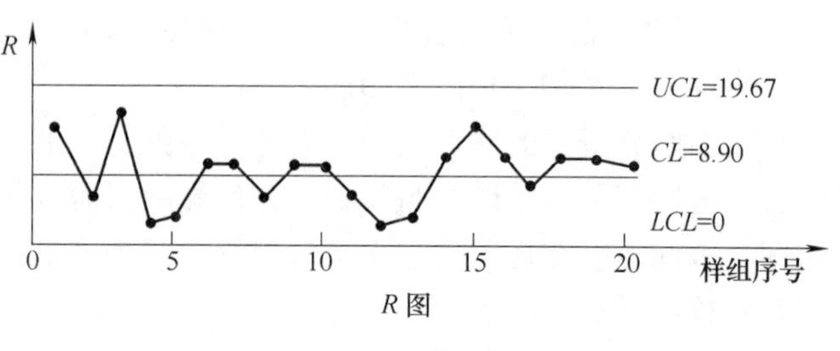

R 图

图 3-45　$\bar{x}$-R 图

绘制 $\bar{x}$-R 图是以小样本顺序随机抽样为基础的。在加工过程进行中，每隔一定时间连续抽取容量 $n=2\sim10$ 件的一个小样本，求出小样本的平均值 $\bar{x}$ 和极差 R。经过若干时间后，就可取得若干个（例如 k 个）小样本，将各组小样本的 $\bar{x}$ 和 R 值分别点在相应的 $\bar{x}$ 图和 R 图上，即制成了 $\bar{x}$-R 图。

由概率论可知，当总体是正态分布时，$\bar{x}$ 的分散范围是 $\mu\pm3\sigma/\sqrt{n}$。R 的分布虽然不是正态分布，但当 $n\leqslant10$ 时，其分布与正态分布也是比较接近的，因而 R 的分散范围也可取为 $\bar{R}+3\sigma_R$（$\bar{R}$、σ_R 分别是 R 分布的均值和标准差）。

（3）$\bar{x}$-R 控制图分析　控制图上数据点的变化反映了工艺过程是否稳定。例如，在自动车床上加工一批销轴，按时间顺序先后抽 4 组，每组取样 5 件进行分析。作出的 $\bar{x}$-R 图如图 3-45 所示。从图中可以看出，有 4 个点越出控制线，表明工艺过程不稳定，应及时查找原因，加以解决。

控制图上数据点的波动通常有两种情况，一是随机性波动，其特点是浮动的幅值一般不大，这种正常波动是工艺系统稳定的表现；二是工艺过程中存在某种占优势的误差因素，以致图上的数据点具有明显的上升或下降倾向，或出现幅值很大的波动，这种情况称为工艺系统不稳定。$\bar{x}$ 在一定程度上代表了瞬时的分布中心，R 在一定程度上代表了瞬时的尺寸分散范围，故必须将主要反映系统误差及其变化趋势的 $\bar{x}$ 控制图和反映随机误差及其变化趋势的 R 控制图结合起来应用，才能全面反映加工误差情况。

3. 工件加工误差的计算机辅助检测与统计分析

工件加工误差的统计分析是一项非常复杂、繁琐的工作，随着传感器技术及计算机技术的普及与发展，可利用它们自动、方便、准确地对工件进行检验或误差分析。

图 3-46 所示为对某一工件进行尺寸检测及误差分析的计算机辅助检测与分析系统示意图。工件放在测试平台或测量夹具上，系统通过电感测微仪测得工件尺寸，并将其转化为电压信号，经模-数（A-D）转换后送入计算机进行分析和处理。该系统能自动完成工件尺寸检

测，及时处理现场质量数据，自动绘制分布图及控制图，进行工序能力判断、打印加工质量报告，并及时反馈给操作者，起到指导生产的作用。

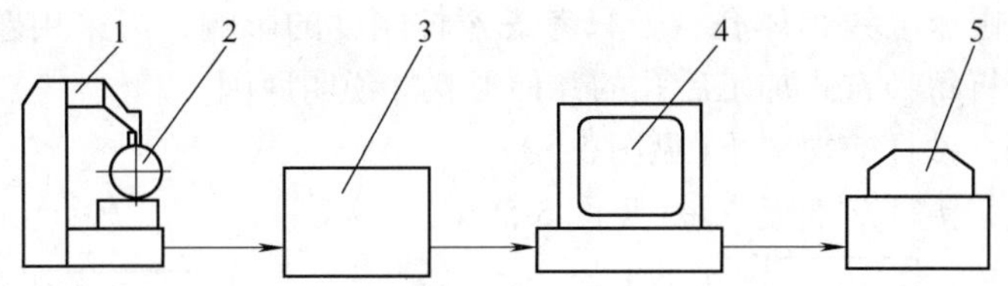

图3-46　计算机辅助检测与分析系统示意图

1—电感测微仪　2—工件　3—A-D转换器　4—计算机　5—打印机

3.1.4　习题

3-1　机床的几何误差指的是什么？试以车床为例说明机床几何误差对零件加工精度的影响。

3-2　何谓调整误差？在单件小批生产或大批大量生产中各会产生哪些方面的调整误差？它们对零件的加工精度会产生怎样的影响？

3-3　试举例说明在加工过程中，工艺系统受力变形、热变形、磨损和残余应力怎样影响零件的加工精度，各应采取什么措施来克服这些影响。

3-4　车削细长轴时，工人经常在车削一刀后，将后顶尖松一下再车下一刀。试分析其原因。

3-5　试说明车削前工人经常在刀架上装上镗刀修正三爪的工作面或花盘的端面的目的是什么。该做法能否提高机床主轴的回转精度？

3-6　在卧式铣床上铣削键槽(如图3-47所示)，经测量发现，工件两端比中间的深度尺寸大，且都比调整的深度尺寸小。分析产生这一现象的原因。

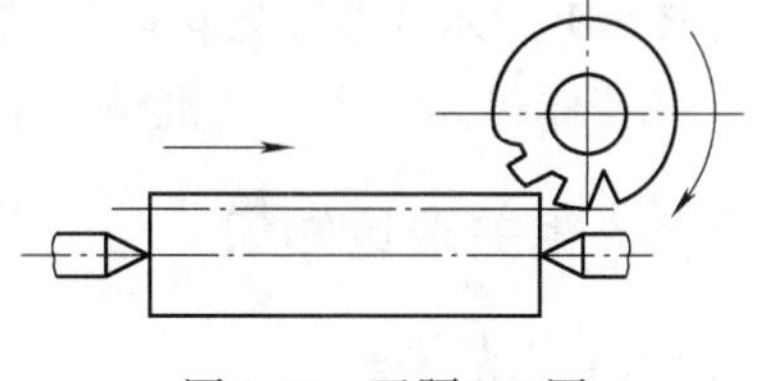

图3-47　习题3-6图

3-7　分析磨削外圆时(见图3-48)，若磨床前后顶尖不等高，工件将产生什么样的几何形状误差？

3-8　在车床上加工一批细长轴的外圆，加工后经测量发现，工件有图3-49所示的几种几何误差，试分别说明产生这些误差的各种可能因素。

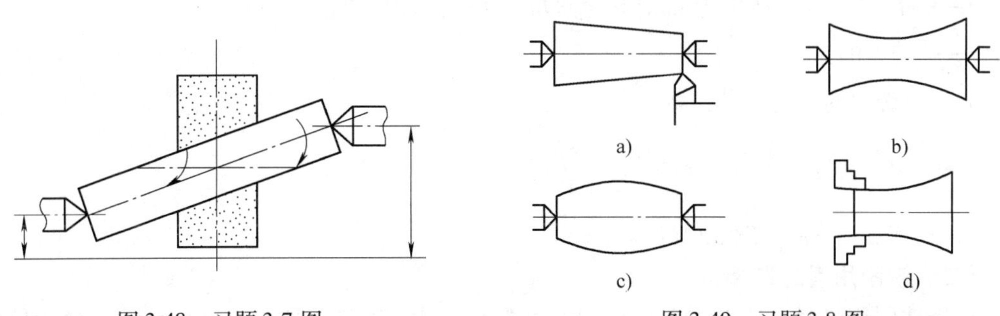

图3-48　习题3-7图　　图3-49　习题3-8图

3-9　试分析在车床上加工时工件产生以下误差的原因：

1）在车床上车孔时，产生被加工孔的圆度误差和圆柱度误差。

2）在车床自定心卡盘上车孔时，产生内孔和外圆的同轴度误差、端面和外圆的垂直度误差。

3-10　在卧式镗床上镗箱体孔，若只考虑镗杆刚度的影响，当采用题图 3-50 所示两种镗孔方式时，试分析每种方式加工后孔的几何形状并说明原因。

（1）镗杆进给，镗杆前端支承(见图 3-50a)。

（2）镗杆进给，镗杆前端无支承(见图 3-50b)。

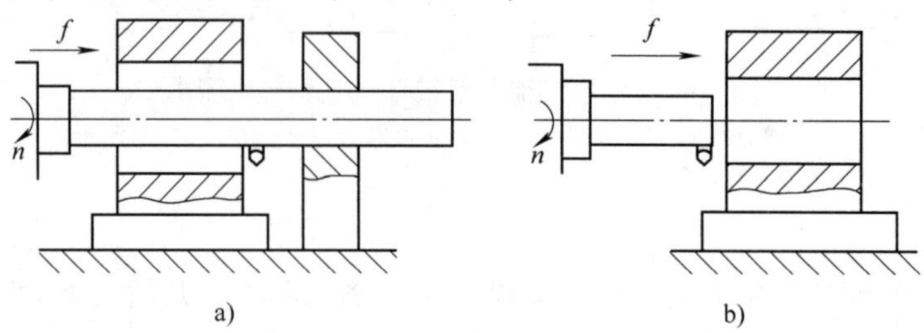

图 3-50　习题 3-10 图

3.2　编制箱体类零件的机械加工工艺

3.2.1　减速器箱体的机械加工工艺过程分析

图 3-1 所示的减速器箱体的机械加工工艺过程卡片见表 3-5。

减速器箱体工序 7 的机械加工工序卡片见表 3-6。

3.2.2　相关理论知识

（一）铣削要素

a_p——背吃刀量，单位为 mm。它是指平行于铣刀轴线测量的被切削部分尺寸。

a_w——铣削宽度，单位为 mm。它是指垂直于铣刀轴线测量的被切削部分尺寸。

f——每转进给量，单位为 mm/r。

f_z——每齿进给量，单位为 mm/齿。

v_f——进给速度，单位为 mm/s。$v_f = fn_0 = f_z z n_0$。

z——铣刀的齿数。

n_0——铣刀的转速，单位为 r/s。

v——切削速度，单位为 m/s，$v = \frac{\pi d_0 n_0}{1000}$。

d_0——铣刀直径，单位为 mm。

（二）铣削用量的选择

选择铣削用量时，应首先确定铣刀的种类和尺寸，特别是铣刀直径的大小。铣刀确定之后，切削用量的选择顺序是：首先选择背吃刀量 a_p(对于面铣刀)或铣削宽度 a_w(对于圆柱形铣刀)，其次是选择进给量，最后才确定切削速度。

表3-5　减速器箱体机械加工工艺过程卡片

机械加工工艺过程卡片	产品型号	JSQ	零部件图号	JSQ-001		
	产品名称	减速器	零部件名称	减速器箱体	共1页	第1页

材料代号	ZL107	毛坯种类	铸铝	毛坯外形尺寸		每毛坯可制件数	1	每台件数	1	

工序	工序名称	工序内容	设备	工艺装备			工时	
				夹具	刀具	量具	准终	单件
1	铸	铸造毛坯						
2	热	时效						
3	钳	划线（划孔中心位置线及A、B平面加工线）	平板	千斤顶、划针		钢直尺		
4	铣	（1）按线找正平面，粗铣A面 （2）以A面为基准粗铣另一大端面，厚度尺寸加工至110mm （3）以A面为基准粗铣B面，注意垂直度要求	铣床	专用铣夹具、划针	铣刀	游标卡尺（0～125mm）、百分表		
5	铣	（1）精铣A面及另一大端面，保证厚度尺寸至108mm及粗糙度要求 （2）以A面为基准精铣B面，保证垂直度要求	铣床	专用铣夹具	铣刀	游标卡尺（0～125mm）、百分表		
6	镗	（1）粗镗$\phi146^{+0.040}_{0}$mm孔至ϕ145mm （2）粗镗$\phi48^{+0.025}_{0}$mm孔至ϕ47mm （3）粗镗$\phi80^{+0.030}_{0}$mm孔至ϕ79mm	镗床		镗刀	游标卡尺（0～200mm）		
7	镗	精镗$\phi146^{+0.040}_{0}$mm、$\phi48^{+0.025}_{0}$mm和$\phi80^{+0.030}_{0}$mm3个孔至要求	镗床		镗刀	内径百分表、心轴、直角尺、塞尺		
8	钳	清洗，去毛刺	钳工台		锉刀			
9	检验	检验	平板			游标卡尺、内径百分表、心轴、直角尺、塞尺		

编　制	日　期	编　写	日　期	校　对	日　期	审　核	日　期

表 3-6　减速器箱体机械加工工序卡片

机械加工工序卡片	产品型号及规格	图　号	名　称	工序名称	工艺文件编号
	JSQ 减速器	JSQ-001	减速器箱体	精镗孔	

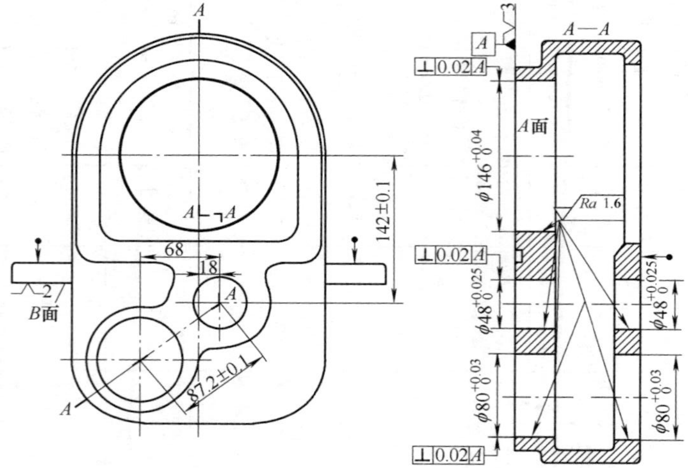

材料代号及名称		毛坯外形尺寸
ZL107		
零件毛重	零件净重	硬　度
设备型号	设备名称	
TX68	卧式镗床	
专用工艺装备		
名　称		代　号
精镗孔夹具		T06J1
机动时间	单件工时定额	每台件数
30min	300min	
技术等级	切削液	

工序号	工步号	工序及工步内容	刀具 名称规格	量检具 名称规格	切削速度 /(m/min)	背吃刀量 /mm	进给量 /(mm/r)	转速 /(r/min)
7	1	精镗 $\phi146^{+0.040}_{0}$ mm 孔至要求	ϕ146mm 孔精镗刀	游标卡尺(0～200mm)、内径千分尺、心轴、直角尺、塞尺	50	实测	0.5	
	2	精镗 $2\times\phi48^{+0.025}_{0}$ mm 孔至要求	ϕ48mm 孔精镗刀		50	实测	0.3	
	3	精镗 $2\times\phi80^{+0.030}_{0}$ mm 孔至要求	ϕ80mm 孔精镗刀		50	实测	0.3	

										编　制	校　对	会　签	复　制
修改标记	处　数	文件号	签　字	日　期	修改标记	处　数	文件号	签　字	日　期				

（1）确定背吃刀量 a_p 或侧吃刀量 a_e 对于圆柱形铣刀是确定铣削宽度 a_w，其背吃刀量 a_p 等于工件宽度。当加工余量小于5mm时，一般应使 a_w 等于加工余量；当加工余量大于5mm或需精加工时，可分两次进给，第二次进给的 a_w 可取0.5~2mm。对于面铣刀是确定背吃刀量 a_p，而铣削宽度 a_w 等于工件宽度。当加工余量小于6mm时，可取 a_p 等于加工余量；当加工余量大于6mm或需精加工时，可分多次进给，最后一次进给时的 a_p 一般可取1mm。

（2）确定进给量 一般粗铣时，应首先选择每齿进给量 f_z，其数值可按表3-7和表3-8选取。然后用公式 $v_f = f_z n_0 z$ 来计算进给速度，并按机床说明书选用接近值。对于半精铣和精铣，应根据工件表面粗糙度要求，按表3-9选取每转进给量，然后用公式 $v_f = f n_0$ 算出进给速度，并按机床说明书选用接近值。

（3）确定切削速度 v 切削速度可根据表3-10选择。

表3-7 高速钢面铣刀、圆柱形铣刀和槽铣刀加工时的进给量

铣床功率/kW	工艺系统刚性	粗齿和镶齿铣刀				细齿铣刀			
		面铣刀和槽铣刀		圆柱形铣刀		面铣刀和槽铣刀		圆柱形铣刀	
		每齿进给量 f_z/(mm/齿)							
		钢	铸铁及铜合金	钢	铸铁及铜合金	钢	铸铁及铜合金	钢	铸铁及铜合金
>10	上等	0.2~0.3	0.3~0.45	0.25~0.35	0.35~0.50				
	中等	0.15~0.25	0.25~0.4	0.20~0.30	0.30~0.40				
	下等	0.10~0.15	0.20~0.25	0.15~0.20	0.25~0.30				
5~10	上等	0.12~0.20	0.25~0.35	0.15~0.25	0.25~0.35	0.08~0.12	0.20~0.35	0.10~0.15	0.12~0.20
	中等	0.08~0.15	0.20~0.30	0.12~0.20	0.20~0.30	0.06~0.10	0.15~0.30	0.06~0.10	0.10~0.15
	下等	0.06~0.10	0.15~0.25	0.10~0.15	0.12~0.20	0.04~0.08	0.10~0.20	0.06~0.08	0.08~0.12
>5	中等	0.04~0.06	0.15~0.30	0.10~0.15	0.12~0.20	0.04~0.06	0.12~0.20	0.05~0.08	0.06~0.12
	下等	0.04~0.06	0.10~0.20	0.06~0.10	0.10~0.15	0.04~0.06	0.08~0.15	0.03~0.06	0.05~0.10

注：1. 表中大进给量用于小的背吃刀量和铣削宽度；小进给量用于大的背吃刀量和铣削宽度。
2. 铣削耐热钢时进给量与铣削钢时相同，但不大于0.3mm/齿。
3. 上述进给量用于粗铣。

表3-8 高速钢立铣刀、角度铣刀、半圆铣刀、槽铣刀和锯片铣刀加工钢时的进给量

铣刀直径/mm	铣刀类型	铣削宽度 a_w/mm								
		3	5	6	8	10	12	15	20	30
		每齿进给量 f_z/(mm/齿)								
16	立铣刀	0.08~0.05	0.06~0.05							
20		0.10~0.06	0.07~0.04							
25		0.12~0.07	0.09~0.05	0.08~0.04						
32	立铣刀	0.16~0.10	0.12~0.07	0.10~0.05						
	半圆铣刀和角度铣刀	0.08~0.04	0.07~0.05	0.06~0.04						

（续）

铣刀直径/mm	铣刀类型	铣削宽度 a_w/mm								
		3	5	6	8	10	12	15	20	30
		每齿进给量 f_z/(mm/齿)								
40	立铣刀	0.20~0.12	0.14~0.08	0.12~0.07	0.08~0.05					
	半圆铣刀和角度铣刀	0.09~0.05	0.07~0.05	0.06~0.03	0.06~0.03					
	槽铣刀	0.009~0.005	0.007~0.003	0.01~0.007						
50	立铣刀	0.25~0.15	0.15~0.10	0.13~0.08	0.10~0.07					
	半圆铣刀和角度铣刀	0.1~0.06	0.08~0.05	0.07~0.04	0.06~0.03					
	槽铣刀	0.01~0.006	0.008~0.004	0.012~0.008	0.012~0.008					
63	半圆铣刀和角度铣刀	0.10~0.06	0.08~0.05	0.07~0.04	0.06~0.04	0.05~0.03				
	槽铣刀	0.013~0.008	0.10~0.005	0.015~0.01	0.015~0.01	0.015~0.01				
	锯片铣刀					0.02~0.01				
80	半圆铣刀和角度铣刀	0.12~0.08	0.10~0.06	0.09~0.05	0.07~0.05	0.06~0.04	0.06~0.03			
	槽铣刀		0.015~0.005	0.025~0.01	0.022~0.01	0.02~0.01	0.017~0.008	0.015~0.007		
	锯片铣刀			0.03~0.15	0.027~0.012	0.025~0.01	0.022~0.01	0.02~0.01		
100	半圆铣刀和角度铣刀	0.12~0.07	0.12~0.05	0.11~0.05	0.10~0.05	0.09~0.04	0.08~0.04	0.07~0.03	0.05~0.03	
	锯片铣刀			0.03~0.02	0.028~0.016	0.027~0.015	0.023~0.015	0.022~0.012	0.023~0.013	
125	锯片铣刀			0.03~0.025	0.03~0.02	0.03~0.02	0.025~0.02	0.025~0.02	0.025~0.015	0.02~0.01
160								0.03~0.02	0.025~0.015	0.02~0.01

注：1. 铣削铸铁、铜及铝合金时，进给量可增加30%~40%。

2. 表中半圆铣刀的进给量适用于凸半圆铣刀；对于凹半圆铣刀进给量应减少40%。

3. 在铣削宽度小于5mm时，槽铣刀和锯片铣刀采用细齿；铣削宽度大于5mm时采用粗齿。

表3-9 高速钢面铣刀、圆柱形铣刀和槽铣刀半精铣时的每转进给量

表面粗糙度 Ra/μm	镶齿面铣刀和槽铣刀	圆柱形铣刀					
		铣刀直径 d/mm					
		40~80	100~125	160~250	40~80	100~125	160~250
		钢及铸钢			铸铁、铜及铝合金		
	每转进给量 f/(mm/r)						
6.3	1.2~2.7						
3.2	0.5~1.2	1.0~2.7	1.7~3.8	2.3~5.0	1.0~2.3	1.4~3.0	1.9~3.7
1.6	0.23~0.5	0.6~1.5	1.0~2.1	1.3~2.8	0.6~1.8	0.8~1.7	1.1~2.1

表 3-10　铣削时的切削速度推荐值

刀具材料	工件材料	碳钢	合金钢	工具钢	灰铸铁	可锻铸铁	铝镁合金
	硬度 HBW	切削速度 v/(m/s)					
高速钢	≤140	0.417～0.70	0.35～0.60		0.40～0.60	0.70～0.83	3.00～5.00
	150～225	0.35～0.65	0.25～0.50	0.20～0.30	0.25～0.35	0.25～0.60	
	230～290	0.25～0.60	0.20～0.45	0.25～0.38	0.15～0.3	0.15～0.35	
	300～425	0.15～0.35	0.10～0.25				

注：1. 粗铣时切削负荷大，v 应取小值；精铣时为了降低表面粗糙度，v 应取大值。

2. 经实际铣削后，如发现铣刀寿命太低，应适当减小 v。

3. 铣刀结构及几何角度改进后，v 可以超过表列值。

（三）平面加工

平面是组成零件的基本表面之一。箱体类、支架类、盘类及板块类零件上的平面往往是其主要表面。

常见平面种类有以下几种。

（1）固定连接平面　如轴承座的安装底平面，卧式车床主轴箱体与床身的连接平面等。

（2）导向平面　如各类机床上实现部件间相对运动起导向作用的导轨。一般其技术要求很高。

（3）回转体件的端平面　如轴类件的轴肩、盘套类件的端面等。此类平面一般与回转轴线有垂直度、平面间有平行度及表面粗糙度等技术要求。通常在车内圆面的同一次安装中加工出端平面，以保证各加工面的位置精度。

（4）板块类件的平面　如 V 形块、垫铁、量块、检验平板、平尺等，其加工精度和表面质量要求很高。

加工平面的方法有刨削、插削、铣削、拉削、磨削、刮削、研磨和车削等。

1. 刨削平面与插削平面

（1）刨削运动　刨削常用的机床有牛头刨床和龙门刨床。在牛头刨床上刨削时，刨刀的往复直线移动为主运动，工件随工作台的间歇移动为进给运动。由于牛头刨床的结构特点，一般只适合中小型零件的加工。在龙门刨床上刨削时，工作台带动工件做往复直线移动为主运动，刀具的间歇移动为进给运动。由于其主运动行程较长，工作台面积大，所以龙门刨床适于大型零件或多件的加工。典型刨削加工如图 3-51 所示。

刨削加工质量较低。精刨平面的尺寸精度为 IT9～IT8，表面粗糙度 Ra 值为 3.2～1.6μm。但刨削的直线度较高。

（2）宽刃细刨平面　宽刃细刨是利用图 3-52 所示的宽刃细刨刀，以低速、大进给量和小的背吃刀量从工件上切去极薄金属层的精加工方法。因切削力小，切削热少和变形小，所以表面粗糙度 Ra 值可达 1.6～0.4μm，直线度为 0.02mm/m。

宽刃细刨平面是在精刨平面的基础上进行的，它可以代替刮研，例如机床导轨面采用宽刃细刨，能提高生产率和减轻劳动强度。宽刃细刨是一种有效、先进的精加工平面的方法。

（3）插床与插削平面　插床可视为立式牛头刨床（见图 3-53）。滑枕带动刀具上下往复直线运动是主运动，工作台带动工件做纵向、横向或圆周进给运动。

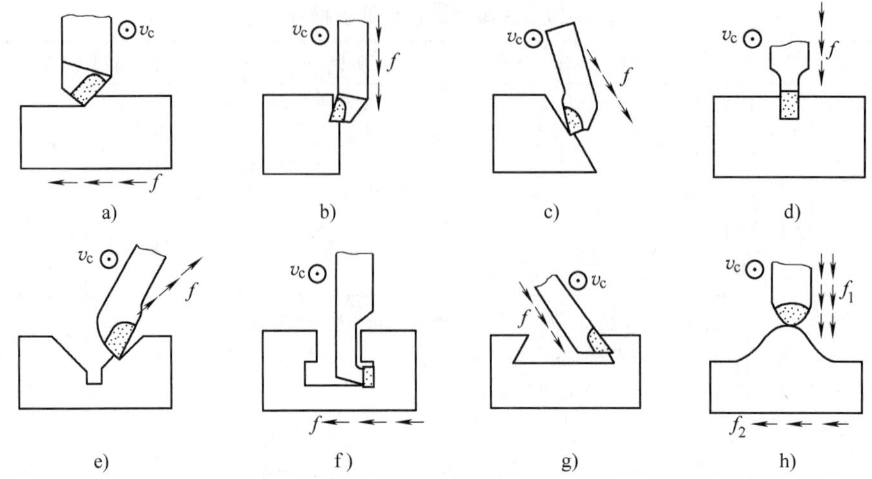

图 3-51 典型刨削加工形式

a）刨水平面 b）刨直槽 c）刨斜面 d）刨竖直面 e）刨 V 形槽 f）刨 T 形槽 g）刨燕尾槽 h）刨成形面

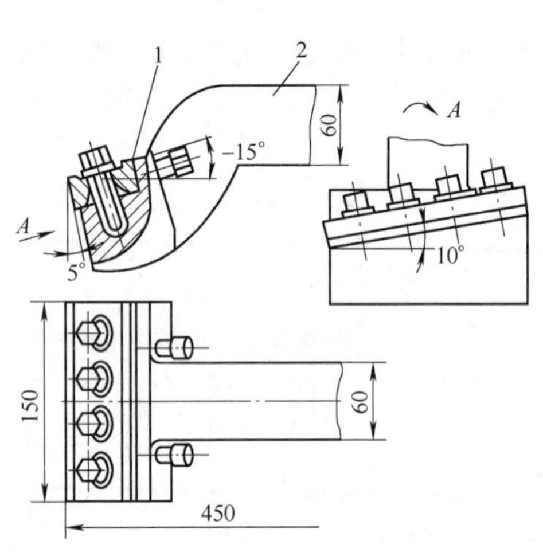

图 3-52 宽刃细刨刀

1—刀片 2—刀体

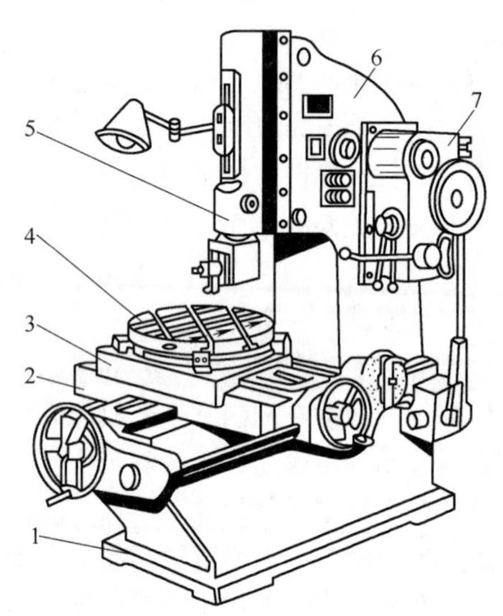

图 3-53 插床

1—床身 2—下滑座 3—上滑座 4—工作台 5—滑枕 6—立柱 7—变速箱

插削主要用于加工内平面，如键槽(见图 3-54)、方孔、六方孔等，也可加工某些零件的外表面。因刀杆刚度差，故冲击振动大。插削的表面粗糙度 Ra 值为 6.3 ~ 1.6μm。插削生产率低，多用于单件、小批生产或维修。

2. 铣削平面

(1) 铣削运动及铣床 铣削也是平面加工的主要方法之一。铣刀的旋转是主运动，工件随工作台的运动是进给运动。铣削平面的机床，常用的有卧式(或立式)升降台铣床，适于单件、小批生产中加工中小型工件；而龙门铣床的结构类似于龙门刨床，工作台面积大，立柱和横梁上有3~4个铣头，适于加工大型工件或同时加工多个中小型工件，生产率较高，多应用于成批、大量生产。

（2）铣削平面的方式及特点　铣削平面的方式有端面铣法及周边铣法。端面铣法是用铣刀端面上的切削刃铣削工件，铣刀的回转轴线与被加工表面垂直，所用刀具称为面铣刀(见图3-55a)；周边铣法是用铣刀圆周表面上的切削刃铣削工件，铣刀的回转轴线和工件的被加工表面平行，所用刀具称为圆柱铣刀(见图3-55b)；此外，还可用圆周表面和端面都有切削刃的立铣刀或三面刃铣刀同时进行周边铣和端面铣(见图3-55c)。

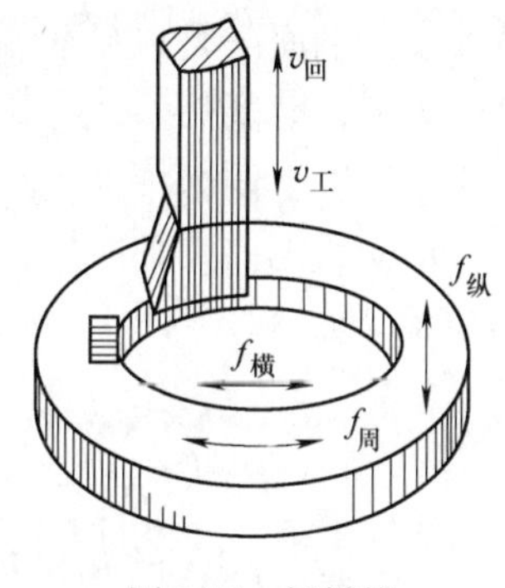

图3-54　插键槽

端面铣的加工质量好于周边铣的加工质量。面铣刀的副切削刃起修光已加工表面的作用，残留面积小。而周边铣时，圆周表面的切削刃依次切削，使加工表面形成圆弧形波纹，残留面积较大。此外，端面铣同时参与工作的切削刃比周边铣多，而且切削厚度变化也比周边铣小，切削力变化小，铣削过程平稳，振动小。所以端面铣获得的表面粗糙度 Ra 值比周边铣获得的小。

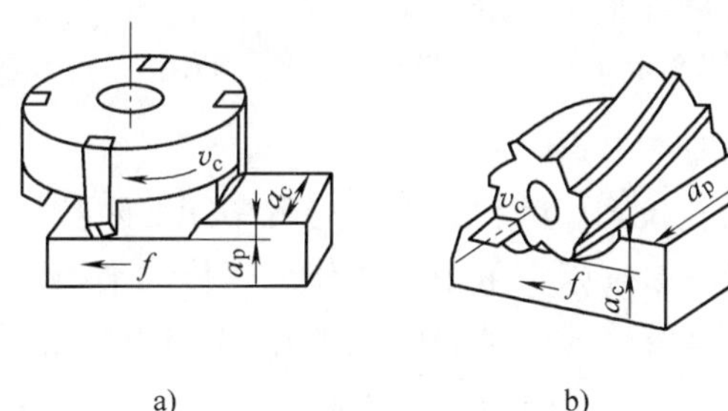

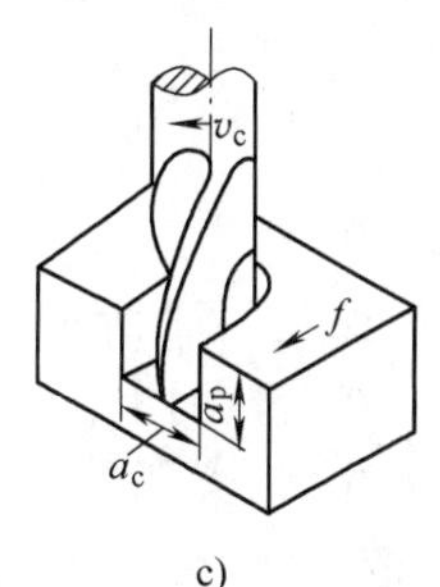

a)　b)　c)

图3-55　铣削方式及运动

a）端面铣　b）周边铣　c）端面铣和周边铣

端面铣生产率高于周边铣。面铣刀可采用镶装硬质合金刀齿的结构，而周边铣所用圆柱铣刀多为高速钢；面铣刀一般直接安装在主轴端部，悬伸长度较小，刀具系统的刚度好，而周边铣的柱铣刀多装在细长的刀轴上，刀具系统的刚度差；此外，面铣刀的刀盘直径较大。所以，端面铣可采用较大切削用量，生产率较高。

周边铣的适应性好于端面铣。周边铣便于使用多种结构形式的铣刀铣削沟槽、台阶面、成形面及组合平面等。

综上所述，由于端面铣的加工质量和生产率高于周边铣，所以在大平面加工中，目前多采用端面铣，但因周边铣适应性较广，故生产中仍然经常使用。

3. 磨削平面

平面磨削是在铣、刨基础上的精加工。经磨削后两平面间的尺寸精度可达IT6~IT5，表面粗糙度 Ra 值可达0.8~0.2μm。

平面磨削的机床，常用的有卧轴、立轴矩台平面磨床和卧轴、立轴圆台平面磨床，其主运动都是砂轮的高速旋转，进给运动是砂轮、工作台的移动(见图3-56)。

平面磨削有周边磨和端面磨两种基本方式。周边磨是用砂轮圆周表面进行磨削（见图 3-56a、b），磨削时砂轮与工件接触面积小，磨削力小，磨削热少，冷却与排屑条件好，砂轮磨损均匀，所以能获得高的精度和低的表面粗糙度值，常用于各种批量生产中对中小型件的精加工。端面磨是以砂轮端面进行磨削（见图 3-56c、d），磨削时砂轮与工件接触面积大，磨削力大，磨削热多，冷却与排屑条件差，砂轮端面沿径向各点圆周速度不同，砂轮磨损不均匀，所以端面磨精度低于周边磨。但是，端面磨的砂轮轴悬伸长度短，又垂直于工作台面，承受的主要是轴向力，刚度好，加之这种磨床功率较大，故可采用大的磨削用量，生产率高于周边磨，常用于大批、大量生产中代替刨削和铣削进行粗加工。

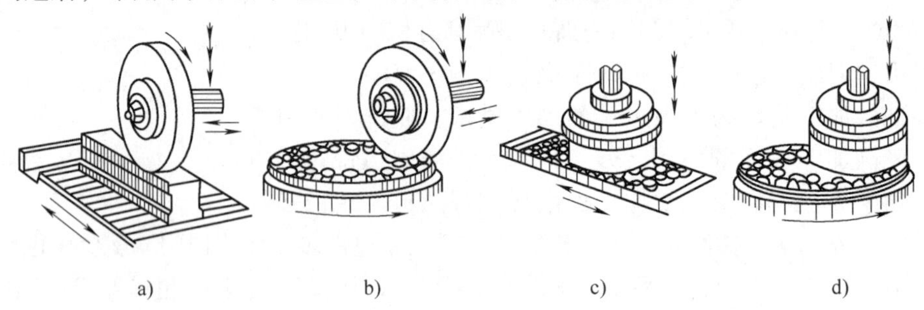

图 3-56 平面磨床及切削运动

a）、b）卧式矩台、圆台平面磨床 c）、d）立式矩台、圆台平面磨床

4. 拉削平面

平面拉削如图 3-57 所示，类似于内孔拉削。因拉刀一次行程中能切除被加工平面的全部余量，完成粗、精加工，故生产率很高。拉床多采用液压传动，传动平稳，切削速度较低，不易产生积屑瘤。拉刀的校准部分具有修光已加工表面的作用，所以拉削平面质量较高，平面间的尺寸精度可达 IT8 ~ IT6，表面粗糙度 Ra 值为 0.8 ~ 0.2μm。但拉刀的制造、刃磨复杂，刀具费用高，所以拉削主要用于大批、大量生产。当拉削面积较大的平面时，为减小拉削力，可采用图 3-58 所示的渐进式拉刀进行。

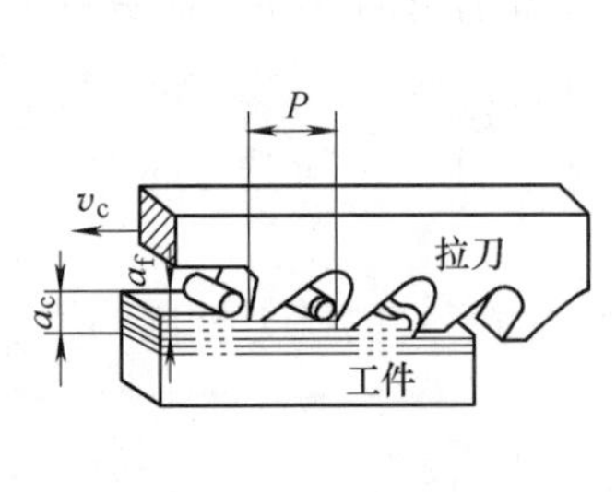

图 3-57 拉削平面

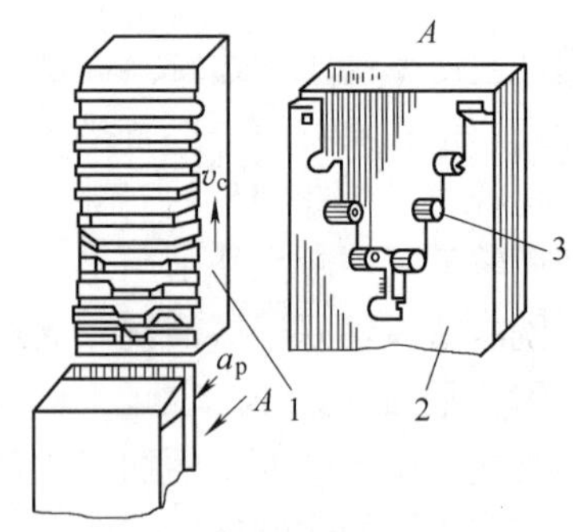

图 3-58 渐进式拉刀拉削平面

1—拉刀 2—工件 3—切屑

5. 刮削平面

刮削是利用刮刀刮除工件表面薄层金属的加工方法。刮削有如下特点：

（1）刮削质量高　刮削前的平面经过精加工，留给刮削的余量较小，一般为 0.05 ~

0.40 mm。对于刮削加工，切削用量小，切削力小，切削热少，故工件变形小。另外，刮削时工件表面多次反复地受到刮刀的推挤和压光作用，不仅使工件表面组织变得紧密，而且表面粗糙度 *Ra* 值小(0.8 ~0.2μm)，平面的直线度可达 0.01mm/m 或更高。经过刮花的平面(见图 3-59)，表面形成比较均匀的微浅凹坑，可在有相对运动的两平面间形成储油空隙，减小摩擦，提高工件的耐磨性。

(2) 设备和工具费用低　刮削所用刮刀、研点和检验工具比较简单。

(3) 生产率较低　因刮削属于手工操作，刮削、研点及检验过程需多次反复进行，所以生产率低，劳动强度大，常用于单件、小批生产和维修中刮削未淬硬、要求高的固定连接平面、导轨面及大型精密平板和直尺等。在大批大量生产中，多由专用磨床磨削和宽刃精刨代替刮削。

a)

b)

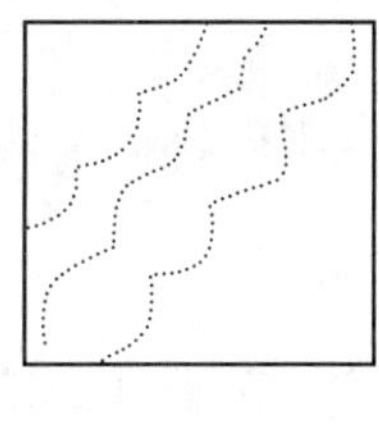

c)

图 3-59　刮削的花纹

a) 斜纹花　b) 鱼鳞花　c) 半月花

6. 研磨平面

研磨是平面的光整加工。研磨后两平面的尺寸精度可达 IT5 ~ IT3，表面粗糙度 *Ra* 值为 0.1 ~0.008μm，而且还可以提高平面的形状精度。

(1) 研具和研磨剂　研磨平面的研具平板分有槽和光滑两种。有槽平板用于粗研，工件易被压平，不致产生凸弧面；光滑平板则用于精研。研磨剂与研磨外圆和孔时所使用的相同。

(2) 研磨平面的方法　在平板上涂以适当研磨剂，工件沿平板的全部表面以 8 字形和直线相结合的运动轨迹进行研磨，目的是使磨料不断在新的方向起研磨作用。

研磨过程中，研磨压力和速度应适当，如压力过大，表面粗糙度 *Ra* 值则大，甚至会因磨料压碎而划伤工件表面。一般在研磨小而硬的工件或粗研时，可用较大压力、较低速度进行，而研磨大工件或精研时应用较小的压力、较快的速度进行。

若工件发热，应暂停研磨，避免工件热变形而影响研磨精度。

研磨常用来加工平尺及量块的精密测量平面。单件、小批生产一般用手工研磨，大批、大量生产多用机器研磨。

7. 平面加工方案的分析及选择

在确定平面加工方案时，除了应考虑平面的技术要求外，还要考虑生产类型、零件的结构尺寸、工件材料及热处理等因素。

1) 粗刨、粗车、粗磨、粗铣和粗插主要用于加工非接触平面。

2) 粗刨→精刨→刮研，此方案适合加工未淬硬的各种导向平面，例如机床的导轨面。生产批量较大时，可以采取宽刃细刨代替刮研。但多数导轨面需淬火，故应精刨、淬火后在导轨磨床上进行精磨。

3）粗车→半精车→磨削，此方案适合盘套类和轴类件端面的加工，容易保证端面之间及端面与其他表面之间的位置精度。不论零件是否淬火，此方案都适宜，但淬火应安排在半精车之后，这种方案适合各种生产类型。

4）粗磨→精磨，此方案适合毛坯精度较高、余量较小的淬火或非淬火件的加工，如淬火薄片件的加工最宜选择本方案。

5）粗铣→精铣→高速精铣，此方案适合有色金属零件大平面的加工。因刨削易扎刀，磨削易堵塞砂轮，均难以保证质量。对于铸铁及钢件，无论淬火与否，可在精铣后安排磨削加工，箱体、支架类零件的固定连接平面多采用此方案。

6）粗插→精插，主要适合单件、小批生产中方孔、内花键等内平面的加工。当生产率要求较高，可在粗插后安排拉削。拉削还可以加工面积不大的外平面。此方案只适合未淬火件的加工。

7）对于精度要求更高、表面粗糙度 *Ra* 值更低的平面，可以在上述方案后安排研磨。

3.2.3 习题

3-11 编制箱体类零件工艺过程应遵循的原则有哪些？生产类型不同时又有哪些不同的要求？

3-12 划线工序在箱体加工中起什么作用？

3-13 编制如图 3-60 所示箱体零件中批生产的加工工艺过程。

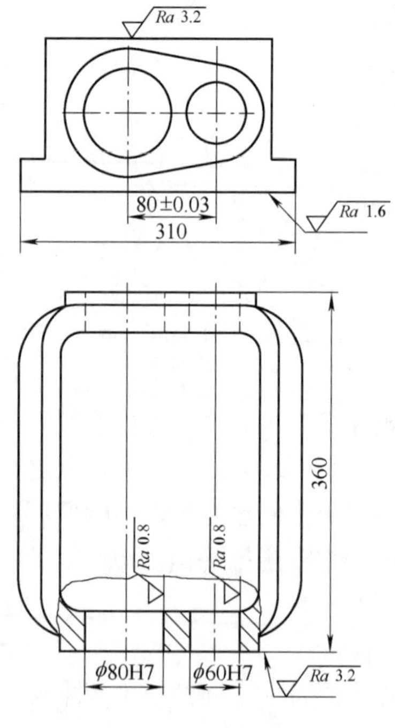

图 3-60 习题 3-13 图

项目4　圆柱齿轮类零件的机械加工工艺

【教学目标】

终极目标：会编制圆柱齿轮类零件的机械加工工艺。

项目4目标：

1. 会分析圆柱齿轮类零件的工艺性能，并选定机械加工内容。
2. 会选用圆柱齿轮类零件的毛坯，并确定加工方案。
3. 会确定圆柱齿轮类零件的加工顺序及工艺路线。
4. 会确定圆柱齿轮类零件的切削用量。
5. 会编制圆柱齿轮类零件的机械加工工艺。

【工作任务】

1. 圆柱齿轮的机械加工工艺分析。
2. 编制圆柱齿轮的机械加工工艺。

直齿圆柱齿轮零件图如图4-1所示。

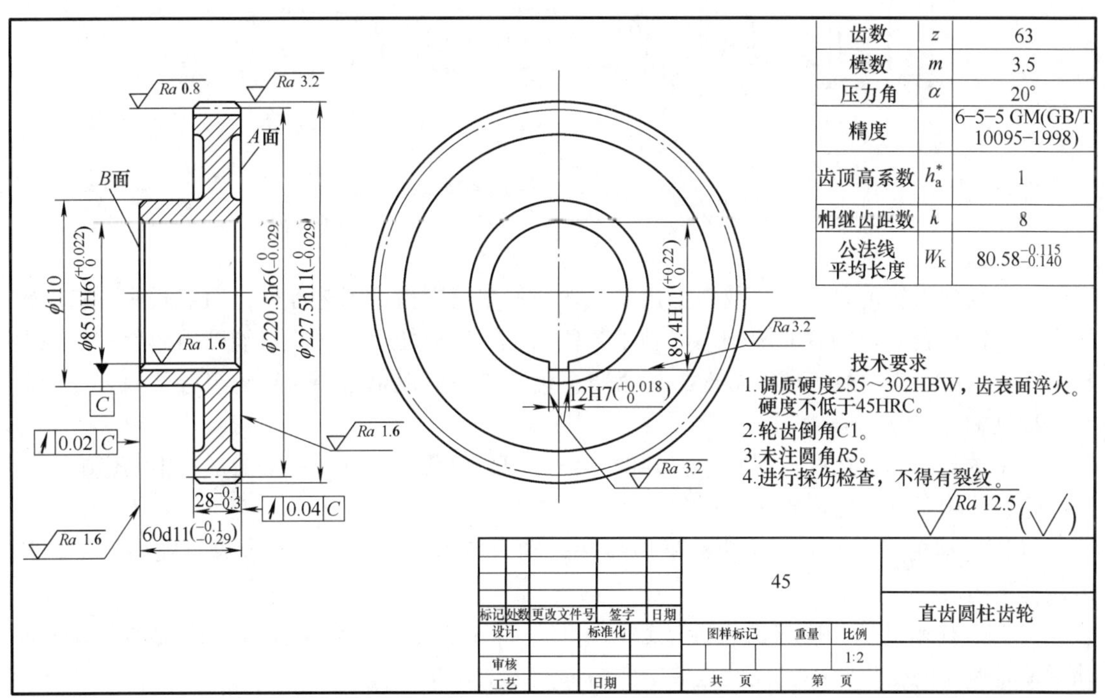

图4-1　直齿圆柱齿轮零件图

4.1 圆柱齿轮类零件机械加工工艺的相关知识

4.1.1 相关实践知识

（一）圆柱齿轮类零件概述

圆柱齿轮是机械传动中应用极为广泛的零件之一，其功用是按规定的速比传递运动和动力。

1. 圆柱齿轮的结构特点

尽管由于齿轮在机器中的功用不同而被设计成不同的形状和尺寸，但总是可以把它们划分为齿圈和轮体两个部分。常见的圆柱齿轮的结构形式如图 4-2 所示，包括盘类齿轮、套类齿轮、内齿轮、轴类齿轮、扇形齿轮、齿条（即齿圈半径无限大的圆柱齿轮）。其中盘类齿轮应用最广。

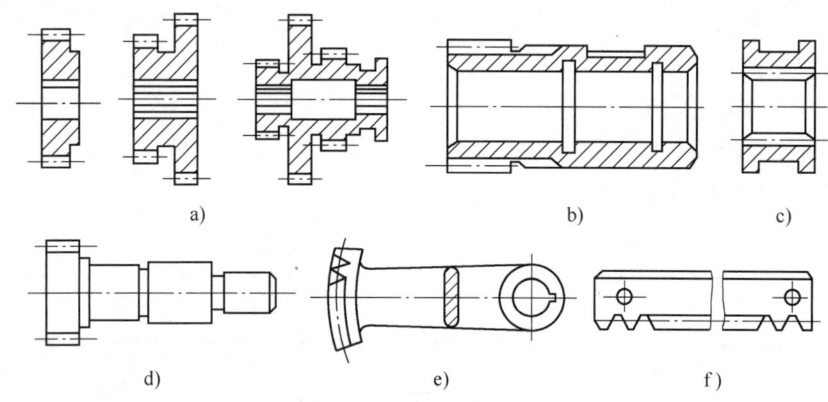

图 4-2 圆柱齿轮的结构形式

a）盘类齿轮 b）套类齿轮 c）内齿轮 d）轴类齿轮 e）扇形齿轮 f）齿条

一个圆柱齿轮可以有一个或多个齿圈。普通的单齿圈齿轮工艺性好，而双联或三联齿轮的小齿圈往往会受到轴肩的影响，限制了某些加工方法的使用，一般只能采用插齿。如果齿轮精度要求高，需要剃齿或磨齿时，通常将多齿圈齿轮做成单齿圈齿轮的组合结构。

2. 圆柱齿轮的精度要求

齿轮本身的制造精度，对整个机器的工作性能、承载能力及使用寿命都有很大影响。根据齿轮的使用条件，对齿轮传动提出以下几方面的要求：

（1）运动精度 要求齿轮能准确地传递运动，传动比恒定，即要求齿轮在一转中，转角误差不超过一定范围。

（2）工作平稳性 要求齿轮传递运动平稳，冲击、振动和噪声要小。这就要求齿轮转动时瞬时速比的变化要小，也就是要限制短周期内的转角误差。

（3）接触精度 齿轮在传递动力时，为了不致因载荷分布不均匀使接触应力过大，引起齿面过早磨损，要求齿轮工作时齿面接触要均匀，并保证有一定的接触面积和符合要求的接触位置。

(4) 齿侧间隙　要求齿轮传动时，非工作齿面间留有一定间隙，以储存润滑油，补偿因温度、弹性变形所引起的尺寸变化和加工、装配时的一些误差。

(二) 齿轮的材料、热处理和毛坯

1. 材料的选择

齿轮应按照使用的工作条件选用合适的材料。齿轮材料的选择对齿轮的加工性能和使用寿命都有直接的影响。

一般齿轮选用中碳钢（如45钢）和低、中碳合金钢，如20Cr、40Cr、20CrMnTi等。

要求较高的重要齿轮可选用38CrMoAlA渗氮钢，非传力齿轮也可以使用铸铁、夹布胶木或尼龙等材料。

2. 齿轮的热处理

齿轮加工中根据不同的目的，安排两种热处理工序：

(1) 毛坯热处理　在齿坯加工前后安排预备热处理正火或调质，其主要目的是消除锻造及粗加工引起的残余应力，改善材料的可加工性和提高综合力学性能。

(2) 齿面热处理　齿形加工后，为提高齿面的硬度和耐磨性，常进行渗碳淬火、高频感应淬火、碳氮共渗和渗氮等热处理工序。

3. 齿轮毛坯

齿轮的毛坯形式主要有棒料、锻件和铸件。棒料用于小尺寸、结构简单且对强度要求低的齿轮。当齿轮要求强度高、耐磨和耐冲击时，多用锻件。直径大于400～600mm的齿轮，常用铸造毛坯。为了减少机械加工量，对大尺寸、低精度齿轮，可以直接铸出轮齿；对于小尺寸、形状复杂的齿轮，可用精密铸造、压力铸造、精密锻造、粉末冶金、热轧和冷挤等新工艺制造出具有轮齿的齿坯，以提高劳动生产率、节约原材料。

(三) 齿轮毛坯的机械加工工艺

齿坯加工方案的选择

对于轴齿轮和套筒齿轮的齿坯，其加工过程和一般轴、套基本相似，现主要讨论盘类齿轮齿坯的加工过程。

齿坯的加工工艺方案主要取决于齿轮的轮体结构和生产类型。

1. 大批大量生产的齿坯加工

大批大量加工中等尺寸齿坯时，多采用“钻→拉→多刀车”的工艺方案。

1) 以毛坯外圆及端面定位进行钻孔或扩孔。

2) 拉孔。

3) 以孔定位在多刀半自动车床上粗精车外圆、端面、切槽及倒角等。

这种工艺方案由于采用高效机床，可以组成流水线或自动线，所以生产率高。

2. 成批生产的齿坯加工

成批生产齿坯时，常采用“车→拉→车”的工艺方案。

1) 以齿坯外圆或轮毂定位，精车外圆、端面和内孔。

2) 以端面支承拉孔（或内花键）。

3) 以孔定位精车外圆及端面。

这种方案可由卧式车床或转塔车床及拉床实现。它的特点是加工质量稳定，生产率较高。当齿坯孔有台阶或端面有槽时，可以充分利用转塔车床上的多刀来进行多工位加工，在转塔车床上一次完成齿坯的加工。

（四）圆柱齿轮的机械加工工艺过程

圆柱齿轮的加工工艺过程一般应包括以下内容：齿轮毛坯加工、齿面加工、热处理工艺及齿面的精加工。在编制齿轮加工工艺时，常因齿轮结构、精度等级、生产批量以及生产环境的不同，而采用各种不同的方案。齿轮加工工艺过程大致可划分如下几个阶段：

1）齿轮毛坯的形成：锻造、铸造或选用棒料。

2）半精加工：车削和滚、插齿面。

3）半精加工：车削和滚、插齿面。

4）热处理：调质、渗碳、淬火、齿面高频感应淬火等。

5）精加工：精修基准、精加工齿面（磨、剃、珩、研、抛光等）。

1. 定位基准的选择

齿轮定位基准的选择常因齿轮的结构不同有所差异。连轴齿轮主要采用顶尖定位，有孔且孔径较大时则采用锥堵。带孔齿轮加工齿面时常采用以下两种定位夹紧方式：

（1）以内孔和端面定位　即以工件内孔和端面联合定位，确定齿轮中心和轴向位置，并采用面向定位端面的夹紧方式。这种方式可使定位基准、设计基准、装配基准和测量基准重合，定位精度高，适于批量生产，但对于夹具的制造精度要求较高。

（2）以外圆和端面定位　若工件和夹具的配合间隙较大，则应用千分表找正外圆以确定中心的位置，同时辅以端面定位，从另一端面施以夹紧。这种方式因每个工件都要找正，故生产率低，此外它对齿坯的内、外圆同轴度要求高，而对夹具精度要求不高，故适于单件、小批生产。

2. 齿轮毛坯的加工

齿面加工前的齿轮毛坯加工，在整个齿轮加工工艺过程中占有很重要的地位，因为齿面加工和检测所用的基准必须在此阶段加工出来。

在齿轮的技术要求中，应适当注意齿顶圆的尺寸精度要求，因为齿厚的检测是以齿顶圆为测量基准的，齿顶圆精度太低，必然使所测量出的齿厚值无法正确反映齿侧间隙的大小。所以，在加工过程中应注意下列几个问题：

1）当以齿顶圆直径作为测量基准时，应严格控制齿顶圆的尺寸精度。

2）保证定位端面和定位孔或外圆的垂直度，定位端面与定位孔或外圆应在一次装夹中加工出来。

3）提高齿轮内孔的制造精度，减少与夹具心轴的配合间隙。

4）选择基准重合、统一的定位方式。

3. 齿端的加工

齿轮的齿端加工有倒圆、倒尖、倒棱和去毛刺等方式，如图 4-3 所示。倒圆、倒尖后的齿轮在换档时容易进入啮合状态，减少撞击现象。倒棱可除去齿端尖边和毛刺。图 4-4 所示是用指形齿轮铣刀对齿端进行倒圆的加工示意图。倒圆时，铣刀高速旋转，并沿圆弧作摆动，加工完一个齿后，工件退离铣刀，经分度后再快速向铣刀靠近，加工下一个齿的齿端。齿端加工必须在齿轮淬火之前进行，通常都在滚（插）齿之后、剃齿之前安排齿端加工。

4. 齿轮加工过程中的热处理要求

在齿轮加工工艺过程中，热处理工序的位置安排十分重要，它直接影响齿轮的力学性能及切削加工性。一般在齿轮加工中进行两种热处理工序，即毛坯热处理和齿面热处理。

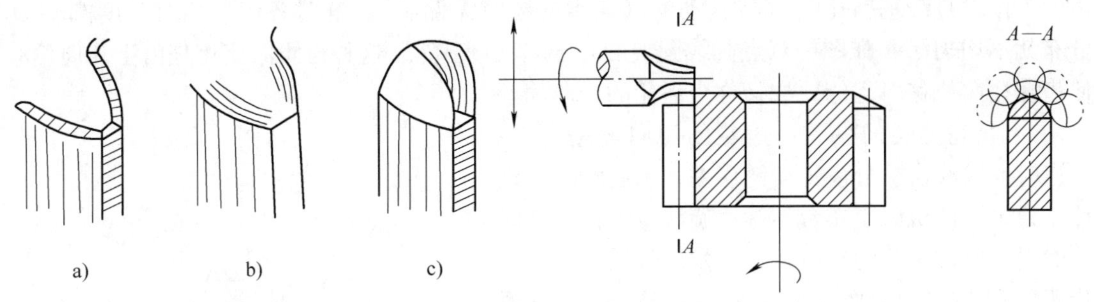

图4-3　齿端加工
a）倒棱　b）倒圆　c）倒尖

图4-4　齿端倒圆加工示意图

（1）毛坯的热处理　为了消除锻造和粗加工造成的残余应力，改善齿轮材料内部的金钉组织和切削加工性能，在齿轮毛坯加工前后通常安排正火或调质等预热处理。

（2）齿面的热处理　为了提高齿面硬度，增加齿轮的承载能力和耐磨性，通常要进行齿面高频淬火、渗碳、氮碳共渗或渗氮等热处理。齿面的热处理一般安排在滚齿、插齿、剃齿之后，珩齿、摩齿之前。

4.1.2　相关理论知识

齿形加工是整个齿轮加工的关键。按照加工原理，齿形加工可分为成形法和展成法两种。

指形齿轮铣刀铣齿、盘形铣刀铣齿、齿轮拉刀拉内齿轮等是成形法加工齿形的例子，而滚齿、剃齿、插齿等是展成法加工齿形的例子。现介绍几种用展成法加工齿形的方法。

（一）滚齿

1. 滚齿的特点

滚齿是齿形加工中生产率较高，应用最广的 种加工方法。滚齿加工通用性好，可加工圆柱齿轮、蜗轮等；可加工渐开线齿形、圆弧齿形、摆线齿形等。滚齿既可加工小模数、小直径齿轮，又可加工大模数、大直径齿轮，加工斜齿也很方便。

滚齿可直接加工9～8级精度齿轮，也可作为7级精度以上齿轮的粗加工和半精加工。滚齿可以获得较高的运动精度。因滚齿时齿面是由滚刀的刀齿包络而成，参加切削的刀齿数有限，故齿面的表面粗糙度值较大。为提高加工精度和齿面质量，宜将粗、精滚齿分开。

2. 滚齿加工质量分析

（1）影响传动准确性的加工误差分析　影响传动准确性的主要原因是：在加工中滚刀和被加工齿轮的相对位置和相对运动发生了变化。相对位置的变化（几何偏心）产生齿轮径向偏差，它以径向跳动 F_r 来评定；相对运动的变化（运动偏心）产生齿轮切向偏差，它以公法线变动量 E_{bn}来评定。下面分别加以讨论。

1）齿轮的径向偏差。齿轮的径向偏差是指滚齿时，由于齿坯的回转轴线与齿轮工作时的回转轴线不重合（出现几何偏心），使所切齿轮的轮齿发生径向位移而引起的齿距累积偏差，如图4-5所示。从图4-5可以看出，O 为切齿时的齿坯回转中心，O'为齿坯基准孔的几何中心（即齿轮工作时的回转中心）。滚齿时，齿轮的基圆中心与工作台的回转中心重合于

O，这样切出的各齿形相对基圆中心 O 分布是均匀的（如图 4-5 中实线圆上的 $P_1=P_2$），但齿轮工作时是绕基准孔中心 O'转动的（假定安装时无偏心），这时各齿形相对分度圆心 O'分布就不均匀了（如图中双点画线圆上的 $P'_1\neq P'_2$）。显然，这种齿距的变化是由于几何偏心使齿廓径向位移引起的，故又称为齿轮的径向偏差。

2）齿轮的切向偏差。齿轮的切向偏差是指，滚齿时，因滚齿机分齿传动链误差，引起瞬时传动比不稳定，使机床工作台不等速旋转，工件回转时快时慢，所切齿轮的轮齿沿切向发生位移所引起的齿距累积偏差，如图 4-6 所示。由图 4-6 可以看出，当轮齿出现切向位移时，图中每隔一齿所测公法线的长度是不等的。如 2、8 齿间的公法线长度明显大于 4、6 齿间的公法线长度。据此可以看出，通过公法线变动量 E_{bn} 可以反映出齿轮齿距累积偏差（切向部分），因此在生产中，公法线长度变动可以作为评定齿轮传递运动准确性的指标之一。

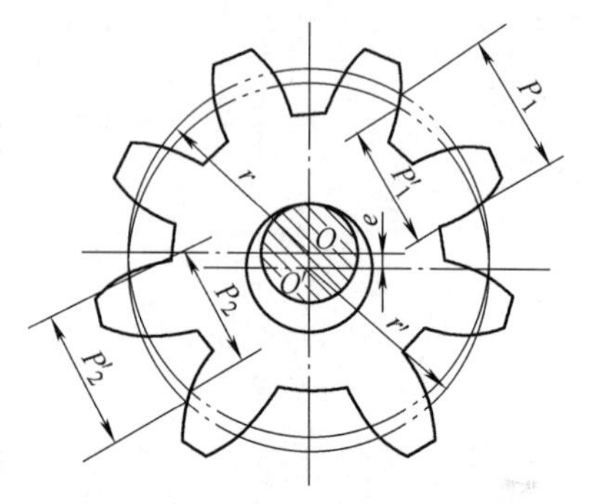

图 4-5 几何偏心引起的径向偏差
r—滚齿时的分度圆半径 r'—以孔轴心 O' 为旋转中心时，齿圈的分度圆半径

机床工作台的回转误差主要取决于分齿传动链的传动误差。在分齿传动链的各传动元件中，影响传动误差的最主要环节是工作台下面的分度蜗轮。分度蜗轮在制造和安装中产生的齿距累积误差，使工作台回转时发生转角误差，这些误差将直接地复映给齿坯，使其产生齿距累积偏差。

影响传动误差的另一重要环节是分齿交换齿轮，分齿交换齿轮的制造和安装误差，也会以较大的比例传递到工作台上。

为了减少齿轮的切向偏差，主要应提高机床分度蜗轮的制造和安装精度。对高精度滚齿机还可通过校正装置去补偿蜗轮的分度误差，使被加工齿轮获得较高的加工精度。

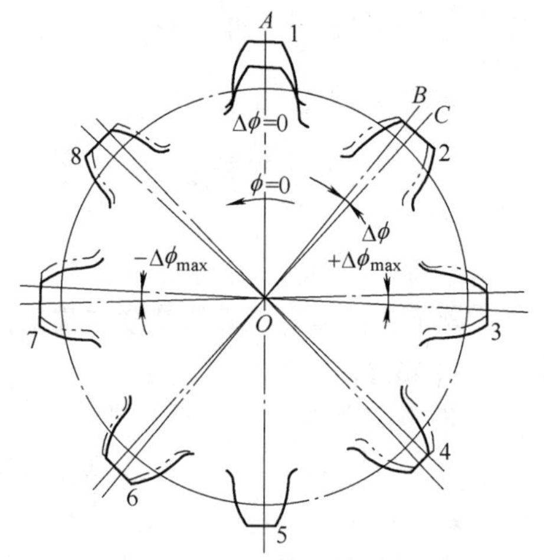

图 4-6 齿轮的切向偏差

（2）影响齿轮工作平稳性的加工误差分析 影响齿轮工作平稳性的主要偏差是齿形偏差、基节偏差等。

1）齿形偏差。滚齿后常见的齿形偏差如图 4-7 所示。其中齿面出棱、齿形不对称和根切等，可直接看出来，而压力角偏差和周期偏差需要通过仪器才能测出。应该指出，图 4-7 所示的偏差是齿形偏差的几种单独表现形式，实际齿形偏差常是上述几种形式的叠加。

齿形偏差产生的主要原因是滚刀在制造、刃磨和安装中存在误差，其次是机床工作台回转中存在的小周期转角误差。下面分析这些误差对齿形偏差的影响。

①齿面出棱的主要原因。滚齿时齿面有时出棱，其主要原因是：滚刀刀齿沿圆周等分性不好和滚刀安装后存在较大的径向跳动及轴向窜动等，如图 4-8 所示。由图 4-8 看出，刀齿存在不等分误差时，各排刀齿相对准确位置有的超前有的滞后，这种超前与滞后使刀齿上的切削刃偏离滚刀基本蜗杆的螺纹表面，因而在滚切齿轮的过程中，就会出现“过切”和

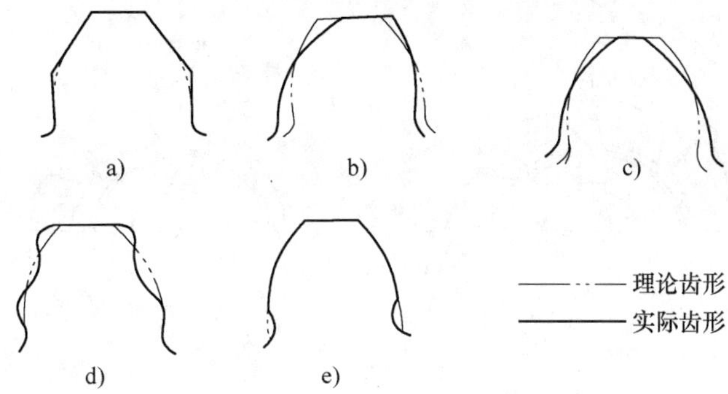

图4-7　常见的齿形偏差

a）出棱　b）不对称　c）压力角偏差　d）周期偏差　e）根切

“空切”而产生齿形偏差。图4-8c是从图4-8b中取出三个刀齿位置加以放大的示意图。图中双点画线表示无等分误差时刀齿的位置（和渐开线齿面相切），实线表示有等分误差时，刀齿2因滞后而引起刃口“空切”和刀齿3因超前而引起刃口“过切”的情况。刀齿等分性误差越大，这种“空切”和“过切”就越严重，齿面出棱越明显。刀齿等分性误差对不同曲率的渐开线齿形的影响是不同的，齿形曲率越大（即齿轮基圆越小）影响越大，这也就是齿数少的小齿轮为何齿面易出棱的缘故。

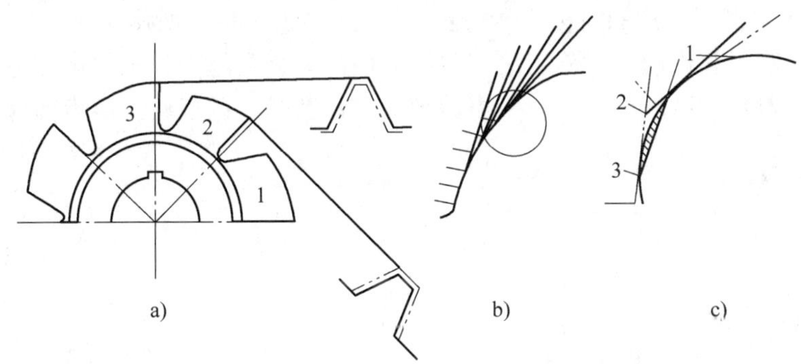

图4-8　刀齿不等分引起的齿形误差

a）刀齿不等分　b）滚切过程　c）放大图

滚刀安装后，如果存在较大的径向跳动或轴向窜动，滚刀刀齿面同样会产生“过切”或“空切”，使齿面出棱。

②产生压力角偏差的主要原因。齿轮的压力角偏差主要决定于滚刀刀齿的压力角偏差。滚刀刀齿的压力角偏差，由滚刀制造时铲磨刀齿产生的压力角偏差和刃磨刀齿前刀面所产生的非径向性误差及非轴向性误差而引起。

刀齿前刀面非径向性误差对压力角偏差的影响如图4-9所示。

精加工所用滚刀的前角通常为0°（即刀齿前刀面在径向平面内），刃磨不好时会出现前角正或负。由于刀齿侧后面经铲磨后具有侧后角，因此刀齿前角误差必然引起压力角变化。前角为正时，压力角变小，切出的齿形齿顶变“肥”（图4-9a）；前角为负时，压力角变大，切出的齿形齿顶变“瘦”（图4-9b）。

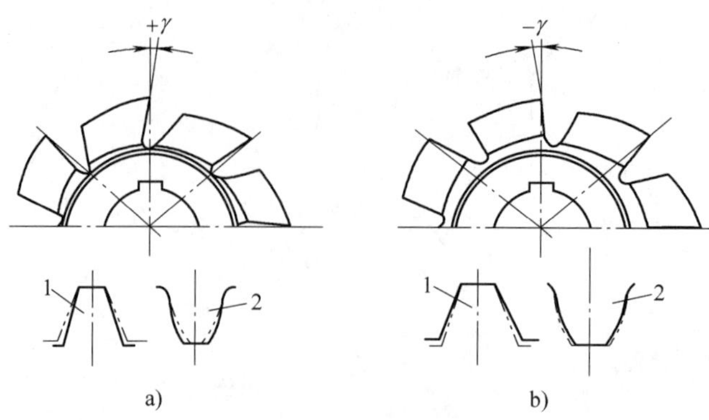

图 4-9　刀齿前刀面非径向性误差对压力角偏差的影响

a）前角大于零　b）前角小于零

1—滚刀　2—被加工齿轮

刀齿前刀面的非轴向性误差，是指直槽滚刀前刀面沿轴向对于孔轴线的平行度误差，如图 4-10 所示。这种误差使各刀齿偏离了正确的齿形位置，而且刀齿左右两侧刃偏离值不等，这样既产生轴向齿距偏差，又引起齿形歪斜。

③产生齿形不对称的主要原因。滚齿时有时出现齿形不对称偏差，除了刀齿前刀面非轴向性误差的影响外，主要是滚齿时滚刀对中不好。滚刀对中是指滚齿时滚刀所处的轴向位置应使其一个刀齿（或齿槽）的对称线通过齿坯中心，如图 4-11 所示。滚刀对中，切出的齿形就对称；反之则引起齿形不对称。滚刀包络齿面的刀齿数越少，工件齿形越大且齿面曲率越大时，齿形不对称就越严重，故对于模数较大且齿数较少的齿轮，滚齿前应认真使滚刀对中。

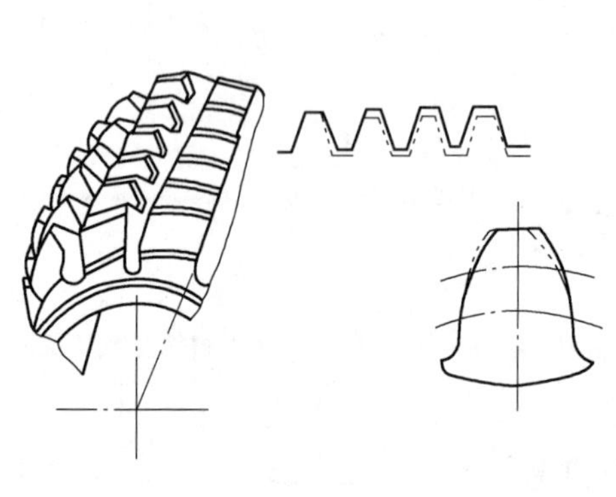

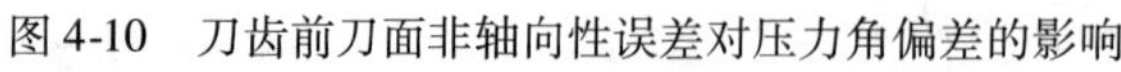
图 4-10　刀齿前刀面非轴向性误差对压力角偏差的影响

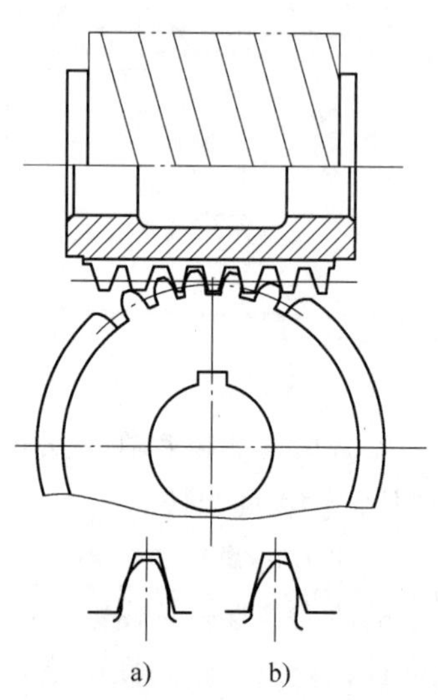

图 4-11　滚刀对中对齿形的影响

a）对中齿形　b）不对中齿形

④产生齿形周期偏差的主要原因。滚刀安装后的径向跳动和轴向窜动、机床分度蜗轮副中分度蜗杆的径向跳动和轴向窜动都是周期性的误差，这些都会使滚齿时出现齿面凸凹不平的周期偏差。

⑤减少齿形偏差的措施。从以上分析可知，影响齿形偏差的主要因素是滚刀的制造误差、安装误差和机床分齿传动链中蜗杆的误差。为了保证齿形精度，除了根据齿轮的精度等级正确地选择滚刀和机床外，还要特别注意滚刀的重磨精度和安装精度。

2）基节偏差。在滚齿加工时，齿轮的基节应等于滚刀的基节。滚刀的基节按下式计算

$$p_{b0} = p_{n0}\cos\alpha_0 = p_{t0}\cos\lambda_0\cos\alpha_0 \approx p_{t0}\cos\alpha_0$$

式中　p_{b0}——滚刀的基节；

p_{n0}——滚刀的法向齿距；

p_{t0}——滚刀的轴向齿距；

α_0——滚刀的法向压力角；

λ_0——滚刀的分度圆螺旋升角，一般很小，故 $\cos\lambda_0 \approx 1$。

由此可以看出，要减少基节偏差，滚刀制造时应严格控制轴向齿距及压力角的偏差；对影响压力角偏差和轴向齿距偏差的刀齿前刀面的非径向性误差和非轴向性误差，也应加以控制。

（3）影响齿轮接触精度的加工误差分析　齿轮接触精度受到齿宽方向接触不良和齿高方向接触不良的影响。影响齿高方向接触不良的主要因素是齿廓形状偏差 $f_{f\alpha}$ 和基节偏差 f_{pb}，影响齿宽方向接触不良的主要因素是齿轮的螺旋线总偏差 F_β。此处只分析影响螺旋线总偏差 F_β 的主要因素。

螺旋线总偏差 F_β 是指在分度圆柱面上，齿宽工作部分范围内，包容实际齿线且距离为最小的两条设计齿线之间的端面距离。

滚齿加工中引起螺旋线偏差的主要因素如下：

1）滚齿机刀架导轨相对工作台回转轴线存在平行度误差时，齿轮会产生螺旋线偏差，如图4-12所示。

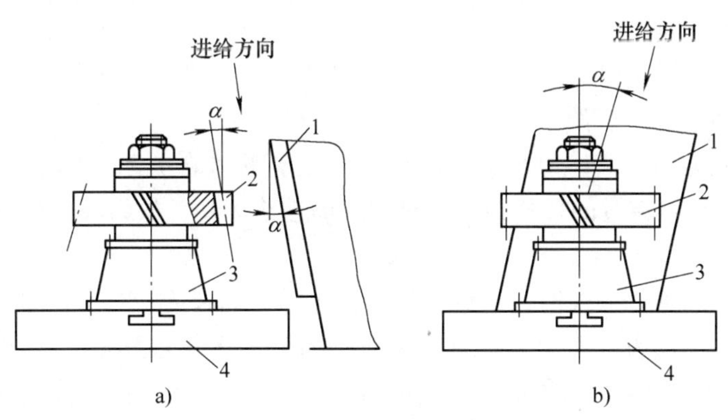

图4-12　滚齿机刀架导轨误差对螺旋线偏差的影响

a）导轨不平行　b）导轨歪斜

1—刀架导轨　2—齿坯　3—夹具底座　4—机床工作台

2）夹具支承端面对回转轴线的垂直度误差，或齿坯孔与定位端面的垂直度误差等工件的装夹误差均会造成被切齿轮的螺旋线偏差，如图4-13所示。

3）滚切斜齿轮时，除上述影响因素外，机床差动交换齿轮的误差，也会影响齿轮的螺旋线偏差。

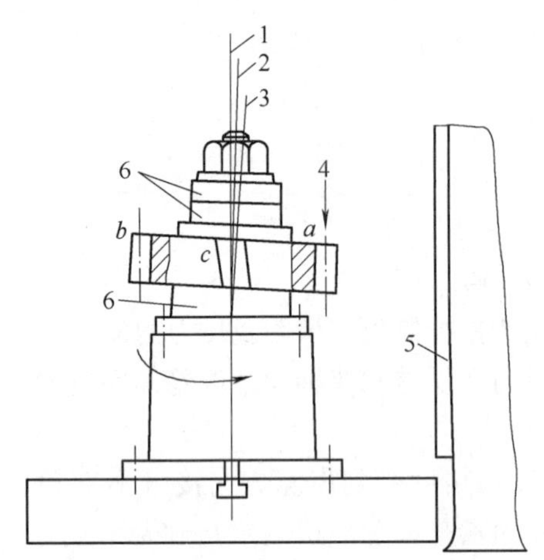

图 4-13　齿坯安装歪斜对螺旋线偏差的影响

1—工作台回转轴线　2—心轴轴线　3—齿坯内孔轴线　4—进给方向　5—刀架导轨　6—垫圈

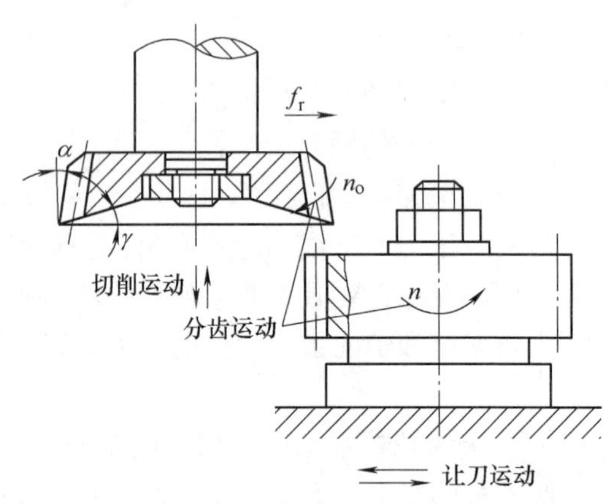

图 4-14　插齿时的运动

（二）插齿

插齿也是生产中普遍应用的一种切齿方法。

1. 插齿原理

从插齿原理上分析，插齿刀和工件相当于一对轴线相互平行的圆柱齿轮相啮合，插齿刀就像一个磨有前、后角且具有切削刃的高精度齿轮。

2. 插齿的主要运动

插齿时的运动如图 4-14 所示。

（1）切削运动　插齿刀的上下往复运动。

（2）分齿展成运动　插齿刀与工件间应保持正确的啮合关系。插齿刀每往复一次，工件相对刀具在分度圆上转过的弧长为加工时的圆周进给运动，故刀具与工件的啮合过程也就是圆周进给过程。

（3）径向进给运动　插齿时，为逐步切至全齿深，插齿刀应有径向进给运动。

（4）让刀运动　插齿刀做上下往复运动时，向下是工作过程。为了避免刀具擦伤已加工的齿面并减少刀齿磨损，在插齿刀向上运动时，工作台带动工件沿径向退出切削区一段距离，插齿刀工作行程时，工件恢复原位。在较大规格的插齿机上，让刀运动由插齿刀刀架部件来完成。

（三）插齿与滚齿工艺特点的比较

插齿与滚齿同为常用的齿形加工方法，它们的加工精度和生产率也大体相当。但在精度指标、生产率和应用范围等方面又各自有其特点。现分析比较如下：

1. 插齿的加工质量

1）插齿的齿形精度比滚齿高。这是因为插齿刀在制造时，可通过高精度磨齿机获得精确的渐开线齿形。

2）插齿后的齿面粗糙度值比滚齿小，其原因是插齿的圆周进给量通常较小，插齿过程中包络齿面的切削刃数较滚齿多，因而插齿后的齿面粗糙度值小。

3）插齿的运动精度比滚齿差。因为在滚齿时，一般只是滚刀某几圈的刀齿参加切削，工件上所有齿槽都是这些刀齿切出的；而插齿时，插齿刀上的各刀齿顺次切削工件各齿槽，因而，插齿刀上的齿距累积偏差将直接传给被切齿轮；另外，机床传动链的误差使插齿刀旋转产生的转角误差，也使得插齿后齿轮有较大的运动误差。

4）插齿的齿向偏差比滚齿大。插齿的齿向偏差主要决定于插齿机主轴往复运动轨迹对工作台回转轴线的平行度误差。插齿刀往复运动频率高，主轴与套筒的磨损大，因此插齿的齿向偏差常比滚齿大。

2. 插齿的生产率

切制模数较大的齿轮时，插齿速度要受插齿刀主轴往复运动惯性和机床刚性的制约，切削过程又有空程时间损失，故生产率比滚齿加工要低。但在加工小模数、多联齿、齿宽小的齿轮时，插齿生产率会比滚齿高。

3. 插齿的应用范围

从上面分析可知，插齿适合于加工模数小、齿宽较小、工作平稳性要求较高而运动精度要求不太高的齿轮，尤其适用于加工内齿轮、多联齿轮中的小齿轮、齿条及扇形齿轮等。但加工斜齿轮需用螺旋导轨，不如滚齿方便。

4.1.3　习题

4-1　不同生产类型的条件下，齿坯加工是怎样进行的？如何保证齿坯内外圆同轴度及定位用的端面与内孔的垂直度？齿坯精度对齿轮加工的精度有什么影响？

4-2　编制如图 4-15 所示双联齿轮单件小批生产的加工工艺。

4-3　试从保证加工质量方面比较插齿和滚齿的工艺特点。

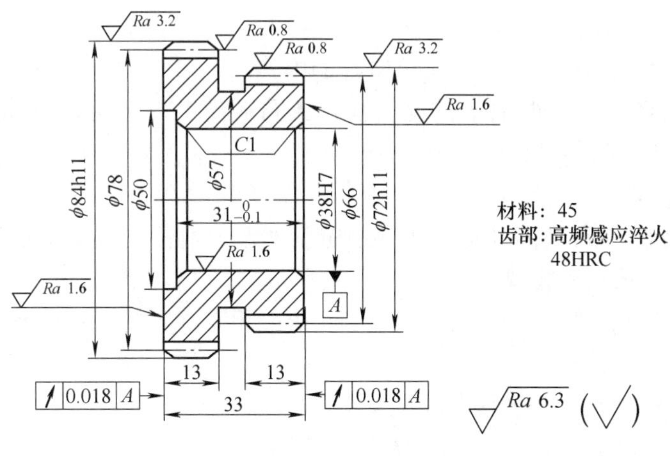

图 4-15　习题 4-2 图

4.2 编制圆柱齿轮类零件的机械加工工艺

4.2.1 圆柱齿轮的机械加工工艺过程分析

1. 零件图分析

图 4-1 所示的直齿圆柱齿轮，由外圆柱面、内孔面、键槽、齿面和倒角等组成。根据工作要求，齿面、ϕ85H6（mm）内圆柱面和左右两大端面为重要的加工表面。

2. 确定毛坯

根据齿轮工作要求及批量，毛坯选用锻造毛坯，尺寸取 ϕ240mm×65mm，毛坯上预制通孔 ϕ80mm。

3. 确定主要表面的加工方法

ϕ85H6（mm）内圆柱面的公差等级为 IT6 级，表面粗糙度值为 Ra1.6μm，需要磨削加工。内孔表面的加工方案为：粗车→半精车→磨削。

左右两端面对 ϕ85H6（mm）内圆柱面的径向圆跳动公差分别为 0.02mm 和 0.04mm，表面粗糙度值为 Ra1.6μm，精度很高，需要磨削加工。尤其是 A 面，要作为滚齿加工时的定位基准，加工方案为：粗车→半精车→磨削，A 面需在一次装夹中和内孔一起磨出，再以 A 面为基准在平面磨床上磨削 B 面，以保证对孔的径向圆跳动要求。

齿轮的精度等级为 6—5—5GM，公法线变动量为 0.025mm，精度较高，需要采用滚齿机滚齿并磨齿。

4. 确定定位基准

该齿轮零件需要采用车削、滚齿和磨削等加工方法。车削时采用自定心卡盘装夹，以外圆柱面为定位基准。其他加工过程均采用 ϕ85H6（mm）内圆柱面配合端面作为定位基准。

5. 划分加工阶段

对精度要求较高的零件，其粗、精加工应分开，以保证零件的质量。该直齿圆柱齿轮的加工，总体上应划分为 3 个阶段：粗车、半精车和磨削。

6. 加工尺寸和切削用量

具体加工尺寸参见该齿轮加工各工序卡片的内容。

切削用量的选择，可根据加工情况由操作人员确定，一般可从《机械加工工艺师手册》[2]或《切削用量简明手册》中选取。

7. 拟定工艺路线

为保证齿轮加工质量，机械加工前应安排正火处理，磨削前应安排钳工去毛刺并进行淬火处理。全部加工完成后安排检验工序。

综上所述，该齿轮的加工路线为：锻造→正火→粗车→半精车→滚齿→倒角→去毛刺→淬火→插键槽→磨削→检验。

圆柱齿轮的机械加工工艺过程卡片见表 4-1。

圆柱齿轮工序 10 的机械加工工序卡片见表 4-2。

表 4-1　直齿圆柱齿轮机械加工工艺过程卡片

机械加工工艺过程卡片	产品型号	YG026	零部件图号	YG026-0001		
	产品名称	织物强力机	零部件名称	直齿圆柱齿轮	共1页	第1页

材料牌号	45	毛坯种类	锻钢	毛坯外形尺寸	ϕ240mm×65mm	每毛坯可制件数	1	每台件数	2	

工序	工序名称	工序内容	设备	工艺装备			工时	
				夹具	刀具	量具	准终	单件
1	锻毛坯	毛坯锻造 ϕ240mm×65mm						
2	热处理	正火						
3	车	（1）夹 A 端，找正后： 1）粗车、半精车 B 端面，留余量 0.3mm，粗、精车 ϕ227mm 外圆柱面至尺寸，倒角 2）粗镗、半精镗内孔，留磨削余量 0.3～0.4mm （2）调头夹 B 端，找正后： 1）车 A 端面至总长 60.6mm 2）车 ϕ110mm 外圆柱面至尺寸，保证大端长度 28.3mm，倒角	车床	自定心卡盘	车刀	游标卡尺（0～300mm）		
4	磨	夹 B 端，靠台肩，磨内孔及 A 面至尺寸	内圆磨床	自定心卡盘	砂轮	内径千分尺（0～100mm）、百分表		
5	磨	以 A 面为基准，磨 B 面至总长	平面磨床		砂轮	游标卡尺（0～300mm）、百分表		
6	滚齿	以 A 面和内孔定位滚齿，留磨齿余量 0.3mm	滚齿机	专用夹具	齿轮滚刀	齿厚游标卡尺		
7	倒角	齿倒圆角，去毛刺	倒角机					
8	热处理	齿面高频感应淬火 52HRC						
9	磨齿	磨齿至图样要求	磨齿机	专用夹具	砂轮	公法线千分尺		
10	插键槽	插键槽至图样要求	插床		插刀	游标卡尺（0～125mm）		
11	检验	检验						

编　制	日　期	编　写	日　期	校　对	日　期	审　核	日　期

表 4-2　直齿圆柱齿轮机械加工工序卡片

机械加工工序卡片	产品型号及规格	图号	名称	工序名称	工艺文件编号
	YG026 织物强力机	YG026-0001	直齿圆柱齿轮	插键槽	

材料牌号及名称	毛坯外形尺寸	
45		
零件毛重	零件净重	硬度
设备型号	设备名称	
B5032	插床	
专用工艺装备		
名　　称		代　　号
机动时间	单件工时定额	每台件数
15min	60min	
技术等级	切削液	
	切削液或植物油	

工序号	工步号	工序及工步内容	刀具 名称规格	量检具 名称规格	切削用量 切削速度/（m/min）	背吃刀量/mm	进给量/（mm/r）	转速/（r/min）
10	1	装夹，按线找正		游标卡尺（0～150mm）				
	2	粗插键槽至深度，两侧面留精加工量1mm	粗插刀		15	0.3		
	3	精插至尺寸	精插刀		15	0.1		

										编制	校对	会签	复制
修改标记	处数	文件号	签字	日期	修改标记	处数	文件号	签字	日期				

4.2.2　相关理论知识

（一）齿轮螺旋线总偏差的测量

将齿轮套在锥度为1∶5000～1∶8000的心轴上，两端支承在平台上的顶尖架或齿圈径跳仪（图4-16）、偏摆仪上，测量时顶尖架可沿轴线往复移动，利用杠杆千分表在全齿高中部沿齿宽方向测量，其读数值为螺旋线总偏差值 F_{β}。测量时要求沿齿圈上3个等分点测量，并要求测量两侧齿面，这样才能正确判断螺旋线总偏差的情况。

直齿齿轮螺旋线总偏差也可在万能齿形齿向仪、万能齿轮测量机等检测仪器上进行测量。

图4-16　齿圈径跳仪

（二）齿轮齿廓形状偏差的测量

齿廓形状偏差（$f_{f\alpha}$）可在专用的渐开线检查仪上测量。图4-17所示为3202B型高精度单盘渐开线检查仪，该仪器是一种高精度单盘式齿形测量仪器，适用于工厂计量室和车间生产现场测量较高精度的圆柱齿轮、插齿刀、剃齿刀的渐开线齿廓形状偏差。

该仪器具有以下几种特点：

1）长期、稳定的高精度。本仪器结构简单、紧凑、传动链短，所以具备很高的精度。

2）新颖的结构。本仪器采用了高精度密珠轴系和合理的导轨布局，避免了基圆盘和直尺之间的“打滑”现象。

3）方便、实用、经济。本仪器操作、维修方便，特别适合在车间生产现场使用。

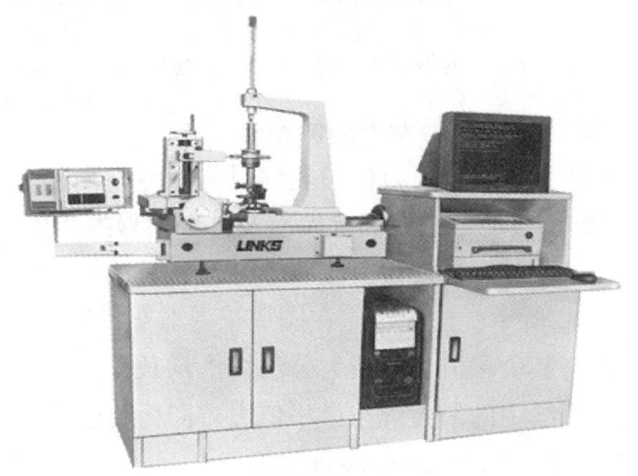

图4-17　3202B型高精度单盘渐开线检查仪

4）先进的计算机处理评值。由计算机进行数据处理和误差评值，测量结果由显示器、打印机输出，方便、直观。

5）高可靠性。测量数据可通过计算机处理后打印出来。图4-18、图4-19所示为测量实例。

（三）齿轮径向跳动的测量

齿轮径向跳动的测量如图4-20所示。将齿轮套在锥度为1∶5000～1∶8000的心轴上，两端支承在平台上的顶尖架（或齿圈径跳仪、偏摆仪）上，百分表的测头与全齿高中部接触，读出百分表上的读数，如图4-21所示。转动齿轮，百分表测头与另一齿槽接触又可读出一读数，一圈齿中读数最大值为齿轮径向跳动值 F_r。

图 4-18 测量直齿轮

图 4-19 测量剃齿刀

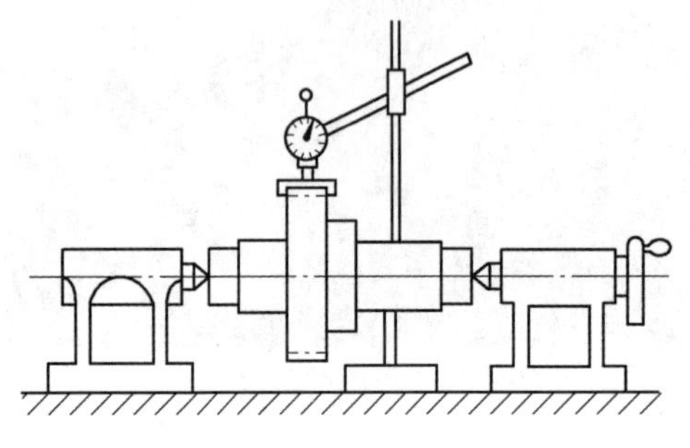

图 4-20 齿轮径向跳动（F_r）的测量

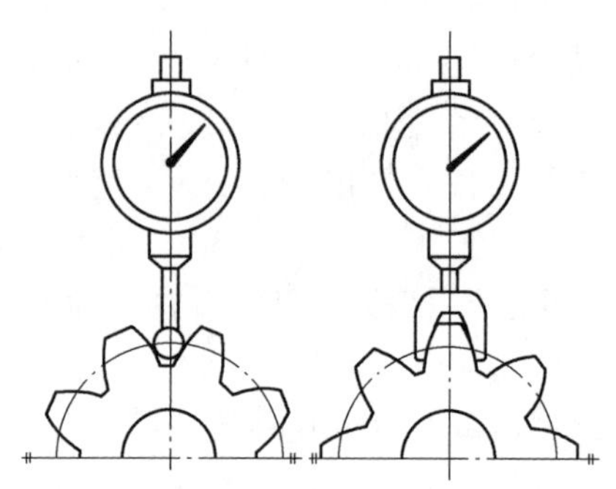

图 4-21 径向跳动的读数

（四）齿轮齿距偏差的测量

齿距偏差可通过万能齿轮测量机等专用测量设备进行检测。

（五）齿轮公法线长度偏差及其变动量的测量

公法线长度可以用公法线千分尺、公法线量仪、万能测齿仪等测量。公法线千分尺测量如图 4-22 所示，按规定应在圆周三等分处测量，取平均值作为测量结果。测得的公法线实际长度与其公称值之差即为公法线平均长度偏差（E_{wm}），如图 4-23 所示。同一齿轮测得的所有公法线中的最大值与最小值之差即为公法线变动量（E_{bn}）。

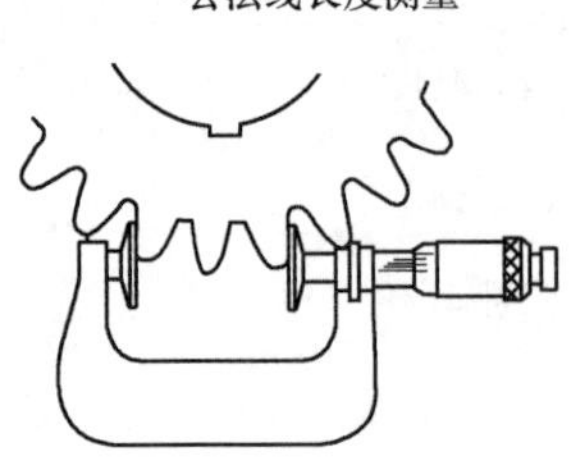

图 4-22 公法线千分尺测量

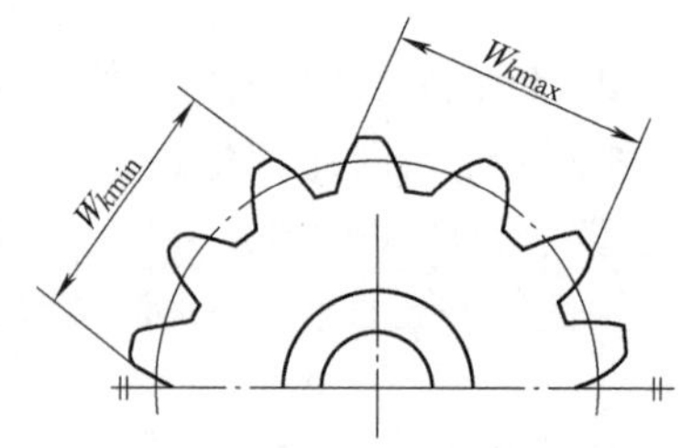

图 4-23 公法线长度变动量

（六）齿轮齿形加工

齿轮在机械、仪器、仪表中应用非常广泛。齿轮的加工质量对机电产品的工作性能、承载能力及寿命有很大影响。

机电产品中，齿轮是传递运动和动力的重要零件。齿轮是配对使用的，种类很多，常见的齿轮传动类型如图4-24所示。其中，直齿和斜齿圆柱齿轮用于两平行轴间的传动；直齿锥齿轮用于两相交轴间的传动；螺旋圆柱齿轮和蜗杆用于两交错轴间的传动。上述齿轮传动中，直齿圆柱齿轮是最基本的，也是应用最广的一种。

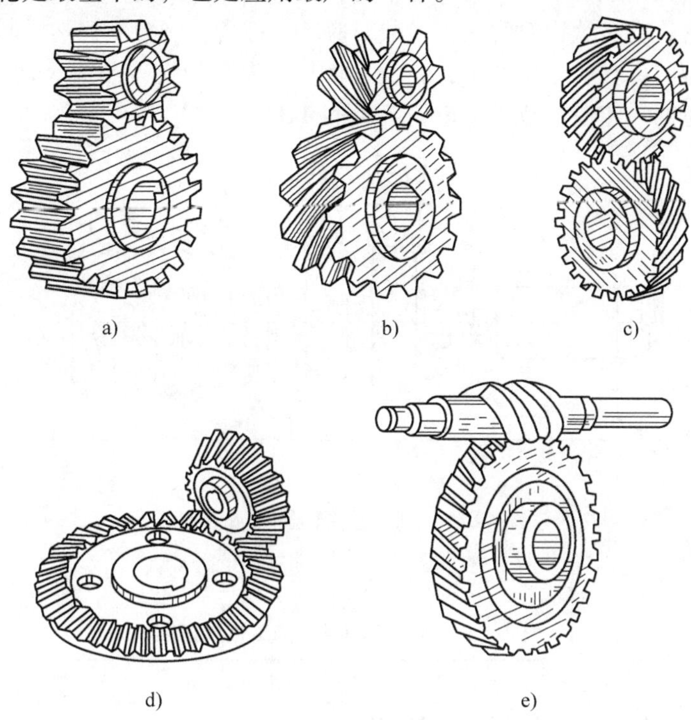

图4-24　常见齿轮传动类型

a）直齿圆柱齿轮传动　b）斜齿圆柱齿轮传动　c）交错轴斜齿轮传动
d）直齿锥齿轮传动　e）蜗轮蜗杆传动

齿轮加工一般分为齿坯加工和齿形加工两个阶段。齿坯加工的孔、外圆和端面往往是齿形加工时的基准，应有一定的精度和表面质量要求；而齿形加工是齿轮加工的关键。齿形可以用精铸、精锻、冷轧、热轧和粉末冶金等无屑加工方法形成。这些方法具有生产率高、材料损耗少和成本低等优点，但精度较低，尚未被广泛采用，目前有屑切削加工齿轮齿形仍是主要方法。按齿形形成原理有成形法和展成法两种。

成形法（仿形法）是用与被加工齿轮齿槽法向截面形状相符的成形刀具加工齿形的方法，常见的有铣齿、成形法磨齿等。

展成法（范成法或包络法）是利用齿轮刀具与被切齿轮的啮合运动（或称展成运动）关系，在专用的齿轮加工机床上切出齿轮齿形的加工方法，最常用的有滚齿和插齿两种方法。

1. 铣齿

如图4-25所示，将齿坯紧固在心轴上，心轴安装在分度头顶尖与尾座顶尖之间。成形铣刀的旋转为主运动，工作台的纵向移动为进给运动。每铣完一个齿槽后，工件退回，按齿数z进行分度，再铣下一个齿槽，重复此过程，直至铣出全部轮齿。

齿轮铣刀的模数 m、压力角 α 必须与被加工齿轮的模数和压力角相同。此外，还要根据被加工齿轮的齿数 z 选择相应的刀号。由渐开线性质可知，渐开线的形状与基圆直径有关，而基圆直径又与齿数有关（基圆直径为 $0.94mz$）。模数和压力角相同的齿轮，若齿数不同，则齿形不同；随齿数增加，渐开线齿形愈平直。根据成形法铣齿原理，加工某一模数相同而齿数不同的齿轮时，就必须针对每一种齿数对应有一把齿轮铣刀。显然，制造和使用这样多的铣刀是极不经济的。在实际生产中，一般是将某一模数的铣刀制成 8 把，分成 8 个刀号，分别铣削齿形相近的一定齿数范围的齿轮（见表 4-3）。

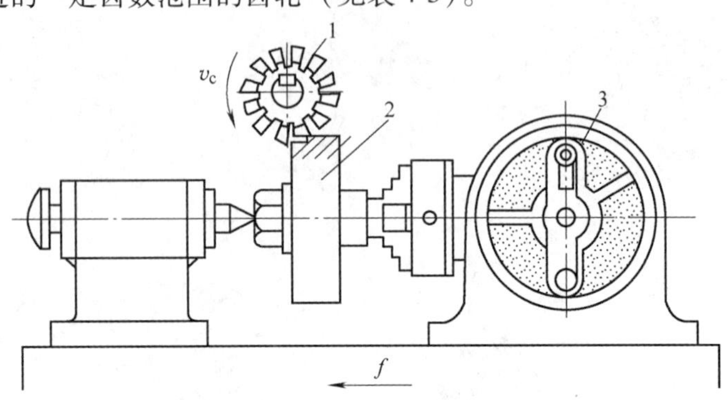

图 4-25 成形法铣削圆柱直齿齿轮
1—铣刀 2—工件 3—分度头

表 4-3 齿轮铣刀刀号及加工齿数范围

刀号	1	2	3	4	5	6	7	8
加工齿数范围	12 ~ 13	14 ~ 16	17 ~ 20	21 ~ 25	26 ~ 34	35 ~ 54	55 ~ 134	135 以上及齿条

2. 滚齿原理及滚刀

滚齿过程相当于一对交错轴斜齿轮相啮合的过程，如图 4-26a、b 所示。若将其中一个斜齿轮的齿数减少到 1 ~ 2 个齿，而螺旋角增加到近 90°，此斜齿轮就相当于渐开线蜗杆。这个蜗杆用高速工具钢制造，并在垂直于螺旋线方向开出多条沟槽（即容屑槽），从而形成多排刀齿。沟槽的一个侧面成为刀齿的前面，它与螺旋面的交线形成一个顶刃和两个侧刃，再进行铲背得到后面，蜗杆就变成齿轮滚刀（见图 4-26c）。使滚刀与齿坯间保持正确的相对运动，切削刃就包络出渐开线齿形（见图 4-26d）。

滚齿与铣齿比较有如下特点。

（1）滚刀的通用性好　一把滚刀可以加工与其模数、压力角相同而齿数不同的齿轮，刀具数量比模数铣刀少。

（2）滚齿精度高　滚齿没有铣齿造成的齿形理论误差；滚刀与齿坯间的分齿啮合运动比铣齿时分度头的分齿精度要高。滚齿的加工精度通常可达 8 ~ 7 级，齿面粗糙度 Ra 值一般为 3.2 ~ 1.6μm。

（3）生产率高　滚齿的分齿运动和切削运动是同时进行的，而铣齿的分度必须停止切削运动。滚齿既用于单件、小批生产中，也适宜大批、大量生产类型。

（4）设备和刀具费用较高　滚齿机为专用齿轮加工机床，其调整费时。滚刀较齿轮铣刀的制造、刃磨要困难。

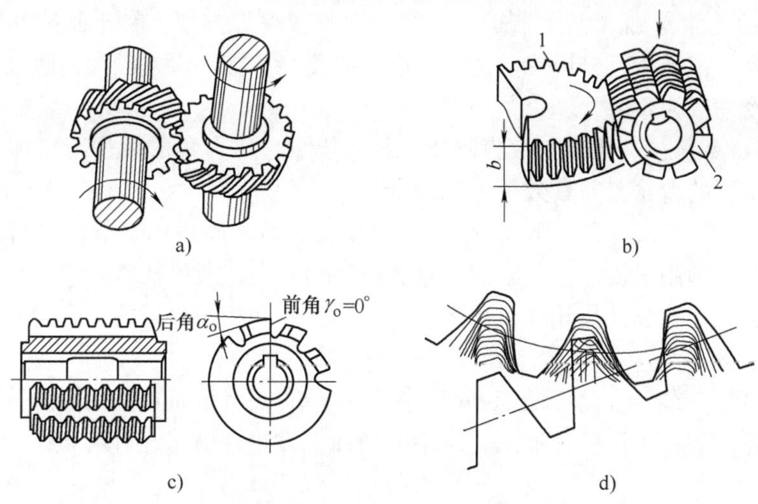

图4-26　滚齿原理及滚刀

a)、b) 滚齿原理　c) 滚刀　d) 包络线

1—齿坯　2—滚刀

滚齿应用范围较广，可加工直齿、斜齿圆柱齿轮和蜗轮等，但不能加工内齿轮和相距太近的多联齿轮。

3. 插齿

插齿是用插齿刀在插齿机上按展成法加工齿轮的方法。

(1) 插齿原理及插齿刀　插齿是按一对圆柱齿轮相啮合的原理进行加工的。将其中一个齿轮的端平面做成内锥面，以形成前角 γ_o，同时，使其齿顶圆和齿根圆分别分布在两个同轴线的圆锥面上，以形成后角 α_o，经过上述变化并用高速钢制造的这个齿轮就成为图4-27所示的插齿刀。强制插齿刀与齿坯间啮合运动的同时，使插齿刀做上下往复运动，则切削刃在齿坯上包络出渐开线的齿形。

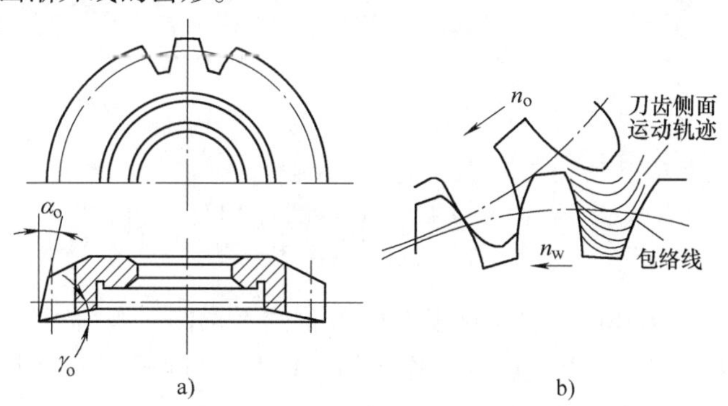

图4-27　插齿刀和包络线

a) 插齿刀　b) 渐开线齿形的形成

(2) 插齿的工艺特点及应用　插齿与滚齿比较有如下特点：

1) 齿面质量高。插齿时，插齿刀沿齿宽方向为连续切削，而滚齿时滚刀沿齿宽方向是多次断续切出。另外，滚齿时因形成齿形包络线的切线数目受容屑槽数的限制，一般不如插齿的包络线密集，所以插齿的齿面表面粗糙度值比滚齿的低，一般可达 $Ra1.6\mu m$。

2）插齿精度较低。插齿刀的制造、刃磨、检测较滚刀方便，易于制造和精确刃磨，齿形精度较滚齿高。但插齿机分齿传动链比滚齿机要复杂，传动误差较大，故其分齿精度比滚齿低。插齿精度一般为 8 ~7 级。

3）插齿刀的数量少。插齿与滚齿一样，某一模数、压力角的插齿刀可加工同模数、同压力角而齿数不同的齿轮，刀具数量比铣齿少。

4）插齿的生产率低。插齿刀不像滚刀那样连续旋转，而是作上下往复直线运动，有一定的冲击振动，切削用量提高受到限制，且有空行程损失，所以插齿生产率一般较滚齿低。

插齿除能加工一般圆柱齿轮外，还可以加工内齿轮和相距很近的多联齿轮，但加工斜齿圆柱齿轮不如滚齿方便。

对于精度高于 7 级、表面粗糙度 Ra 值小于 0.8μm 或齿面需要淬火的齿轮，在铣齿、插齿、滚齿后，还需进行齿形的精加工。常用的精加工方法有剃齿、珩齿和磨齿。

4. 剃齿

（1）剃齿原理　剃齿是利用一对交错轴斜齿轮啮合原理，在剃齿机上“自由啮合”的展成加工方法。

剃齿刀如图 4-28a 所示，其外形很像斜齿圆柱齿轮，齿形精度很高，在轮齿两侧沿渐开线方向开有很多小槽，以形成切削刃，材料一般为高速钢，经淬火后成为剃齿刀。

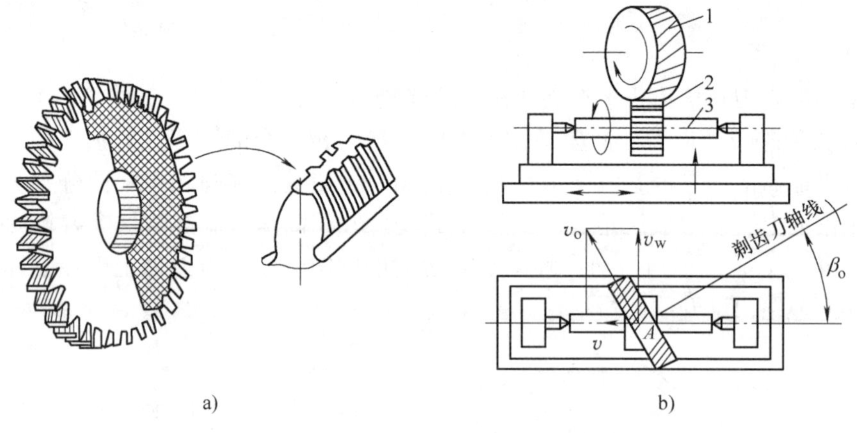

图 4-28　剃齿刀与剃齿运动

a）剃齿刀　b）剃齿原理

1—剃齿刀　2—工件　3—心轴

（2）剃齿运动　图 4-28b 为加工直齿圆柱齿轮的示意图。剃齿刀安装在剃齿机的主轴上，其圆周速度为 v_o，工件安装在机床工作台的心轴上，与剃齿刀保持啮合，并由剃齿刀带动旋转，两者间是一种“自由啮合”。为了使剃齿刀和工件的齿向一致，应使剃齿刀的轴线偏斜一个角度 β，其数值等于剃齿刀的螺旋角。剃齿刀的圆周速度 v_o 分解为两个分速度：一个是沿工件圆周切线方向的分速度 v_w，它带动工件旋转（刀具与工件间不像插齿、滚齿那样靠机床传动链强制保持啮合运动，这就是“自由啮合”的含义所在），另一个是沿齿轮工件轴线的分速度 v，即剃齿的切削速度，它使啮合齿面间产生相对滑动，正是这种相对滑动，使剃齿刀从工件齿面上切下头发丝状的极细切屑，剃齿由此而得名，从而提高齿形精度和降低齿面表面粗糙度。

为剃出齿宽，工作台带动工件做往复直线进给。在工作台每一往复行程终了时，剃齿刀相对工件还要做径向进给（0.02～0.04mm/往复行程），以达到所需的齿厚。剃齿过程中，剃齿刀还要时而正转，时而反转，以剃削轮齿的两个侧面。

5. 珩齿

珩齿是珩齿机上用珩磨轮对淬火后的齿轮进行光整加工的方法。珩齿的主要作用是去除淬火后轮齿上的氧化皮及少量的热变形，以降低齿面表面粗糙度。

珩齿的原理和运动与剃齿相同，只是用珩磨轮代替了剃齿刀。珩磨轮是由磨料和环氧树脂等材料浇注或热压在钢制轮芯上制成的具有较高精度的斜齿轮。磨料一般为白色氧化铝，有时也用黑色碳化硅，粒度在 F80# ~ F120#之间。

珩齿时，珩磨轮高速旋转（1000～2000 r/min），同时沿齿向和渐开线方向产生滑动进行切削。珩齿过程具有磨、剃、抛光等综合作用，刀痕复杂、细密，所以齿面表面粗糙度 *Ra* 值可达 0.8～0.2μm。但珩齿对齿形和齿向精度改善不大，也不能提高分齿精度。

珩齿余量小，只有 0.01～0.02mm，且多为一次切除，生产率很高，一般珩磨一个齿轮只需 1min 左右。

6. 磨齿

磨齿是在磨齿机上用砂轮对淬火或未淬火的轮齿进行精加工的一种常用方法。按其原理，磨齿可分为成形法磨齿和展成法磨齿两种。

（1）成形法磨齿　如图 4-29 所示，成形法磨齿和成形法铣齿原理相同。砂轮应修整成与被磨削齿轮的齿槽相吻合的渐开线齿形，用此砂轮对已经滚齿或插齿的齿轮齿槽逐个进行磨削。

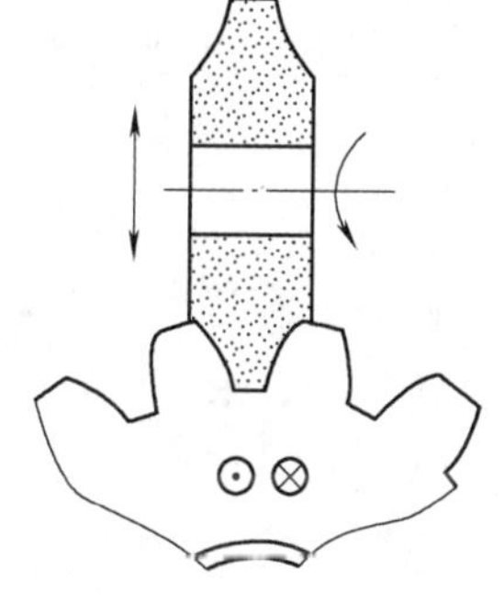

图 4-29　成形法磨齿

由于成形砂轮修整不仅复杂，且经渐开线砂轮修整器修整的砂轮廓形具有一定误差，所以成形法磨齿精度较低，精度可达 6 级。但成形法磨齿生产率较展成法磨齿高近 10 倍。另外，成形法磨齿可在花键磨床或工具磨床上进行，设备费用较低。

成形法磨齿余量一般为 0.1～0.4mm。

（2）展成法磨齿　生产中常用的展成法有锥面砂轮磨齿和双碟形砂轮磨齿两种方法。

1）锥面砂轮磨齿。如图 4-30 所示，将砂轮的磨削部分修整为锥面，以构成假想的齿条齿面，其原理是使砂轮与被磨齿轮强制保持齿条和齿轮的啮合运动关系，且使被磨齿轮沿假想的固定齿条作往复纯滚动运动，边转动，边移动，砂轮的磨削部分即可包络出渐开线齿形。

2）双碟形砂轮磨齿。磨齿原理与锥面砂轮磨齿的原理相同。如图 4-31 所示，两个碟形砂轮倾斜成一定角度，使其端面构成假想齿条的两个齿的外侧面（或一个齿的两个侧面）。工作时，两个砂轮在一次分齿后可同时磨削被磨齿轮两个不同齿槽的不同齿面（或同一个齿槽的两个侧面）。

上述展成法磨齿中，锥面砂轮磨齿时，其砂轮刚度好于碟形砂轮，可采用较大切削用量，生产率较高，但锥面砂轮直径小，磨损快且不均匀，加工精度一般为 5～6 级。双碟形砂轮传动环节少，传动误差小，砂轮修整精度高，磨损后可通过机床的自动补偿装置进行补偿，加工精度可达 4 级。

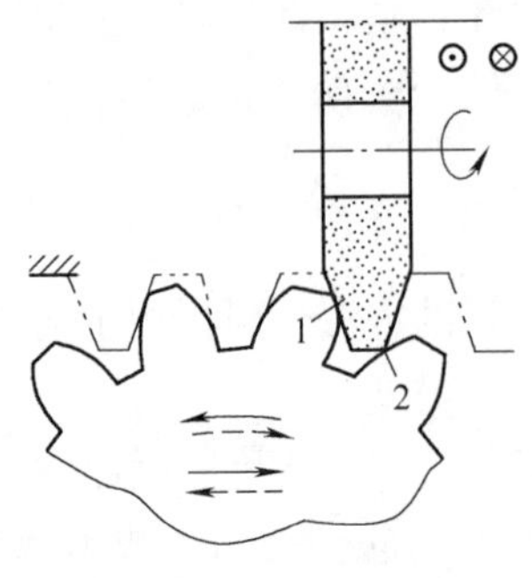

图 4-30　锥面砂轮磨齿

1—锥面砂轮　2—齿轮

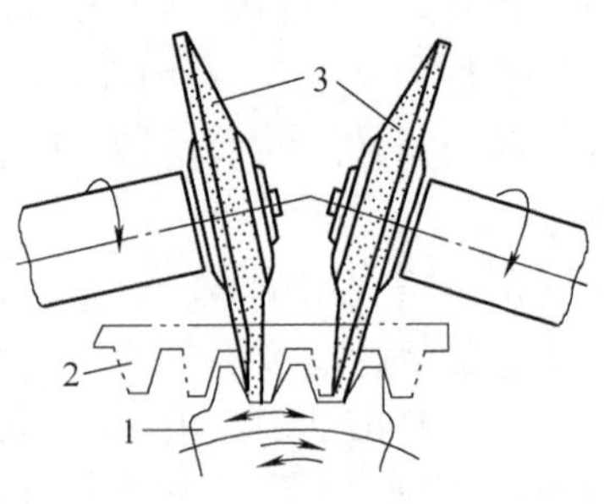

图 4-31　双碟形砂轮磨齿

1—工件　2—假想齿条　3—碟形砂轮

两种磨齿方法的表面粗糙度 Ra 值达 0.4～0.2μm。

7. 圆柱齿轮齿形加工方案的选择

齿形加工是齿轮加工工艺过程中的重要阶段。齿形加工方案主要取决于齿轮的精度等级。此外，还应考虑齿轮的结构特点、热处理方法及生产批量等因素。具体齿形加工方案的选择如表 4-4 所示。

表 4-4　齿形加工方案的选择

精度等级	表面粗糙度 Ra/μm	热处理	齿形加工方案	生产批量
9 级以下	6.3～3.2	不淬火	铣齿	单件、小批
8～7 级	3.2～1.6	不淬火	滚齿或插齿	各种批量
		齿面淬火	滚（插）齿→淬火→珩齿	
7 级或 7～6 级	0.8～0.4	不淬火	滚齿→剃齿	
		齿面淬火	滚（插）齿→淬火→磨齿	单件、小批
			滚齿→剃齿→淬火→珩齿	大批、大量
6～3 级	0.4～0.2	不淬火	滚（插）齿→磨齿	各种批量
		齿面淬火	滚（插）齿→淬火→磨齿	

项目5 部分零件的机械加工工艺示例

5.1 下导轮座的机械加工工艺

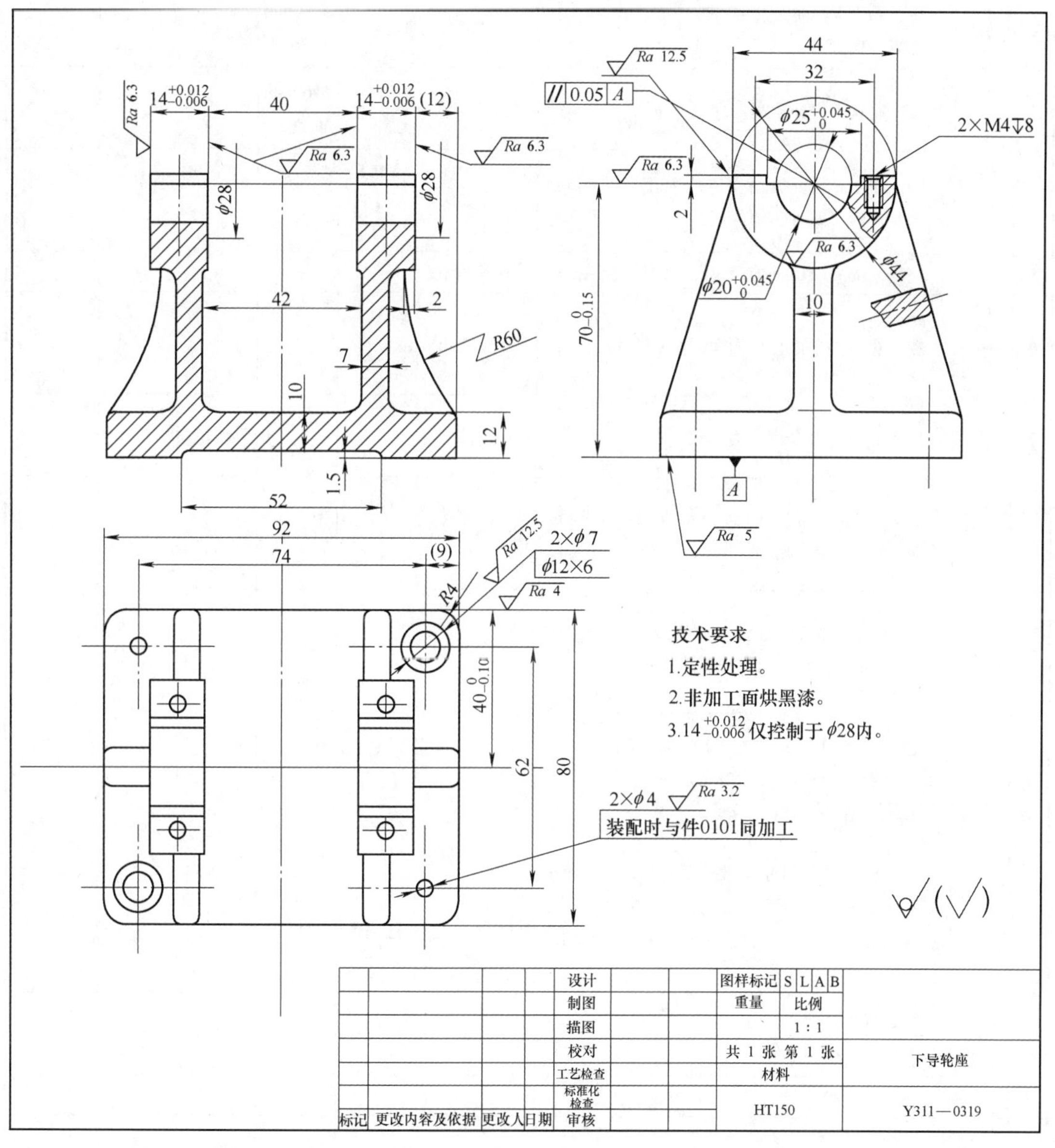

图 5-1

表 5-1 下导轮座的机械加工工艺过程卡片

机械加工工艺过程卡片	产品型号	Y311	零部件图号	0319		
	产品名称	条粗条干均匀度机	零部件名称	下导轮座	共 1 页	第 1 页

材料牌号	HT150	毛坯种类		毛坯外形尺寸		每毛坯可制件数	1	每台件数	1	

工序	工序名称	工序内容	设备	工艺装备			工时	
				夹具	刀具	量具	准终	单件
1	热处理	定性处理						
2	铣	粗、精铣 92mm × 80mm 底平面，注：留余量 0.20 ~ 0.25mm	立式铣床		ϕ160mm 面铣刀			
3	铣	粗、精铣上平面，高度保证 72mm	立式铣床		ϕ160mm 面铣刀			
4	刨	粗、精刨 80mm 侧面作定位面用，以 44mm 凸台中心线为基准	牛头刨床	Y311 $\frac{L-01}{0319}$				
5	磨	精磨 92mm × 80mm 底平面，总厚保证 12mm	平面磨床					
6	铣	粗、精铣上平面止口面 25H9 至尺寸	万能铣床	Y311 $\frac{X-08}{0319}$				
7	铣	铣去止口上多余的凸边，接刀接平	立式铣床		ϕ12mm 立铣刀			
8	钳工	钻孔 ϕ7mm、ϕ12mm × 6mm 两处，划线钻 ϕ4mm 销孔（注：钻 ϕ3.9mm）两处	Z5135 立钻	Y311 $\frac{PZ-16}{0319}$	钻头 ϕ7mm，ϕ12mm，ϕ3.9mm			
9	钳	钻 M4 螺纹孔 4 处，攻螺纹并与 0324 号零件配对装配好，每副做记号	立式钻床		钻头 ϕ3.3mm，丝锥 M4			
10	铣	粗、精铣 14mm 内外四平面。注：1. 以 40mm 侧平面定位。2. ϕ28mm 外圆厚 14j7 铣成 $14^{+0.05}_{0}$ 作钳工装配余量	万能铣床	Y311 $\frac{X-08}{0319}$	ϕ160mm × 12mm 三面刃铣刀			
11	车	粗、精车 ϕ20D4 孔两处。注：1. 以 40mm 侧平面定位。2. 毛孔分两次钻，先钻 ϕ12mm，然后钻 ϕ19mm。3. 以底平面为基准，ϕ20D4 孔的平行度公差 0.05mm	卧式车床	Y311 $\frac{C-04}{0319}$	18 ~ 35mm 内径千分尺			
12	钳	全部锐角倒钝						
13	涂装	非加工面烘黑漆						

编 制	日 期	编 写	日 期	校 对	日 期	审 核	日 期

5.2 滚筒的机械加工工艺

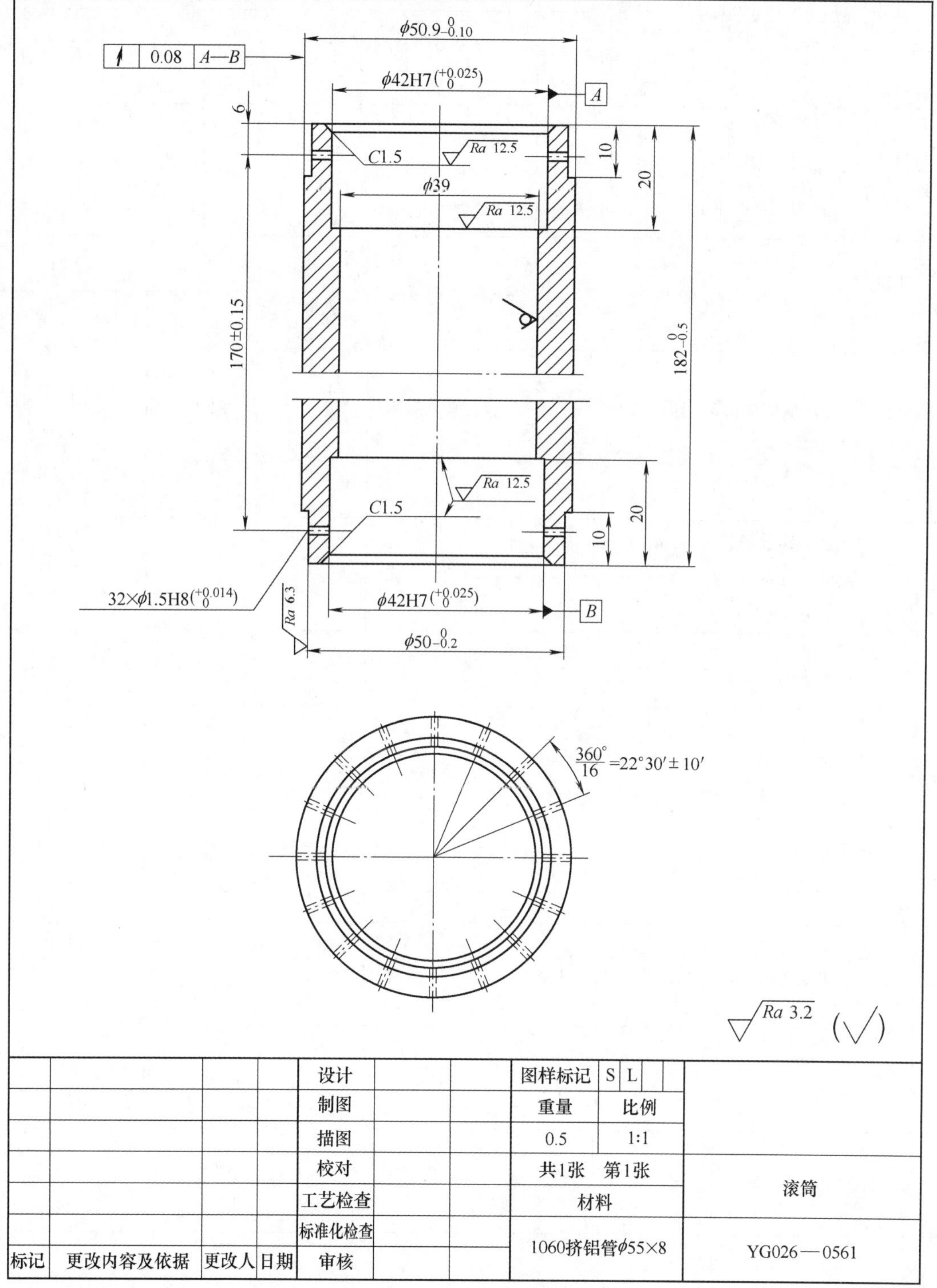

图 5-2

表 5-2 滚筒的机械加工工艺过程卡片

机械加工工艺过程卡片	产品型号	YG026	零部件图号	0561		
	产品名称	织物强力机	零部件名称	滚筒	共1页	第1页

材料牌号	1060	毛坯种类		毛坯外形尺寸	ϕ55mm×8mm×186mm	每毛坯可制件数	1	每台件数	1	1

工序	工序名称	工序内容	设备	工艺装备			工时	
				夹具	刀具	量具	准终	单件
1	车	车两端平面至总长 $182_{-0.5}^{0}$mm	卧式车床			游标卡尺（200mm）		
2	车	夹一端外圆长度 8mm，车 $\phi 50.9_{-0.10}^{0}$ mm、$\phi 50_{-0.2}^{0}$ mm 外圆，各留余量至 ϕ52mm、ϕ51mm×10mm	卧式车床	顶尖				
3	车	调头车 $\phi 50_{-0.2}^{0}$mm 外圆，留余量至 ϕ51mm×10mm，车 ϕ42H7×20mm 孔，倒角 $C1$	卧式车床	软自定心卡盘		塞规（42H7）		
4	车	调头车 ϕ42H7×20mm 孔，倒角 $C1$	卧式车床					

编 制	日 期	编 写	日 期	校 对	日 期	审 核	日 期

5.3　轴的机械加工工艺

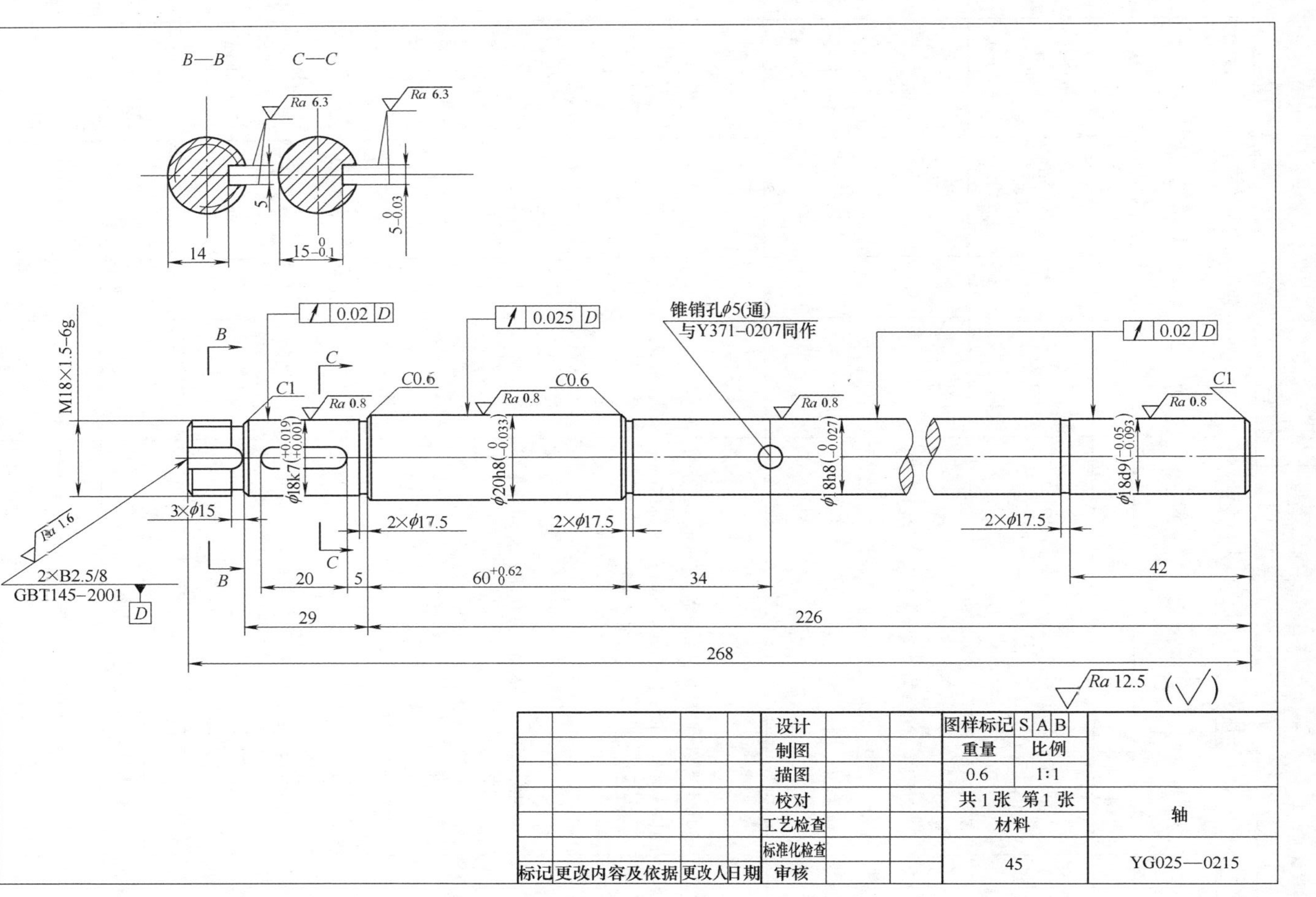

图　5-3

表 5-3 轴的机械加工工艺过程卡片

<table>
<tr><td colspan="4" rowspan="2">机械加工工艺过程卡片</td><td>产品型号</td><td>YG026</td><td>零部件图号</td><td>0215</td><td colspan="3"></td></tr>
<tr><td>产品名称</td><td>织物强力机</td><td>零部件名称</td><td>轴</td><td>共 1 页</td><td colspan="2">第 1 页</td></tr>
<tr><td>材料牌号</td><td>45</td><td>毛坯种类</td><td></td><td>毛坯外形尺寸</td><td>ϕ25mm×271mm</td><td>每毛坯可制件数</td><td>1</td><td>每台件数</td><td>1</td><td></td></tr>
<tr><td rowspan="2">工序</td><td rowspan="2">工序名称</td><td rowspan="2" colspan="2">工序内容</td><td rowspan="2">设备</td><td colspan="3">工艺装备</td><td colspan="2">工时</td></tr>
<tr><td>夹具</td><td>刀具</td><td>量具</td><td>准终</td><td>单件</td></tr>
<tr><td>1</td><td>校</td><td colspan="2">校直</td><td></td><td></td><td></td><td></td><td></td><td></td></tr>
<tr><td>2</td><td>车</td><td colspan="2">车两端平面至总长 268mm，钻两中心孔 B2. 5/8</td><td>卧式车床</td><td></td><td>中心钻（B2. 5/8）</td><td>游标卡尺（0～300mm）</td><td></td><td></td></tr>
<tr><td>3</td><td>车</td><td colspan="2">车外圆 ϕ20h8 至 $\phi 20^{+0.4}_{+0.3}$ mm，ϕ18d9 与 ϕ18h8 车至 $\phi 18^{+0.4}_{+0.3}$ mm，车槽 3－2×ϕ17. 5mm，倒角 C1、C0. 6</td><td>卧式车床</td><td></td><td></td><td>外径千分尺（0～25mm）、游标卡尺（0～150mm）</td><td></td><td></td></tr>
<tr><td>4</td><td>车</td><td colspan="2">调头车外圆 ϕ18k7 至 $\phi 18^{+0.4}_{+0.3}$ mm，车外圆 M18×1. 5，车槽 2×ϕ17. 5mm、3×ϕ15mm，倒角 C0. 6、C1 与 M18×1. 5 螺纹</td><td>卧式车床</td><td></td><td></td><td>外径千分尺（0～25mm）、螺纹塞规（M18×1. 5－6g）</td><td></td><td></td></tr>
<tr><td>5</td><td>磨</td><td colspan="2">精磨 ϕ18k7、ϕ20h8、ϕ18h8、ϕ18d9 外圆 Ra 0.8
↗ 0. 02 D　↗ 0. 025 D</td><td>外圆磨床</td><td></td><td></td><td>外径千分尺（0～25mm）、游标卡尺（0～200mm）</td><td></td><td></td></tr>
<tr><td>6</td><td>铣</td><td colspan="2">铣 $5.5^{\ 0}_{-0.03}$ mm 槽 Ra 6.3</td><td>立式铣床</td><td></td><td>立铣刀（5mm）、键槽铣刀（5mm）</td><td>内径千分尺（5～30mm）、游标卡尺（0～200mm）</td><td></td><td></td></tr>
<tr><td></td><td></td><td colspan="2"></td><td></td><td></td><td></td><td></td><td></td><td></td></tr>
<tr><td>7</td><td>钳</td><td colspan="2">去毛倒锐。注：锥销孔装配时作</td><td></td><td></td><td></td><td></td><td></td><td></td></tr>
<tr><td></td><td></td><td colspan="2"></td><td></td><td></td><td></td><td></td><td></td><td></td></tr>
<tr><td></td><td></td><td colspan="2"></td><td></td><td></td><td></td><td></td><td></td><td></td></tr>
<tr><td></td><td></td><td colspan="2"></td><td></td><td></td><td></td><td></td><td></td><td></td></tr>
<tr><td></td><td></td><td colspan="2"></td><td></td><td></td><td></td><td></td><td></td><td></td></tr>
<tr><td>编制</td><td>日期</td><td>编写</td><td>日期</td><td>校对</td><td>日期</td><td>审核</td><td colspan="3">日期</td></tr>
<tr><td></td><td></td><td></td><td></td><td></td><td></td><td></td><td colspan="3"></td></tr>
</table>

5.4　下轴承的机械加工工艺

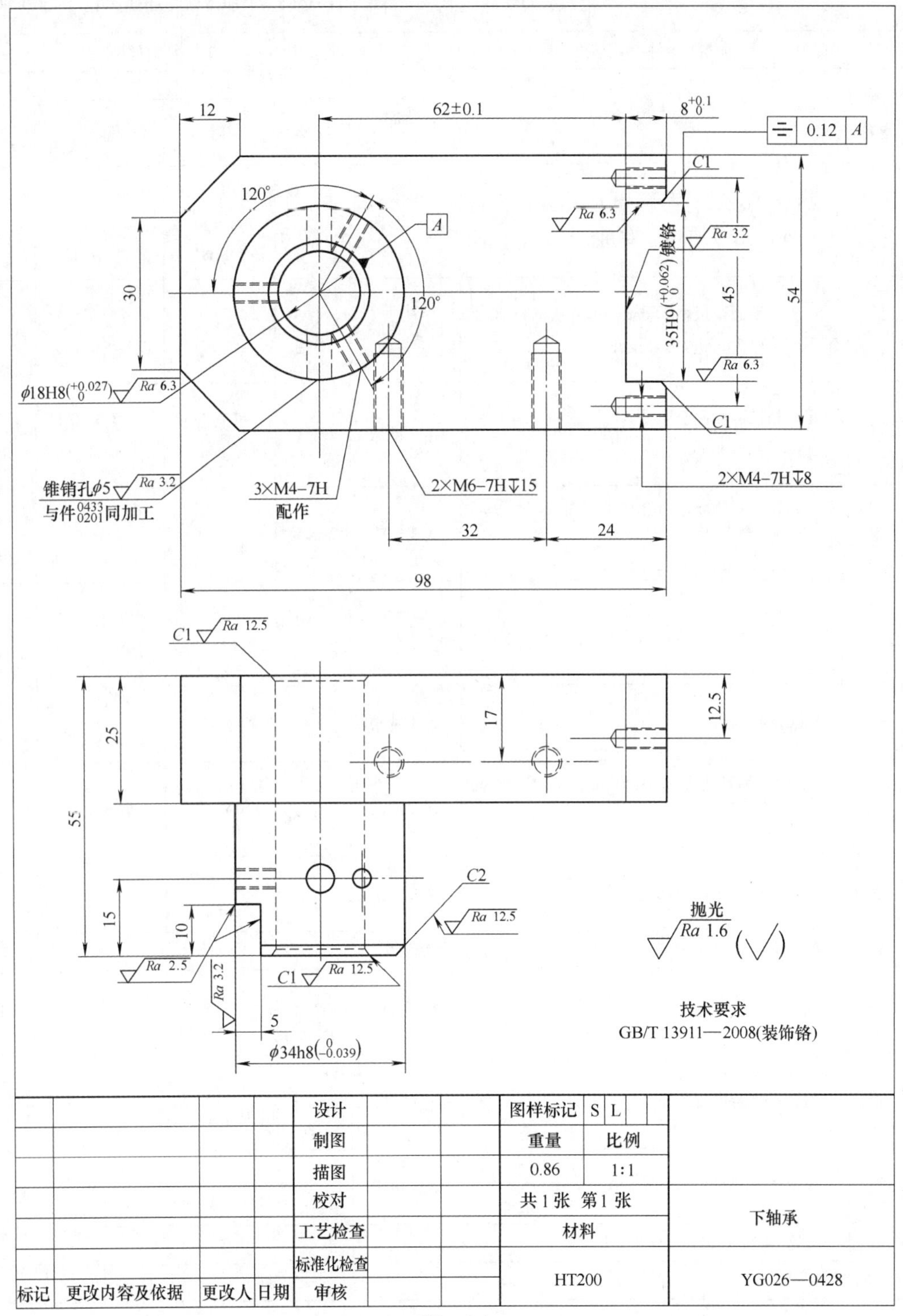

图　5-4

表 5-4 下轴承的机械加工工艺过程卡片

机械加工工艺过程卡片				产品型号	YG026	零部件图号	0428		
				产品名称	织物强力机	零部件名称	下轴承	共 1 页	第 1 页
材料牌号	HT200	毛坯种类	铸件	毛坯外形尺寸		每毛坯可制件数	1	每台件数	1

工序	工序名称	工序内容	设备	工艺装备			工时	
				夹具	刀具	量具	准终	单件
1	车	夹凸台外圆车上平面，钻孔 $\phi16$mm，车至 $\phi17.8$mm，铰至 $\phi18H8$，倒角	卧式车床		钻头（$\phi16$mm）、铰刀（18H8）	游标卡（尺 150mm）、塞规（18H8）		
2	车	调头车端面至尺寸 55mm，车外圆 $\phi34h8$ 及下平面至厚 25mm，内外倒角	卧式车床	自制心轴		外径千分尺（25～50mm）		
3	铣	粗、精铣两侧面至尺寸 $54_{-0.06}^{0}$mm（且对称于 $\phi34h8$ 凸台中心）	立式铣床	V 形块	可转位面铣刀（80mm）	游标卡尺（150mm）		
4	铣	粗、精铣右侧面，与孔中心尺寸 $70_{0}^{+0.08}$mm [∥ 0.05 A] [⊥ 0.05 A]	立式铣床	V 形块				
5	铣	粗、精铣左侧面至总高 98mm	立式铣床			游标卡尺（150mm）		
6	铣	粗、精铣两斜面	立式铣床			游标卡尺（150mm）		
7	铣	铣 35H9 槽放镀层至$35_{+0.05}^{+0.09}$mm，深 $8_{0}^{+0.10}$mm [⌯ 0.12 A]	立式铣床	V 形块	YG026 DX－1 0424	塞规（35H9）		
8	铣	粗、精铣 10mm×5mm 缺口	立式铣床		立铣刀（20mm）			
9	钳	四周去锐，尺寸 35H9 处倒角 *C*1						
10	钳	钻 2×M4 底孔 $\phi3.3$mm	立式钻床	YG026 PZ－1 0428	钻头（$\phi3.3$mm）			
11	钳	钻 2×M4 底孔 $\phi5$mm	立式钻床	YG026 PZ－1 0428	钻头（$\phi5$mm）			
12	钳	攻螺纹 2×M4，2×M6（其余配作）	立式钻床		丝锥（M4，M6）			
13	镀	镀铬 GB/T 13911—2008（装饰铬）						

编制	日期	编写	日期	校对	日期	审核	日期

5.5　指针轴承座的机械加工工艺

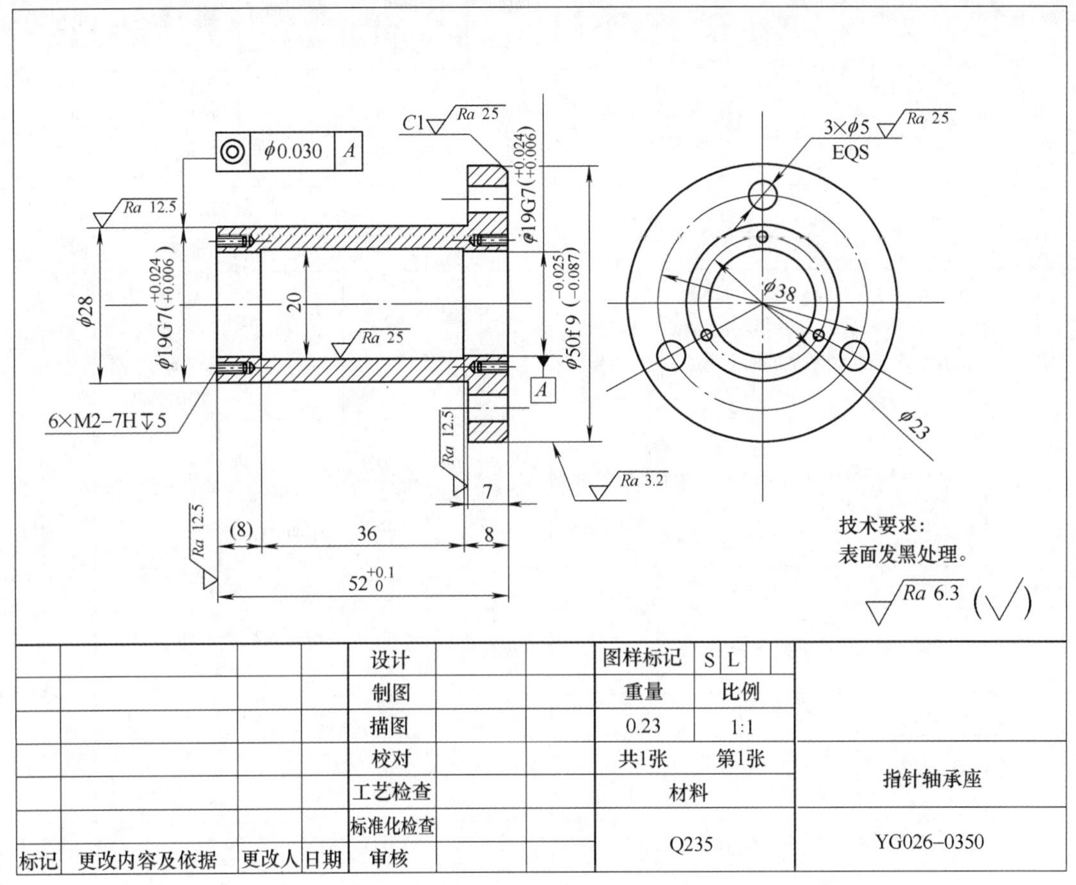

图　5-5

表5-5　指针轴承座的机械加工工艺过程卡片

<table>
<tr><td colspan="4" rowspan="2">机械加工工艺过程卡片</td><td>产品型号</td><td>YG026</td><td>零部件图号</td><td>0350</td><td colspan="3"></td></tr>
<tr><td>产品名称</td><td>织物强力机</td><td>零部件名称</td><td>指针轴承座</td><td>共2页</td><td colspan="2">第1页</td></tr>
<tr><td>材料牌号</td><td>Q235</td><td>毛坯种类</td><td></td><td>毛坯外形尺寸</td><td>φ55mm×260mm</td><td>每毛坯可制件数</td><td>4</td><td>每台件数</td><td>1</td><td></td></tr>
<tr><td rowspan="2">工序</td><td rowspan="2">工序名称</td><td colspan="2" rowspan="2">工序内容</td><td rowspan="2">设备</td><td colspan="3">工艺装备</td><td colspan="3">工时</td></tr>
<tr><td>夹具</td><td>刀具</td><td>量具</td><td>准终</td><td colspan="2">单件</td></tr>
<tr><td>1</td><td>车</td><td colspan="2">粗精车 φ50f9、φ28mm 外圆、端面，钻 φ19G7 孔至 φ17.5mm，切断53mm长</td><td>卧式车床</td><td></td><td>钻头(φ17.5mm)</td><td>千分尺(25~50mm)、游标卡尺(200mm)</td><td></td><td colspan="2"></td></tr>
</table>

（续）

机械加工工艺过程卡片	产品型号	YG026	零部件图号	0350		
	产品名称	织物强力机	零部件名称	指针轴承座	共 2 页	第 2 页

材料牌号	Q235	毛坯种类		毛坯外形尺寸	ϕ55mm ×260mm	每毛坯可制件数	4	每台件数	1	

工序	工序名称	工 序 内 容	设备	工 艺 装 备			工时	
				夹具	刀具	量具	准终	单件
2	车	调头车平面，总长 $52^{+0.1}_{0}$ mm，粗、精车 ϕ19G7 孔，车中间 ϕ20mm ×36mm 孔，去锐	卧式车床	自定心卡盘		内径百分表（17 ~ 35mm）、塞规（19G7）		
3	钳	钻 6 × M2 －7H 螺纹底孔 ϕ1. 6mm、3 × ϕ5mm 孔	立式钻床	YG026 Z－1 / 0350	钻 头 ϕ（1. 6mm，ϕ5mm）			
4	钳	攻 6 × M2 －7H 螺纹,去锐	攻丝机		丝锥（M2 － 7H）			
5	热处理	发黑处理						

编 制	日 期	编 写	日 期	校 对	日 期	审 核	日 期

参 考 文 献

[1] 郑修本. 机械制造工艺学 [M]. 3版. 北京：机械工业出版社，2011.

[2] 杨叔子. 机械加工工艺师手册 [M]. 2版. 北京：机械工业出版社，2010.

[3] 艾兴，肖诗纲. 切削用量简明手册 [M]. 3版. 北京：机械工业出版社，2004.

[4] 张龙勋. 机械制造工艺学课程设计指导书及习题 [M]. 北京：机械工业出版社，2005.

[5] 刘守勇. 机械制造工艺与机床夹具 [M]. 北京：机械工业出版社，2000.

[6] 孙靖民. 机械优化设计 [M]. 北京：机械工业出版社，2004.

[7] 机械设计手册编委会. 机械设计手册 [M]. 北京：机械工业出版社，2004.

[8] 许福玲，陈尧明. 液压与气压传动 [M]. 北京：机械工业出版社，2004.

[9] 李壮云，葛宜远. 液压元件与系统 [M]. 北京：机械工业出版社，2004.

[10] 王茂元. 机械制造技术 [M]. 北京：机械工业出版社，2004.